浙江省普通高校“十三五”新形态教材

新工科·普通高等教育机电类系列教材

工程制图实训图解教程

——AutoCAD 2016 实训指导教程

王一治　编

机　械　工　业　出　版　社

本教程是浙江省普通高校“十三五”新形态教材。

本教程根据《高等学校工程图学课程教学基本要求》、工程制图有关的现行国家标准、主流工具软件 AutoCAD 2016 中文版和“工程制图与CAD”课程教学改革经验编写而成。适合作为普通高等教育本科机械类、近机械类各专业“工程制图”或“机械制图”课程配套实训教材，也适合作为普通高等职业技术教育、成人教育、自学考试等教育机构的相同课程的培训教材。

本教程分4篇，共10章，内容包括 AutoCAD 基础，常用命令操作及平面图形绘制，视图及立体的平面表达方法，平面图形尺寸标注，螺纹、焊缝与标准件，轴测图绘制与轴测尺寸标注，典型零件及零件图绘制，装配图与焊接装配图绘制，三维实体建模及工程图转换和 AutoCAD 图样打印输出。

本教程选材力求符合“三新”——采用最新（现行）的工程制图标准、选用较新的机电产品实例、选用较新的教学软件 AutoCAD 2016。

本教程内容尽量突出“五化”——内容编排简明化、章节要点口诀化、目标任务引领化、解析步骤图解化、技巧经验提示化。

图书在版编目（CIP）数据

工程制图实训图解教程：AutoCAD 2016 实训指导教程/王一治编．—北京：机械工业出版社，2022.3

新工科·普通高等教育机电类系列教材　浙江省普通高校“十三五”新形态教材

ISBN 978-7-111-70110-1

Ⅰ.①工…　Ⅱ.①王…　Ⅲ.①AutoCAD 软件-高等学校-教材　Ⅳ.①TP391.72

中国版本图书馆 CIP 数据核字（2022）第 017734 号

机械工业出版社（北京市百万庄大街22号　邮政编码100037）
策划编辑：王勇哲　　　责任编辑：王勇哲
责任校对：张　征　王　延　封面设计：张　静
责任印制：刘　媛
涿州市般润文化传播有限公司印刷
2022年7月第1版第1次印刷
184mm×260mm · 13.5印张 · 328千字
标准书号：ISBN 978-7-111-70110-1
定价：45.00元

电话服务　　　　　　　　网络服务
客服电话：010-88361066　机　工　官　网：www.cmpbook.com
　　　　　010-88379833　机　工　官　博：weibo.com/cmp1952
　　　　　010-68326294　金　　书　　网：www.golden-book.com
封底无防伪标均为盗版　机工教育服务网：www.cmpedu.com

前　言

本教程是浙江省普通高校“十三五”新形态教材。

本教程根据《高等学校工程图学课程教学基本要求》、工程制图有关的现行国家标准、主流工具软件 AutoCAD 2016 中文版和“工程制图与 CAD”课程教学改革经验编写而成，适合作为普通高等教育本科机械类、近机械类各专业“工程制图”或“机械制图”课程的配套实训教材，也适合作为普通高等职业技术教育、成人教育、自学考试等教育机构相同课程的培训教材。

本教程分 4 篇，共 10 章，内容包括 AutoCAD 基础，常用命令操作及平面图形绘制，视图及立体的平面表达方法，平面图形尺寸标注，螺纹、焊缝与标准件，轴测图绘制与轴测尺寸标注，典型零件及零件图绘制，装配图与焊接装配图绘制，三维实体建模及工程图转换和 AutoCAD 图样打印输出。

本教程的主要教学目标和核心内容有两个：①训练将制图理论和标准应用于实践，绘制出一份标准规范的工程图样的方法和能力；②训练熟练使用 AutoCAD 进行辅助绘图的技巧和能力。编者期望将制图方法训练与 AutoCAD 操作技巧训练合而为一，为进行“工程制图”课程教学的师生提供一本综合性的新形态实训教程。

本教程选材力求符合“三新”特色：一是采用最新（现行）的国家标准和制图规范；二是在不失典型性的前提下尽量采用较新的机电产品零部件作为训练实例；三是选用较新版的教学软件 AutoCAD 2016 中文版。

本教程内容尽量突出“五化”特色：一是内容编排尽量“简明化”，尽量减少对基本命令使用方法的赘述，突出绘图方法技巧；二是章节要点“口诀化”，每章都通过简明扼要的“七言口诀”提炼出本章要点和重点，浓缩精华；三是目标任务“引领化”，每章及每个训练任务都明确提出训练目的和要求、要点提示，使得章节及训练任务目标明确、要求清楚、要点提示到位；四是解析步骤“图解化”，每个训练实例不仅有文字注解的做法步骤，同时配套图解做法步骤，使得绘图方法步骤一目了然；五是技巧经验“提示化”，教程中插入大量有关“知识点、教学经验、绘图思路技巧”的提示面板，使得“知识点、经验、技巧”更加醒目和突出。

作为必修课程，建议用 32 学时完成所有 10 章的实训任务。若作为其他专业选修课程，则可适当选学部分章节内容，课时根据选学内容安排。

本教程每章后安排少量复习与课后练习，既能起到“温故知新”的作用，也符合“精选精炼、熟能生巧”的实践类课程的教学特点。

由于编者水平有限，书中难免存在一些缺陷和疏漏，敬请使用本教程的广大师生批评指正。

编　者

教程导读

1. 本教程中使用的助记符号说明

为使绘图步骤、做法叙述简练，本教程中使用一些助记符号来代替烦琐的文字说明，这些助记符号的含义见表 0.1。

表 0.1 教程中助记符号含义表

助记符号	助记符号的含义
↙	用于命令执行过程中，表示按一次〈Enter〉键或空格键，确认对象或选项
↙↙	用于命令完成后，表示按两次〈Enter〉键或空格键，重复上次命令
@ a,b,c	用于需要输入坐标的地方，表示输入相对于上一点的相对坐标值(a,b,c)
@ $a<\alpha$	表示输入相对前一点的极坐标值，极值 a，极坐标相对于 x 轴夹角 α
$\pm xa$	表示捕捉追踪到 x 轴的正(负)方向后再输入距离 a
$\pm ya$	表示捕捉追踪到 y 轴的正(负)方向后再输入距离 a
$\pm\alpha/a$	表示捕捉追踪到 $\pm\alpha$ 角度的极轴后再输入距离 a
〈※〉	〈 〉括号内※表示键盘上功能按键
[※]	[ ]括号内※表示选项卡和各级子选项名称，以及各种设置面板上的选项名称

2. 学习使用本教程的建议

(1) 教学目标和核心内容　教学目标和核心内容有两个：①训练将制图理论和标准应用于实践，绘制出标准规范的工程图样的方法和能力；②训练使用 AutoCAD 辅助绘图的技巧和能力。期望将制图方法训练与 AutoCAD 操作技巧训练合而为一，为参与“工程制图”课程教学的师生提供一本的综合性的新形态实训教程。

(2) 教学计划安排　作为机械类本科学生的必修课程，建议用 32 学时完成所有 10 章的实训任务。作为其他专业选修课程时，可适当选学部分章节，课时根据选学内容安排。教程中的实训任务是根据“工程制图”课程教学特点设计的，训练任务之间具有一定的逻辑关系，建议按照教程编排的顺序进行教学。

(3) 学习建议　制图方法训练与 AutoCAD 软件的操作技巧训练是本教程的两个核心内容，通过一系列精心设计的实训任务实现教学目标。AutoCAD 2016 用户界面的命令提示栏会实时显示“命令操作提示信息”，上机操作时盯紧“命令操作提示信息”就能很好地学会每一个具体命令的用法。因此本教程中不再单独设置“操作命令用法”章节，直接在平面图形绘制过程中熟悉常用命令的用法，即“在战斗中去学习战斗”。长期的教学实践表明这是一种“多快好省”教学方法，符合 AutoCAD 软件人机交互的特点且效率高、效果好。

（4）关于“图解” 本教程中每个实训任务都配置有“图解”与“文字说明”两种解答方法。“图解”方法直观便捷，通过看图就能快速理解实训任务的求解过程与关键步骤。长期的教学实践表明，大部分学生都能通过看图解步骤来快速完成实训任务。这也是本教程定名为《工程制图实训图解教程》的初衷之一。

（5）关于“七言口诀” 编者将要点内容及操作经验加工提炼，编成“七言口诀”，分别置于每章章首，希望通过文字简洁且朗朗上口的“七言口诀”帮助读者快速掌握章节的重点内容。“七言口诀”相当于武功的“内功心法”，每个实训任务相当于武功的“掌法招式”。只有将内功与技法结合达到内外兼修的程度，才有可能“问鼎华山”。

（6）关于实训任务中的做法步骤 本教程中每个实训任务的求解步骤是为实现任务目标而设计的，在实训中建议按教程做法步骤去完成实训任务。但每个任务都会有多种不同的做法步骤，请在课后尝试用不同的做法步骤完成实训任务，以达到一题多解、融会贯通的实训效果。

（7）关于零件图绘制 在缺乏工程实践经验的情况下，要绘制出一份既规范又实用（可靠性与经济性）的零件图有一定难度。因此对初学者而言，从临摹开始进行零件图的绘制是条捷径。在临摹零件图的过程中去体会怎样合理选用材料，以及设计结构形状、尺寸精度、几何公差、表面结构等技术指标。鉴于此，编者在第7章中插入4个“典型零件技术参数表”，作为典型零件设计的参考资料。

（8）关于复习与课后练习 鉴于实训课时普遍偏紧，课后配套较少的思考题，目的在于复习与巩固重要知识点、重要方法与技巧。课后的练习要求尽量用不同的方法将课程内的实训任务重做一遍，以取得更好的教学效果。

（9）关于附录

附录A是全部复习与课后练习的解答汇总。

附录B是AutoCAD操作中常见问题或故障的解答汇总。

附录C是本教程中采用的相关国家标准汇总。

附录D是包含AutoCAD所有七百多个命令的词典，遇到陌生的命令时可查询该词典。

（10）关于插图和字体颜色的说明 AutoCAD软件可利用“图层”管理线条的线型，因而绘制出的图样是彩色的。为减少使用者的开销，本教程采用红与黑双色印刷，故教程中的插图与实际绘制出的图样颜色略有不同，关于颜色问题说明如下：

1）本教程中文字说明部分中的红色字体是重点概念、知识点。

2）本教程内插图中的红色图线部分只为了突出显示当前步骤中所绘制的图线。实训时请按照实训任务中介绍的颜色绘制图形。

3）本教程第9章三维实体建模章节的插图涉及的颜色较多，双色印刷时后颜色部分失真，但根据实训任务中文字注解的“做法步骤”亦能够完成彩色模型建模训练任务。

（11）配套教学资源 本教程配套有线上课程，可在“杭州师范大学网络教学平台”搜索“工程制图与CAD实训”进行线上学习。

任务索引

基础篇

二维绘图篇

三维建模篇

打印输出篇

目录

三维建模篇

打印输出篇

基础篇

万丈高楼平地起，九点熟记打基础！

内容要点

1. AutoCAD 2016 的特点和用户界面
2. AutoCAD 绘图流程
3. AutoCAD 基础九要点
4. 创建一份标准的绘图样板文档

第 1 章

AutoCAD 基础

目 标 任 务

- 了解 AutoCAD 软件使用特点
- 了解 AutoCAD 绘制工程图样的步骤
- 掌握 AutoCAD 基础知识九要点
- 创建一份符合国家标准规范的绘图样板文档
- 练习 AutoCAD 的对象选择与输入操作

AutoCAD 基础口诀

AutoCAD 有多版，辅助设计按需选，用户桌面选项卡，选项卡下工具板。
初学使用用工具，命令提示要盯牢，总计命令七百多，常用命令三十四。
点线定位靠坐标，对象选择用鼠标，捕捉追踪好对齐，极轴追踪功能强。
制图规范建样板，线型颜色建图层，字体标注建样式，新建图样选样板。

1.1 AutoCAD 软件基础及用户工作界面

1.1.1 AutoCAD 软件基础

AutoCAD（Autodesk Computer Aided Design）是一款国际上普遍使用的计算机辅助设计软件，广泛应用于机械、建筑、电子、航天和水利等工程领域。1982 年，Autodesk（欧特克）公司发布 AutoCAD（Version 1.0），随后几乎每年都有升级的或不同用途的版本推出。从 AutoCAD 2010 开始，软件风格及用户工作界面有了较大的更新，用户工作界面外观由菜单模式更新到选项卡模式，操作命令被按使用频率而不是按类别放入不同的选项卡中，方便初学者使用。AutoCAD 2016 打开后将自动选中［默认］选项卡，［默认］选项卡下则集中放置了使用频率较高的常用绘图工具及修改编辑工具。

核心任务：用户工作界面是绘图工具、绘图区和状态选项的组织形式，熟练使用绘图工具绘制出正确、规范的工程图样才是学习 AutoCAD 软件的核心任务。

版本选用：AutoCAD 的不同版本向下兼容，选用作为教学软件的版本既不能太低也不能过高。64 位 AutoCAD 2016 在二维绘图、三维实体建模、参数化绘图、创建表格、视图控制、实体渲染、网络资源与互动等方面性能更加出色和稳定。本教程以 64 位 AutoCAD 2016 中文版为软件环境，介绍二维绘图和三维建模的制图方法和软件操作方法。教程中介绍的绘图方法与技巧也同样适用于使用 AutoCAD 2010 以后各版本的读者，仅个别命令的用法稍有不同，本教程对个别命令在其他版本中的不同用法也做了备注与说明，以方便使用其他版本的读者学习。

1.1.2 AutoCAD 2016 工作界面介绍

双击计算机桌面上 AutoCAD 2016 图标，或在程序菜单中加载 AutoCAD 2016，即可启动 AutoCAD 2016 并进入系统默认的用户工作界面，如图 1.1 所示。图中的默认工作界面中隐藏了主菜单栏，若用户有需要则可单击快捷菜单栏中的下拉按钮加载。

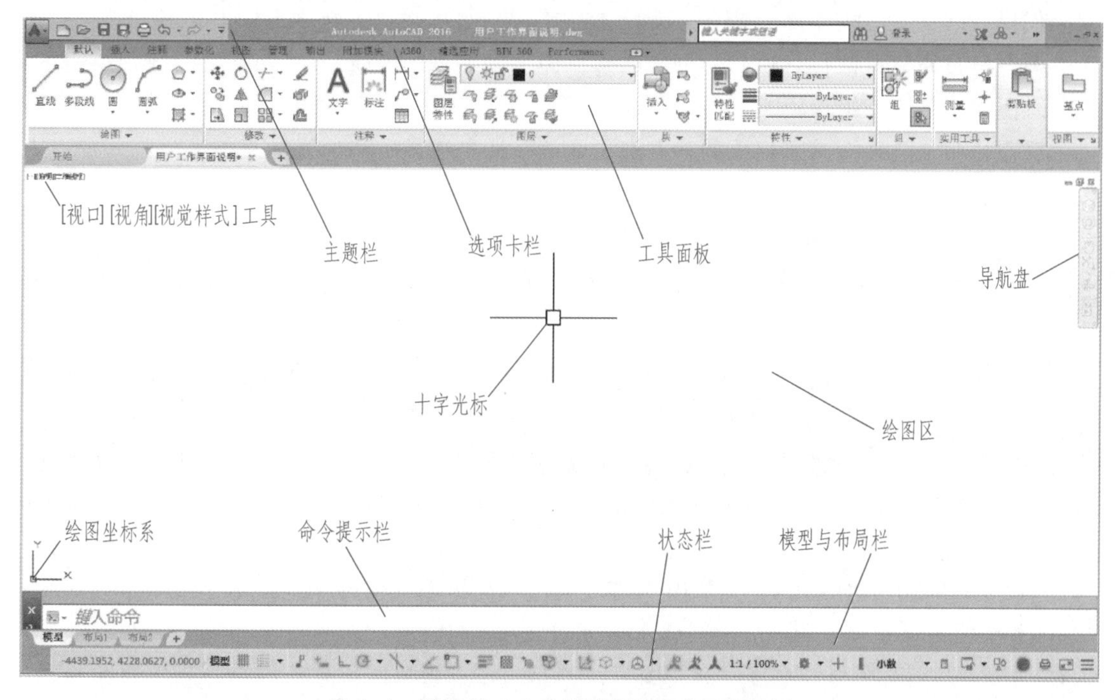

图 1.1 默认的 AutoCAD 2016 用户工作界面

※知识点：AutoCAD 允许用户设置工作界面，因此不同用户的工作界面不完全相同。界面的不同只是命令的组织形式不同而已，但核心内容及用法是相同的。

☆经验：为了统一学习环境，建议使用前恢复默认软件设置和默认用户工作界面。方法：单击工作界面左上角的菜单浏览器图标，再单击［选项］进入选项配置管理器，选择［重置］选项，软件就恢复为默认软件设置状态。

默认用户工作界面从上到下依次分成主题栏、选项卡栏、工具面板、绘图区、命令提示栏、模型与布局栏、状态栏，共七个水平放置的栏目。

选项卡栏：是一种按使用频率管理命令的栏目。选项卡栏中的选项卡从左到右依次是［默认］［插入］［注释］［参数化］［视图］［管理］［输出］［附加模块］［A360］［精选应用］等十二个选项卡。被选中的当前选项卡下的命令会展开放置在工具面板中。

工具面板：是一种命令图标的展示板，也称为工具面板，用于展放当前选项卡下的命令图标，以方便用户选用。［默认］选项卡下的命令都是 AutoCAD 2016 中最常用的命令。

绘图区：是用户绘图的区域。绘图区是整个用户工作界面的中心，其他栏目或工具都放置在绘图区的上边或下边，以方便绘图时取用。在绘图区左上角放置［视口］［视角］［视觉样式］三个浮动工具，左下角是浮动的［坐标系］图标，右边是图形观察控制导航盘。

命令提示栏：是软件与用户的交流互动区，在这里可以输入命令及数值并给出操作提示信息。当输入命令后，软件自动在此处提示命令的二级选项及操作信息。AutoCAD 所有命令都具有人机交互功能，即输入命令后的操作步骤及二级选项都显示在命令提示栏中，只要按照该操作提示信息进行选择和操作，一般都能正确完成命令的操作过程。因此建议养成观察操作提示信息并按操作提示信息进行操作的良好习惯，这是学好 AutoCAD 的捷径之一。

模型与布局栏：该栏目中有三个选项卡，即［模型］［布局 1］［布局 2］。模型空间用于二维图样绘制或三维建模，［布局 1］［布局 2］用于对图样排版输出。

状态栏：是与绘图状态相关的状态选项面板。最左边显示当前光标点的坐标值，右边依次排列各状态选项，如［正交模式］［线宽显示］［捕捉与追踪］等。

用户工作界面形式虽然可以由用户进行设置和更改，建议初学者不要过多地更改软件默认的工作界面，因为默认界面是一种经过优化的界面形式，也方便教师统一教学环境。

※知识点 1：AutoCAD 的用户工作界面以绘图区为中心，将工具面板及绘图所需的状态选项分别放置在绘图区的上方或下方，以方便绘图时取用。

※知识点 2：二维空间的图样绘制过程习惯称为绘图，三维空间的三维立体构件的造型过程习惯称为建模，两者用于制图的空间都统称为模型空间。

※知识点 3：无论二维绘图还是三维建模，图样文件都是以平面图样的形式打印输出的。AutoCAD 2016 中设有［布局 1］［布局 2］两个布局空间选项，是用于对输出前的图样进行编辑排版、比例调整、打印设置的专用空间。

☆经验 1：简单图样也可以在模型空间打印，但在模型空间打印时图形排版布局等操作不方便，也不适合批量打印，复杂大型工程图样一般在布局空间打印输出。

☆经验 2：模型空间的图形长度单位称为绘图单位，没有具体单位指称。用户设置的长度单位只有在打印输出时才起作用。

☆经验 3：AutoCAD 的所有操作都有对应命令，操作过程实质就是执行命令的过程。

☆经验 4：建议初学者不要改变软件默认的用户工作界面及设置，因默认的设置比较科学合理，并与操作手册及教程内容一一对应，更便于学习。

1.2 AutoCAD 绘制工程图样的流程

工程图样是指具有工程制造所需完整信息的符合规范图幅的图样。一般包括一组表达机件结构特征的视图、完整的尺寸标注与注释、技术要求和标题栏。AutoCAD 可以从二维平面绘图空间完成一幅工程图样，也可以从三维建模空间完成一幅工程图样。绘制工程图样的一般流程如图 1.2 所示。

a) 二维绘图空间输出工程图流程

b) 三维建模空间输出工程图流程

图 1.2 工程图样的两种绘制流程

1.3 AutoCAD 基础九要点

AutoCAD 基础知识可归结为以下九个要点，如图 1.3 所示。

1.3.1 要点 1——软件设置

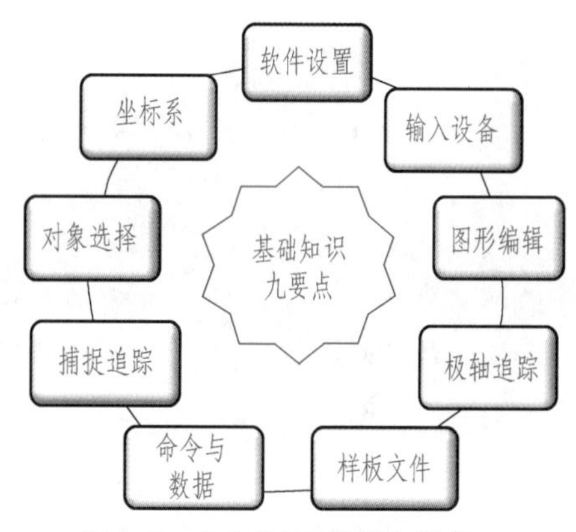

图 1.3 AutoCAD 基础九要点

1. 通过［选项］对话框设置软件基本参数的方法

步骤 1：输入命令“OP”（或单击图标）↙，再单击［选项］按钮打开［选项］对话框，［选项］对话框如图 1.4 所示。

步骤 2：根据对话框提示内容和自己的需要设置相应的参数。

步骤 3：设置结束后，单击［确定］按钮关闭对话框。

2. 通过［图形单位］对话框设置绘图单位的方法

做法：输入“UNITS”（或选择［格式］下［单位］二级菜单）↙，就打开了［图形单位］对话框。在此可设置长度、角度、方向三组单位选项。其中长度类型一般选“小数”，角度类型一般选“度分秒”，角度的正方向一般选逆时针方向，其他选项选用默认值即可。［角度］选项组中也可以设置角度测量的起点位置，若选择［顺时针］复选框，则将以顺时针方向计算正向角度值。

建议初学者不要改变角度测量方向，以便保持实践环节与理论环节的设定一致，因在制图课程中习惯使用逆时针方向作为正向来计算角度值。

3. 图形界限（幅面）设置方法

重新设置界限的方法：输入“LIMITS”↙将图幅左下角点坐标定位为（0，0）↙输入图幅右上角点的坐标值，如 A3 横幅是（420，297）↙。

关闭或打开图形界限方法：输入“LIMITS”↙单击［on/off］按钮打开或关闭图形界限。

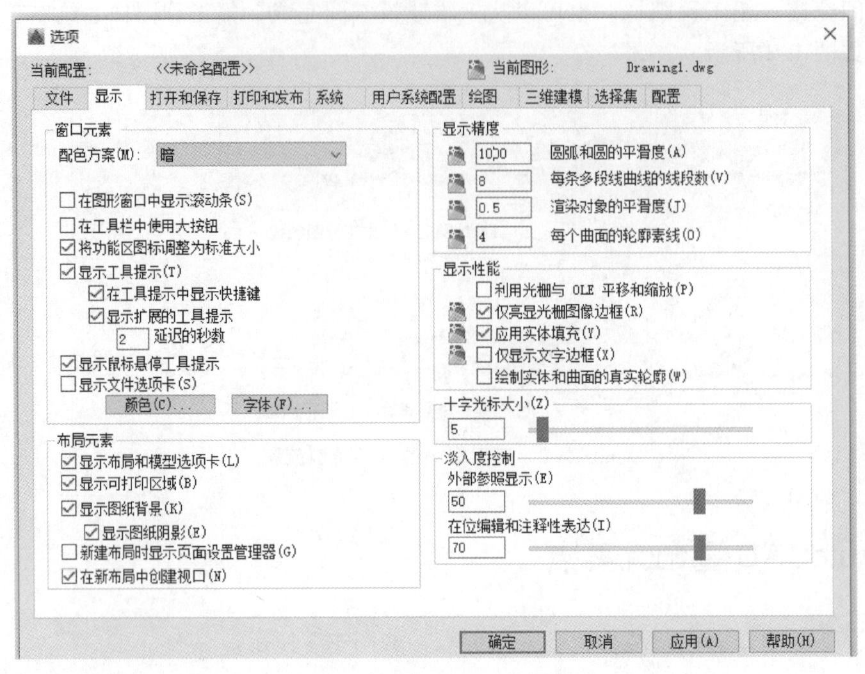

图 1.4 ［选项］对话框

※知识点：AutoCAD 的［选项］对话框是软件基本设置的项目集合，含有［文件］［显示］［保存］［打印］［绘图］［系统配置］［选择集］［重置］等设置选项。

☆经验 1：建议初学者使用软件默认的选项值，最好不要对［选项］对话框进行大量的参数变更和设置。因为软件的默认配置一般就是最常用选项的优化配置。

☆经验 2：初学者经常遇到的麻烦是因错误操作后工作界面可能会变乱，只需恢复［选项］对话框的默认配置即可。具体做法：单击快捷菜单浏览器图标或输入“OP”命令打开［选项］对话框，单击［配置］选项、单击［重置］按钮，再单击［确定］按钮，系统即可恢复默认选项设置。

1.3.2 要点 2——坐标系

几何图形是点的有序集合，任何三维空间的点都可用笛卡儿坐标系的三个坐标唯一确定，因此图形也可以用坐标值的有序集合表达。AutoCAD 中图形也是用坐标表示的，AutoCAD 设有两个坐标系，一个固定的世界坐标系 WCS（World Coordinate System），WCS 原点固定在（0，0，0）位置（图纸左下角角点），x 轴水平向右，y 轴竖直向上，z 轴垂直向外。另一个是由用户设定（建立、定位、移动或旋转）的用户坐标系 UCS（User Coordinate System），默认情况下 WCS 与 UCS 重合于（0，0，0）位置。

定位并显示 UCS 的方法：一般用三点法定位，步骤如下：

步骤 1：输入命令“UCS”↙（或单击［UCS］工具图标后确定），进入用户坐标系 UCS 设置。

步骤 2：指定 UCS 的原点及坐标轴方向（指定的第一、二、三点分别定位原点、x 轴、y 轴）。

操作方法：当指定第一点，则当前 UCS 的原点将会移动到第一点，而 x、y、z 轴的方向不变；当指定第二点，则 UCS 的 x 轴通过第二点；当指定第三点，则 UCS 的 y 轴通过第三点；z 轴方向按笛卡儿坐标规则确定。

※知识点 1：系统默认的两个坐标系 UCS 与 WCS 重合于绘图幅面的左下角点，当重新定位了 UCS 后，用户输入的绝对坐标值都是相对于 UCS 的。

※知识点 2：二维绘图一般不需要重新定位 UCS，因为二维图形是平面图形，绘制线段时用两点之间的相对坐标值或用捕捉追踪法确定线段更方便快捷。

☆经验 1：在三维建模过程中，移动及旋转 UCS 会带来很多方便，因三维模型的草图绘制位于 UCS 的 xOy 平面中，高度沿 z 轴方向，为满足在各个方向的三维模型建模，用户坐标系的 z 轴方向必须能旋转到需要的方向。

☆经验 2：WCS 的坐标原点始终固定于整个图样的左下角，屏幕显示的绘图区域只是图样幅面的一部分，因此屏幕上显示的坐标系是浮动坐标系，浮动坐标系仅指示坐标轴的方向，因此按绝对坐标值输入的点有可能不在当前绘图区而观察不到。

☆经验 3：有时输入点的绝对坐标值绘图后会超出屏幕而看不到图形，怎么办？双击滚轮或输入命令“ZOOM”并选择［A］选项后确定，全部图样都会显示在屏幕上。

☆经验 4：初学者经常因滚动鼠标滚轮使图形找不到，怎么办？双击滚轮！

1.3.3 要点 3——输入设备

鼠标键定义：系统默认的“双键+滚轮”鼠标各键的定义：

（1）鼠标左键　拾取键。用于选取菜单项、工具和对象，在绘图过程中指定点的位置等。

（2）鼠标右键　在 AutoCAD 2016 界面大部分区域单击鼠标右键，都会弹出快捷菜单；在执行编辑命令时，如果系统提示选择对象，则此时单击鼠标左键可选择对象，单击鼠标右键可结束对象选择。

（3）鼠标滚轮　前、后滚动滚轮可放大显示或缩小显示图形；如果按住滚轮并拖动鼠标，则可平移图形；双击鼠标滚轮可以将所有图形最大化显示在屏幕上。

☆经验 1：在 AutoCAD 2016 中，绘图命令通过键盘输入或通过鼠标单击命令图标输入，掌握好鼠标与键盘的用法是提高绘图效率的前提。由于 AutoCAD 2016 软件中鼠标键被定义了较丰富的操作，因此鼠标的正确、有效使用尤显重要。

☆经验 2：建议初学者不要改变键盘定义和鼠标键值定义，以方便统一教学。对于习惯左手操作鼠标者，只要将鼠标改为左手鼠标就可以了。

☆经验 3：鼠标的丰富操作功能给绘图带来很多方便，但初学者常因频繁使用鼠标滚轮进行图形的放大、缩小、移动，而在屏幕上找不到图形了！怎么办？双击鼠标滚轮，则所有图形就会最大化地重新显示在屏幕中央。

☆经验 4：初学者有时用绝对坐标法绘制图形，因输入点可能不在绘图区，因此在显示屏上会看不到图形！怎么办？在屏幕上双击鼠标滚轮可使图形显示出来。

☆经验 5：若执行绘图命令后鼠标左键不能在绘图区域中选定任何一个点，则往往是因为超出了绘图界限，关闭绘图界限即可。

1.3.4 要点4——对象选择

对象：指组成图形的点、线、面、体四类几何元素，但二维绘图空间中只有点、线、线框面三类对象。

夹点：线段由无数点组成，其中的关键可编辑点称为夹点。例如，直线包含了两个端点和一个中点共三个夹点，圆包含了圆心和四个象限点共五个夹点。选中一个对象后，对象上的夹点标签会高亮显示，当捕捉到夹点（夹点颜色默认变红色）后可以拖动夹点来编辑对象。

对象选择的七种方式：

（1）单选一个对象　将光标移到要选择的对象上单击，对象变色显示表示选中。

（2）单选多个对象　依次单击要选择的多个对象可以一次选中多个对象。此时若没有多个对象被选中，则需要按下<Shift>键再多选。

（3）窗选对象　按住鼠标左键从左上到右下拖出一个蓝色矩形框，完全包围在框内的对象均被选中，称为窗选选择。

（4）窗交对象　按住鼠标左键从右下到左上拖出一个绿色矩形框，凡与矩形框相交或被矩形框完全包围的对象均被选中，称为窗交选择。

（5）栏选（[F]）对象　当命令提示栏中出现多种选择提示时，选择［F］选项，然后用鼠标左键画出一条曲线后按<Enter>或<Space>键，则与这条曲线相交的对象均会被选中。

（6）套索选择多个对象　套索选择是一种混合选择。按住鼠标左键拖出一个不规则的选择框，此时可按<Space>键在［窗选］［栏选］和［窗交］这几种选择方式之间循环切换，释放鼠标左键，可按照选定的套索方式选择所需的多个图形对象。因套索选择方式使用烦琐，建议初学者在［选项］对话框中关闭套索选择方式。

（7）快速选择法　选择具有某些共同属性的对象时，可以使用快速选择方式，根据对象的颜色、图层、线型和线宽等属性创建选择集。做法：在［实用工具］面板中单击［快速选择］按钮打开［快速选择］对话框，在该对话框中进行对象筛选操作，单击［确定］按钮，符合条件的对象将被选中。

☆经验1：<Ctrl+A>快捷键可以选择当前所有对象（冻结或锁定的图层对象除外）。

☆经验2：利用［选择循环］功能可选择重叠或靠近的对象。做法：①通过单击状态栏中的［选择循环］按钮打开此开关；②将光标置于对象上，待出现标识时单击打开［选择集］对话框，该对话框提供了可选对象的列表，在该列表中单击所需的对象即可将其选中。

1.3.5 要点5——图形编辑

图形编辑：图形的移动、分解与合并、线打断、圆角与倒角、延伸与剪裁、复制、旋转、镜像、阵列等操作统称为图形编辑或图形修改，对应命令也称为修改命令。做法：①输入编辑命令；②选择要编辑的对象后按命令提示操作。

大多数命令使用时，先选择对象后输入命令效果相同。

夹点编辑：夹点是图线中的关键可编辑点。夹点除了可以控制对象的形状外，还可以用于编辑对象。例如，单击圆的象限夹点并拖动可调整圆的半径，单击直线端点夹点并拖动可延长直线。此外，选中某夹点后右击，利用弹出的快捷菜单还可以对图线进行其他复杂的编辑操作。

图形删除：图形删除有三种方法。做法：①选中图形对象后，按键盘上的<Delete>键；②选中图形对象后，单击［删除］命令图标；③选中图形对象后，输入快捷命令“E”(ERASE)↙。

1.3.6 要点6——对象捕捉与捕捉追踪

对象捕捉：当输入某个绘图命令后，移动光标到可捕捉点的附近时，该点标签以绿色发亮显示，表明已经捕捉到该夹点对象了。要捕捉必先打开捕捉状态并输入命令。

捕捉追踪：是指将要绘制的点与捕捉点沿追踪线对齐的方法。当捕捉到一个点后沿坐标轴方向移动光标就会出现一条追踪线（也称为推理线，以虚线显示），此时只要输入距离值或鼠标拾取点，则该点就确定在这条追踪线上。沿极轴方向的追踪称为极轴追踪。

捕捉状态的开启与关闭方法：状态选项为按钮式设置，单击一次状态选项则打开，再单击一次则关闭，再次单击又打开，选项按钮发亮显示表示是打开状态。

捕捉与捕捉追踪模式的设置方法：设置捕捉与捕捉追踪模式：右击［对象捕捉］按钮或按快捷键<F11>打开［草图设置］对话框，按［草图设置］对话框中的面板设置捕捉对象、追踪对象、极轴追踪及追踪角度等参数，如图1.5所示。

覆盖式捕捉：覆盖式捕捉能够准确捕捉单个对象，将其他捕捉对象屏蔽掉。要运行覆盖捕捉，可在执行绘图命令后通过组合键<Ctrl>或<Shift>+右击显示［覆盖捕捉］快捷菜单。该菜单中包括很多实用的捕捉选项，如［临时追踪TT］［捕捉自TF］［平行］［垂直］及其他捕捉选项。

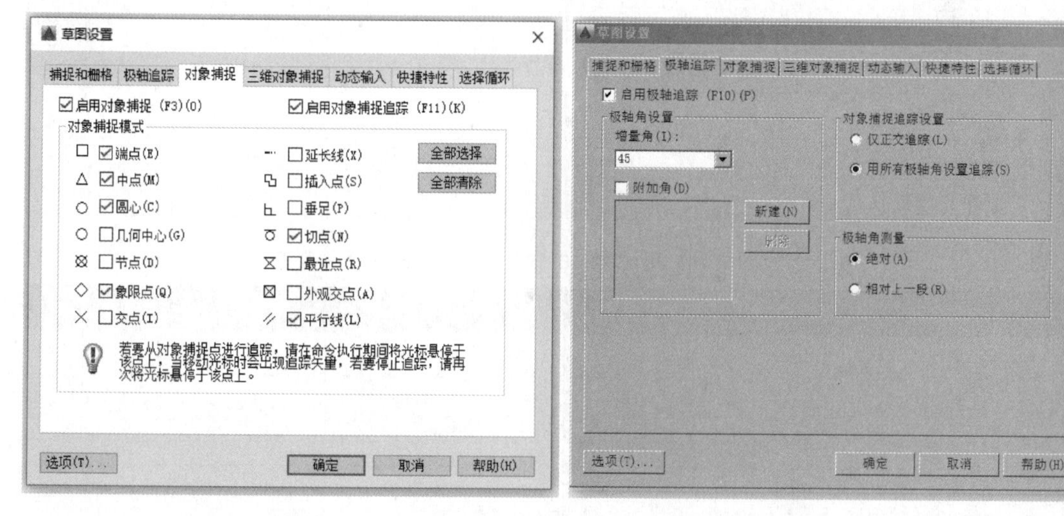

图1.5 ［草图设置］对话框中设置捕捉与追踪模式

1.3.7 要点7——正交状态与极轴追踪

正交状态：打开［正交状态］选项，只能沿x轴方向或y轴方向追踪绘制线段。利用

［极轴追踪］工具可以追踪任意角度方向。

极轴追踪：若要实现沿某一特定角度的极坐标轴追踪功能，就必须打开［极轴追踪］选项，并设置可追踪的极轴的角度（与 x 轴正方向的夹角，逆时针方向为正方向）。做法：在［草图设置］对话框中选中［启用极轴追踪］选项，输入要追踪的增量角度值及特殊角度值，选中［用所有极轴角设置追踪］选项，单击［确认］按钮后退出，如图 1.5 所示。

正交与极轴追踪关系：［正交状态］选项与［极轴追踪］选项只能选其一。当打开［正交状态］模式时，［极轴追踪］模式会自动关闭，反之亦然。不建议在绘图时使用［正交状态］选项，因打开［极轴追踪］选项完全可以替代［正交状态］选项，而且功能更强大。

1.3.8 要点 8——命令与数据的输入

1. 常用绘图命令及编辑命令

AutoCAD 2016 的各类命令合计多于 730 个（见附录 4），全部记住比较困难且没有必要。初学者可先熟悉并掌握 18 个常用绘图命令及 16 个常用编辑修改命令，分别见表 1.1 及表 1.2。其他命令用单击工具图标的方式操作。所有命令的操作方法最好在实践过程中逐渐掌握。

但对高级操作者而言，熟记并掌握的命令越多，绘图速度就越快，因为用键盘输入简化命令比用单击命令图标的方式要更加快速、便捷。

表 1.1 AutoCAD 2016 的 18 个常用绘图命令一览表

序号	中文名称	英文命令	简化命令	序号	中文名称	英文命令	简化命令
1	直线	Line	L	10	圆	Circle	C
2	构造线	XLine	XL	11	圆弧	Arc	A
3	多段线	PLine	PL	12	椭圆	Ellipse	EL
4	样条曲线	SPLine	SPL	13	椭圆弧	Ellipse	EL
5	矩形	Rectang	REC	14	点	Point	PO
6	正多边形	Polygon	POL	15	修订云线	Revcloud	REVC
7	创建块	Block	B	16	图案填充	Bhatch	BH、H
8	插入块	Insert	I	17	表格	Table	TB
9	多行文字	Mtext	MT、T	18	面域	Region	REG

表 1.2 AutoCAD 2016 的 16 个常用编辑修改命令一览表

序号	中文名称	英文命令	简化命令	序号	中文名称	英文命令	简化命令
1	删除	Erase	E	9	拉伸	Streth	S
2	复制	Copy	CO	10	修剪	Trim	TR
3	镜像	Mirror	MI	11	延伸	Extend	EX
4	偏移	Offset	O	12	打断于点	Break	BR
5	阵列	Array	AR	13	打断	Break	BR
6	移动	Move	M	14	倒角	Chamfer	CHA
7	旋转	Rotate	RO	15	圆角	Fillet	F
8	缩放	Scale	SC	16	分解	Explode	X

2. 命令的输入与使用

AutoCAD 2016 中所有命令都有简化命令，如果输入了命令或单击命令图标后并确认，就启用了该命令，输入的命令会显示在命令提示栏中。若打开了［动态输入］状态，则输入命令也会显示在动态文本框（光标右下角的文本框）中。命令的输入方式有如下几种方式：

（1）键盘输入命令　AutoCAD 中所有操作命令都可以通过键盘输入简化命令，输入的命令及其使用步骤都会在命令提示栏中显示，初学者一定要注意观察命令行的提示与交互。

（2）图标选取命令　AutoCAD 中绝大部分命令都已图标化并分类放入工具面板中。图标化的工具面板命令比较直观好记，用鼠标单击图标即可执行该命令。

（3）重复输入命令　命令执行结束出现“命令：”提示时，按<Enter>键或<Space>键，可重复执行上一次所执行过的命令（注意重复命令不会重复命令的二级选项）。

（4）终止当前命令　按<Esc>键终止或退出当前命令，连续按两次<Esc>键则进入待命状态。

（5）取消上步操作　输入命令“U”（Undo）后，可取消正执行命令的上一步操作。

（6）命令提示　AutoCAD 中所有操作命令都具有人机交互提示，初学者一定要按照命令提示栏进行操作，这样就能正确完成命令的完整操作过程。

（7）命令帮助　如果不知道图标命令的用法，将光标移到命令图标上停留一会儿，则会自动弹出该命令的使用方式说明文本框。如果要看详细的命令用法，则再按<F1>键会调出联机帮助文件，联机帮助文件中有该命令的详细使用方法说明。遇到不熟悉的命令时，利用命令帮助可快速学习命令的用法。

3. 数据的输入

AutoCAD 命令执行过程中常常要输入点的坐标，当命令提示栏显示“指定点：”提示时，需要用户输入该点的位置坐标数值。常用坐标数值的输入方式有下列几种：

（1）光标指定输入　单击绘图区域中任一点，就输入了当前光标的坐标值。

（2）绝对坐标值输入　“x，y，z”表示绝对坐标值。坐标值输入也可以按圆柱坐标或球坐标输入。

（3）相对坐标值输入　“@x，y，z”表示相对前一点的坐标值，“@$d<\alpha$”表示相对极坐标值。

（4）角度输入　当输入角度时，输入的数值$\pm\alpha$表示与x轴的夹角，逆时针方向为正方向。

☆经验 1：命令是 AutoCAD 的核心和关键，初学者的基本任务就是熟悉并掌握这些基本绘图命令和修改编辑命令的操作方法。

☆经验 2：命令在图标化后就称为工具，AutoCAD 中绝大多数命令都对应有图标工具，图标工具全部集中放置在工具面板中。

☆经验 3：对于绝大多数的命令，输入命令字与单击图标工具效果相同，但有个别命令的部分二级选项用图标命令无法操作，如绘制轴测圆只能输入命令“EL”［I］选项。

☆经验 4：学习命令的最好方法就是在实践中去学，通过绘图去熟悉、掌握命令。

☆经验 5：一个命令的执行一般分若干个操作步骤。初学者一定要观察命令提示栏中操作步骤的提示信息，按提示操作就能很快掌握该命令的使用方法和步骤。

☆经验6：大多数命令都含有多种实现方式选项，如圆命令“C”（CIRCLE）有［圆心半径］［切点、切点、半径］［三点］等不同画法选项，命令输入时一定要选择不同的选项。一般命令图标上显示的只是其中最常用的一种选项，其他选项单击命令图标旁边的“▼”按钮，在下拉菜单中选取。

☆经验7：使用命令的一般步骤是：输入命令↙选方式↙选对象↙选基点或参考线↙选项目数↙（符号↙表示按一下<Enter>键或空格键予以确认）。

1.3.9 要点9——样板文件

图形文件：在AutoCAD中绘制的图样称为图形文件，图形文件的后缀为.dwg。

样板文件：将绘图所需的规范化、标准化的参数或状态设置存放在一个文件中，这样的文件称为样板文件，后缀为.dwt。默认样板文件存放在安装盘下的模板文件夹template中。

用户样板文件：用户可以自建一个符合自己制图规范和标准的样板文件，当绘制工程图样时用［新建］命令进入并打开该样板文件，模型空间中就加载了样板文件中设置的规范参数，可以绘制标准规范且风格与样板文件一致的工程文件，创建用户样板文件的流程如图1.6所示。初学者开始绘图要从［新建］命令开始，然后选择加载一种合适的样板文件。

图1.6 创建用户样板文件的流程

※知识点1：《技术制图 字体》（GB/T 14691—1993）、《技术制图 图线》（GB/T 17450—1998）、《技术制图 尺寸注法》（GB/T 4458.4—2003）等系列国家标准规定了图样中的字体、字号、线宽线型、尺寸标注的相关规范，将这些规范及要求打包放入绘图样板文件中保存，作为绘制图样的标准规范模板文档。

※知识点2：每次绘制新图样，单击［新建］图标并选择一种样板文件，就会在用户工作界面中加载样板文件中设置的参数，从而绘制标准规范、统一的工程图样。

※知识点3：图层的作用是将不同属性的图线分类管理存储，不仅方便进行图形修改和编辑，也可以减少图形的存储量。

※知识点4：一般将属性相同或用途相同的图线置于同一图层，只要调整某一图层的属性，位于该图层上的所有图形对象的属性都会自动修改。所有图线的绘制工作都是在当前图层中进行的，并且所绘图形都会自动继承该图层的所有属性。

※知识点5：将线型、线宽、颜色、是否打印等属性存入图层，文字规范存入文字样式中，标注规范存入标注样式中。图层、文字样式、标注样式、引线样式、状态栏的状态等都可以存放在同一份样板文件中。

任务 1-1　建立标准规范的用户样板文件

（1）训练目的　建立一份符合机械制图国家标准规范的用户样板文件，给后续的练习和绘图提供统一且标准的规范样板，样板文件名称为“教学样板 . dwt”。利用绘图样板文件会提高绘图速度与绘图的规范性。

（2）训练要求　“教学样板 . dwt”文件中应包含：基本绘图环境参数设置，新建 13 个图层，新建 6 种文字样式、6 种标注样式，设置非连续线比例，状态栏设置。

（3）做法步骤

步骤 1：环境参数设置。

做法：双击 AutoCAD 图标进入默认用户工作界面。①设置界面颜色：单击［选项］对话框中［显示］选项卡，选取配色方案为［明］，显示颜色改为［白色］，这样绘图颜色环境与打印出图颜色一致；②设置选择集：单击［选择集］选项卡，取消选择［允许拖动套索选择］选项，不建议初学者使用套索选择工具。其他内容不建议修改，选用默认值即可。

步骤 2：新建图层。

做法：在［默认］选项卡的［图层］面板中单击［图层特性］图标，打开如图 1-1.1 所示的［图层特性管理器］选项板。对初学者而言，按照管理器中的提示操作，一般建立如图 1-1.1 所示的粗实线、点画线、虚线、剖面线、波浪线、尺寸标注线、双点画线、粗虚线、注释文字细、注释文字粗、注释引线等 13 个图层就够了。除此之外，0 层是系统默认的层，Defpoints 层是与尺寸标注相关的默认图层。

当前图层：尺寸　　搜索图层

过滤器：全部 / 所有使用的图层

状 名称	开	冻..	锁.	颜色	线型	线宽	透...	打...	打印	新...	说明
0				白	Continuous	—— 默认	0	Colo···			
Defpoints				白	Continuous	—— 默认	0	Colo···			
波浪线				白	Continuous	—— 0.25···	0	Colo···			
尺寸标注线				蓝	Continuous	—— 0.25···	0	Colo···			
粗点画线				24	ACAD_ISO04W100	—— 0.50···	0	Colo···			
粗实线				白	Continuous	—— 0.50···	0	Colo···			
粗虚线				53	ACAD_ISO02W100	—— 0.50···	0	Colo···			
点画线				红	ACAD_ISO04W100	—— 0.25···	0	Colo···			
剖面线				白	Continuous	—— 0.20···	0	Colo···			
双点画线				绿	ACAD_ISO04W100	—— 0.25···	0	Colo···			
细实线				洋	Continuous	—— 0.25···	0	Colo···			
虚线				青	ACAD_ISO02W100	—— 0.25···	0	Colo···			
注释文字粗				白	Continuous	—— 0.50···	0	Colo···			
注释文字细				白	Continuous	—— 0.25···	0	Colo···			
注释引线				蓝	Continuous	—— 0.25···	0	Colo···			

反转过滤器

全部：显示了 15 个图层，共 15 个图层

图层特性管理器

图 1-1.1　［图层特性管理器］选项板及新建常用的 13 个图层

步骤 3：设置文字样式、标注样式、引线样式。

1）设置 6 种文字样式。

做法：打开［注释］选项卡，打开［文字样式］对话框，根据提示新建文字样式。对于初学者建立如图 1-1.2 所示 6 种文字样式就够用了。①其中三种用于尺寸标注、技术要求填写和标题栏填写，字号分别为 3.5、5、7 号三种，西文及数字字体选用国标字库［gbeitc. shx］，选中［大字体］复选框，选择国标汉字大字体［gbcbig. shx］；②另三种用于其他注释文字，字体为宋体，其他参数与前三种相同。

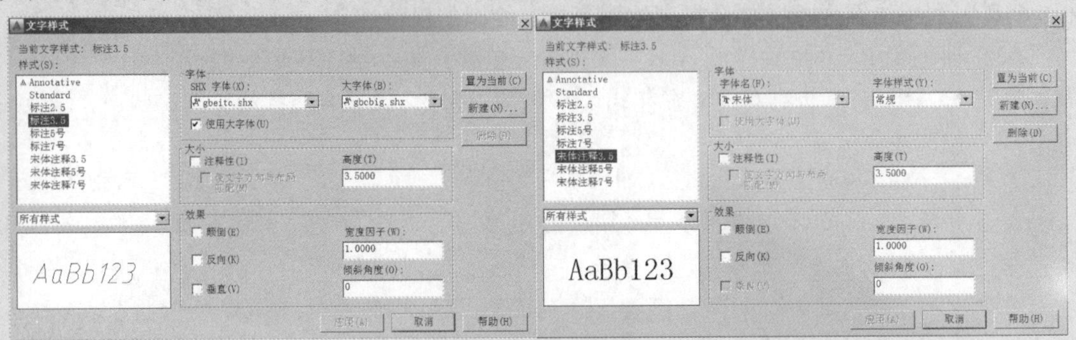

图 1-1.2 ［文字样式］对话框及新建 6 种文字样式

2）设置 6 种标注样式。

标注样式的内容包括：尺寸界线、尺寸线、尺寸数字、尺寸精度、角度表示、公差标注形式等相关内容的线型、距离、颜色、大小等参数。标注样式按照国家标准规定的要求内容主要设置标注字体、文字对齐方式、尺寸界线起点偏移量、基线距离、小数点样式及精度等。需要新建三种线性尺寸标注样式、三种角度标注样式。角度标注样式在线性标注样式的基础上新建，只需要改变字体为居中和水平放置即可。

做法：打开［注释］选项卡，打开［标注样式管理器］对话框，新建三种线性标注和三种角度标注样式，选择基础样式为［ISO］，如图 1-1.3 所示。新增六种标注样式在［ISO］样式基础上需要修改的参数见表 1-1.1，其他参数不必修改。

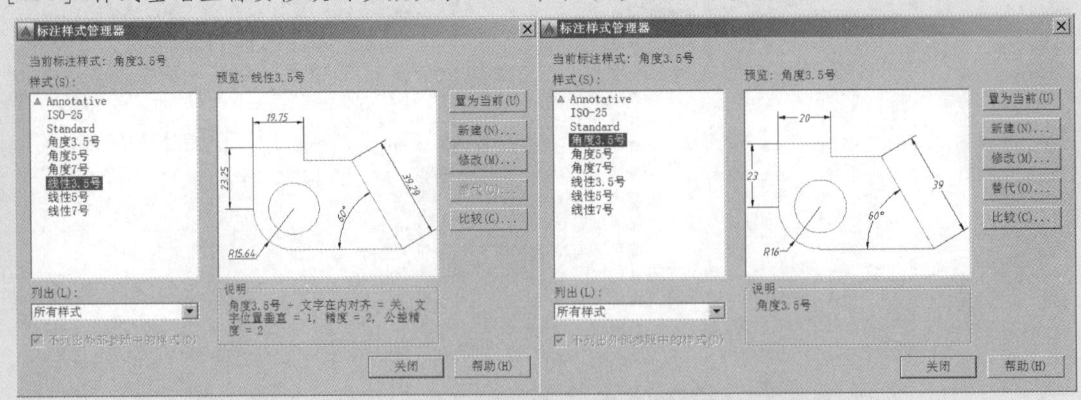

图 1-1.3 ［标注样式管理器］对话框及新增 6 种标注样式

3）设置 6 种多重引线样式。

多重引线样式用于装配体的零件序号标识或其他文字说明。引线包括引线样式、引线结构、文字样式三项内容，在默认引线样式的基础上修改设置即可。其中，应将引线样式中

表 1-1.1 新建标注样式参数修改对照表

样式		起点偏移	文字样式	文字对齐方式	单位精度	基线间距	小数点
基础样式		0.625	standard	与尺寸线对齐	0.00	3.75	逗号
新增样式	线性 3.5 号	0	标注 3.5	与尺寸线对齐	0.00	5	句点
	线性 5 号	0	标注 5	与尺寸线对齐	0.00	5	句点
	线性 7 号	0	标注 7	与尺寸线对齐	0.00	5	句点
	角度 3.5 号	0	标注 3.5	居中,水平	0.00	5	句点
	角度 5 号	0	标注 5	居中,水平	0.00	5	句点
	角度 7 号	0	标注 7	居中,水平	0.00	5	句点

注：其他参数沿用基础样式。

[箭头] 改为实心点，大小设为 3，文字样式选用 [标注文字]。共建立 6 种引线样式。

做法：打开 [注释] 选项卡，打开 [多重引线样式管理器] 对话框，根据提示新建 6 种引线样式，如图 1-1.4 所示。

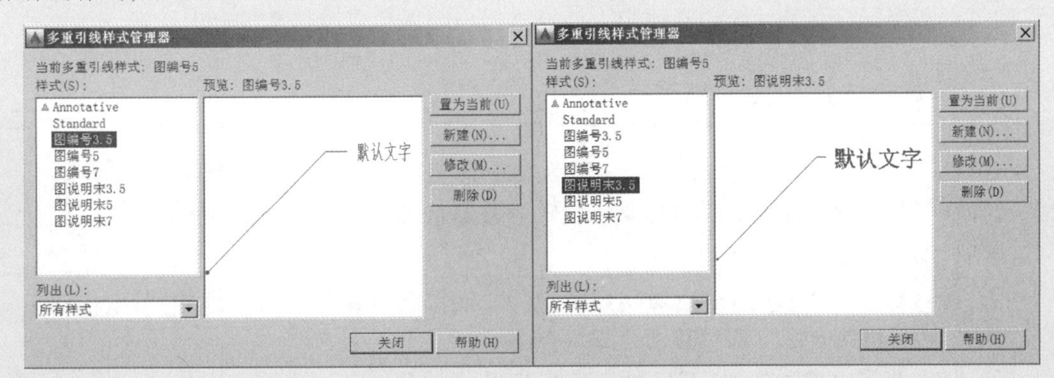

图 1-1.4 新增 6 种多重引线样式

步骤 4：设置状态选项。

做法：用户工作界面最下端的一栏是状态栏。状态栏左侧是当前光标的坐标值，右侧是已经加载的二十多个状态选项。其中，蓝色加亮显示的状态表示活动状态，在绘图空间是有效的，灰色显示的是无效的状态，如图 1-1.5 所示。样板文件中应设置处于活动状态的项目包括：[动态输入] [极轴追踪] [追踪显示] [二维捕捉] [线宽显示] [UCS 活动] [显示注释对象] 等。状态栏最右端是状态选项目录表图标☰，表中放置全部状态项目，单击打开后可选择需要加载的状态项目。所有状态选项都是按钮形式，按一次打开，再按一次关闭。

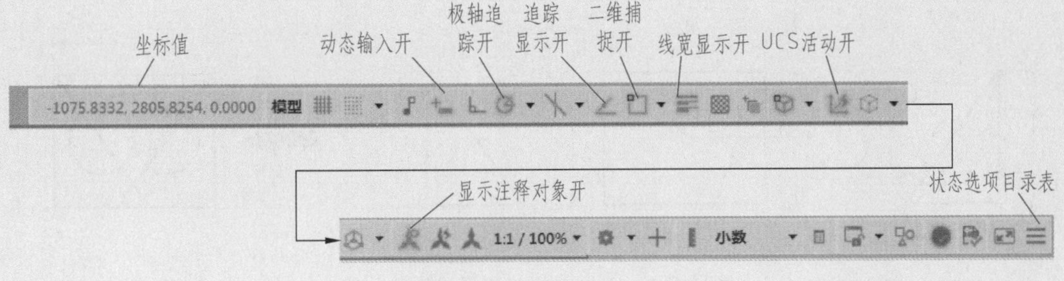

图 1-1.5 状态栏（蓝色加亮表示活动状态）

步骤 5：设置非连续线线型比例。

因前面新建的图层中的非连续线的默认比例为 1（ISO 类虚线画长度约为 15 个绘图单位），对虚线绘制的长度或直径小于 15 个绘图单位的槽或孔，虚线就不能正确显示，可能显示为细实线。因初学者大多绘制的图形比较小，为了避免混淆，将非连续线比例统一调整为 0.7 比较合理，所绘制出的图形也更美观。

做法：输入命令“LTS”（LTSCALE）↙，之后输入“0.7”↙，完成线型比例的改变。

步骤 6：保存样板文件。

做法：将以上样板文件另存为名称为“教学样板 .dwt”的样板文件。默认保存地址在软件安装盘下的“template”文件夹中，用户也可以另行指定保存文件地址。当建立了用户样板文件后，每次绘图都用［新建］命令进入并选择样板文件“教学样板 .dwt”，则所有的设置都将加载入用户工作界面中，在此基础上就可以绘制符合国家标准规范且统一的图样文件了。

公共机房中的计算机在关机时会自动删除在 C 盘保存的自建的模板文件，因此可以将自建的模板文档保存在其他盘中，而个人计算机用户则保存在默认文件夹中较好。

任务 1-2 对象选择与图形编辑练习

（1）练习目的 以“教学样板 .dwt”为模板绘制一幅简单图形，练习对象选择、夹点、对象捕捉、移动对象、旋转对象等修改编辑命令，以及鼠标的使用，观察命令提示与互动。

（2）练习内容 绘制图 1-2.1 所示图形。先绘制两个三角形、一个圆和一个矩形，然后将四个图形通过移动合成组合图形。

（3）做法步骤 参考如图 1-2.2 所示图解步骤：

每一步操作应阅读命令提示栏中提示内容，按照提示内容操作。

步骤 1：新建进入并选择“教学样板 .dwt”文件，加载“教学样板 .dwt”文件中的绘图环境参数。

做法：双击桌面 AutoCAD 2016 软件图标，单击［新建］菜单，选择“教学样板 .dwt”。

步骤 2：打开捕捉与极轴追踪状态。

做法：在状态栏右击［对象捕捉］按钮，打开［捕捉设置管理器］对话框，选中［对象捕捉］［捕捉追踪］［极轴追踪］选项，单击［确定］按钮后退出。

步骤 3：绘制两个三角形、一个圆和一个矩形。

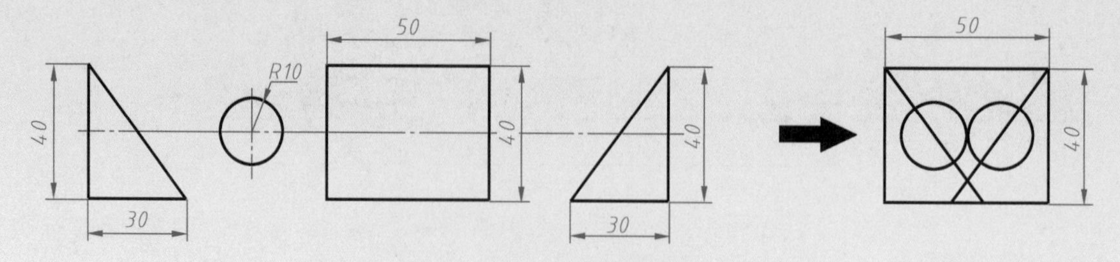

图 1-2.1 对象选择与图形编辑练习图

做法：①画第一个三角形：［直线］命令，鼠标左键拾取一点作为直线起点↙输入相对坐标“@-30，0”↙输入相对坐标“@0，40”↙捕捉起点↙；②画 $R10$ 圆：［圆］命令↙输入半径“10”↙；③画矩形：［矩形］命令，拾取左下角点↙输入右上角点的相对坐标“@50，40”↙；④画第二个三角形：［直线］命令，拾取一点作为直线起点↙输入相对坐标“@30，0”↙输入相对坐标“@0，40”↙输入“C（闭合）”↙。

步骤4：移动两个三角形到矩形中。

做法：［移动］命令，选中左边三角形↙选三角形直角顶点为基点↙捕捉矩形左下角点为目标点↙↙选中右边三角形↙选三角形直角顶点为基点↙捕捉矩形右下角点为目标点↙。

步骤5：复制圆，使圆心位于两个三角形斜边的中点。

做法：［复制］命令，选圆为对象↙选圆心为基点↙捕捉三角形两斜边中点为目标点↙。

步骤6：删除圆。

做法：［删除］命令，选圆为对象↙。

步骤7：对象选择练习。

做法：练习单选、多选、窗选、窗交、栏选，并注意观察选中对象的变化。

步骤8：夹点编辑练习。

做法：捕捉夹点使其处于编辑状态（夹点变红色），然后拖动夹点对线条进行编辑。

步骤9：对象捕捉与捕捉追踪练习。

做法：练习将三角形下边对齐位置作为起点绘图，练习从矩形上边对齐位置开始画图。

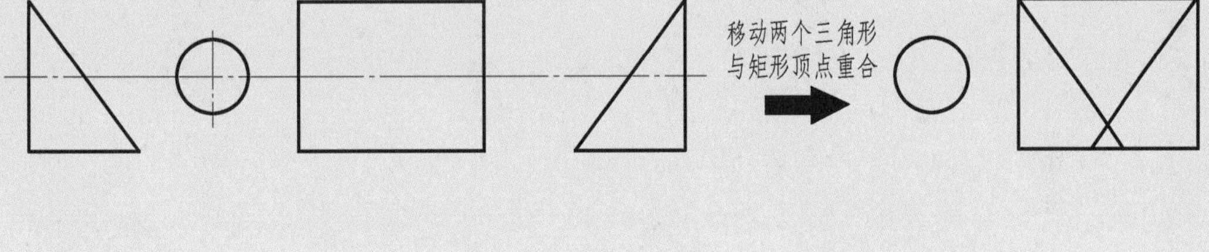

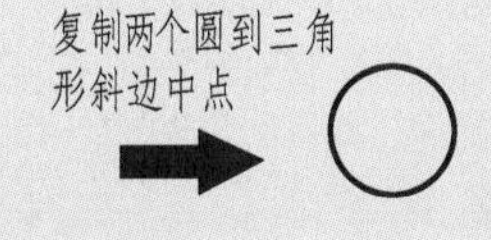

图 1-2.2 做法步骤图解

复习与课后练习

一、思考题

1. 如何合理选用 AutoCAD 的软件版本？
2. AutoCAD 2016 用户工作界面由哪些栏目组成？
3. 什么是工具面板？常用命令放在什么选项卡中？
4. 命令提示栏的作用是什么？
5. 状态栏的作用是什么？

6. 简述绘制工程图样的流程。
7. AutoCAD 2016 的坐标系的作用是什么？有哪些坐标系？如何重定位 UCS？
8. 如何设置绘图单位？
9. AutoCAD 2016 使用的“双键+滚轮”鼠标键值是如何定义的？
10. 对象如何选择？
11. 简述 AutoCAD 2016 中对平面图形编辑的方式及操作方法。
12. 什么是对象捕捉、捕捉追踪、极轴追踪？
13. 如何输入命令及坐标数据？如何查看命令提示与帮助文本？
14. 什么是用户样板文件？简述创建用户样板文件的步骤。

二、练习题（典型题型，多练必然熟能生巧）

1. 练习创建一份名称为“教学样板”的用户样板文件，并保存。
2. 用捕捉追踪法直接绘制任务 1-2（不用移动方式）。

二维绘图篇

二维绘图是基础，三维建模也需要！

内容要点

1. 基本命令操作与平面图形绘制
2. 截交线、相贯线与组合体表达方案
3. 平面图形尺寸标注
4. 螺纹、焊缝标记与标准件
5. 轴测图绘制及轴测图标注
6. 典型零件与零件图绘制
7. 装配图与焊接装配图绘制

第 2 章

常用命令操作及平面图形绘制

目标任务

- 练习常用绘图与修改命令的操作使用
- 掌握复杂平面图形绘制方法要点
- 熟悉平面图形“快速一笔”画法技巧
- 练习不规则平面图形面积、周长的测量

平面图形绘制口诀

平面图形是入门，辅助设计基本功，平面图形线连线，形状位置是关键。
直线斜线与曲线，矩形椭圆与弧线，依次描点样条线，可变宽度多段线。
图形分析作开端，先画已知各线段，再画辅助过渡线，最后绘制连接线。
位置方向用追踪，形位尺寸键输入，用好捕捉与追踪，绘图准确又快速。

2.1 平面图形绘制要点

平面图形：投影得到的平面图形是一种线框图。线框图只包含点和线段两种对象，每条线段表示实体的轮廓棱线，而一个封闭的线框代表一个实体的一个表面。绘制平面图形的过程就是绘制一系列有序连接的线段的过程。

线段：AutoCAD 中线段按形状及画法不同可分为直线、圆和圆弧、椭圆和椭圆弧、样条曲线、构造线、多段线等。绘制不同种类的线段应使用对应的绘图命令，绘制不同线段的过程就是执行各种画线命令及输入数据的过程。线型、线宽、颜色由当前图层决定，线条的放置位置可由捕捉追踪及输入的几何尺寸来准确地确定。

几何关系：指线段之间在几何位置上的形位关系。AutoCAD 平面图形中线段之间的几何关系包括对齐、平行、垂直、相交、相切、相离等。AutoCAD 中线段之间的几何关系的建立可用偏移、复制、镜像、阵列等编辑命令或用捕捉追踪工具快速实现。几何关系也可用［几何关系约束］命令来锁定。

命令：是 AutoCAD 的核心内容，命令也称为工具。熟悉命令的用途及使用方法是初学者的两项主要任务。①默认工具面板中包含了初学者常用的基本绘图命令和修改命令。②光标移动到工具面板中的每个工具图标暂停，会自动弹出该命令的操作提示文本框，出现提示文本框后按下<F1>会弹出联机帮助文件，文件中有详细的命令使用说明。③命令一旦执行，在命令提示栏中会提示下一步的操作选项或操作方法提示。初学者使用命令务必注意观察命令提示信息，按命令提示信息操作就能掌握命令的操作和使用方法。④按命令提示信息进行操作是学习 AutoCAD 命令用法的捷径。

平面图形绘制步骤：复杂平面图形的绘制必须遵循一定的绘制步骤和流程，因线段绘制时必须要输入线段的形状位置参数，但某些线段的形位由其他线段的几何关系决定，要通过作辅助线来确定其形位参数，因此绘图必须按一定顺序进行。复杂图形绘制顺序如图 2.1 所示。

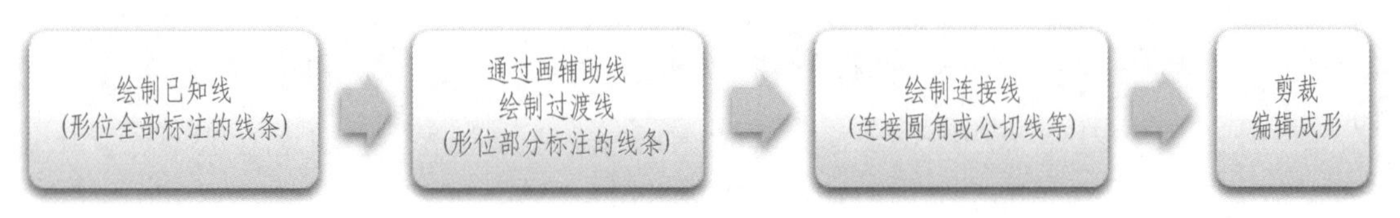

图 2.1　复杂平面图形绘制顺序

2.2　通过绘图训练常用命令的操作

任务 2-1　图层、直线、等分直线、点样式、非连续线

（1）训练目的　练习通过相对坐标法及捕捉端点法进行直线绘制、直线等分、点样式设置、图层切换等操作，修改非连续线的线型比例并观察结果。

（2）训练内容　绘制如图 2-1.1 所示图形，修改非连续线比例并观察结果。

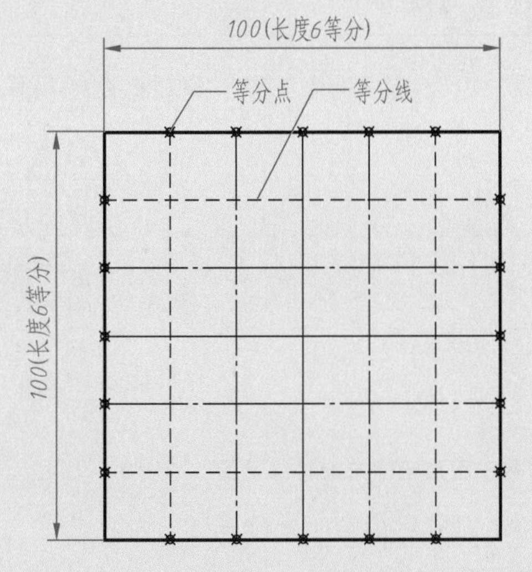

做法提示：
①用[直线]命令(相对坐标画法)绘制100×100正方形的四条边。
②改变点样式，用[定数等分]命令六等分四条边。
③切换图层选线型，用[直线]命令的捕捉两端点法绘制十条等分线(等分点属于节点，将节点设置为可捕捉点)。

图 2-1.1　图层、直线、等分直线、点样式、非连续线练习图

（3）做法步骤　参照如图 2-1.2 所示做法步骤图解进行。

步骤 1：用［直线］命令的相对坐标法绘制 100×100 的正方形，如图 2-1.2a 所示。

相对坐标画法：
line↙拾取起点↙@100,0↙
@0,100↙@-100,0↙@0,-100↙

a) 相对坐标法绘正方形四边

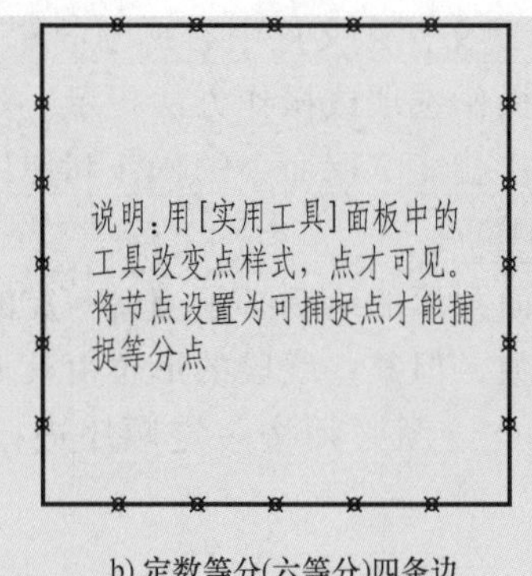

b) 定数等分(六等分)四条边

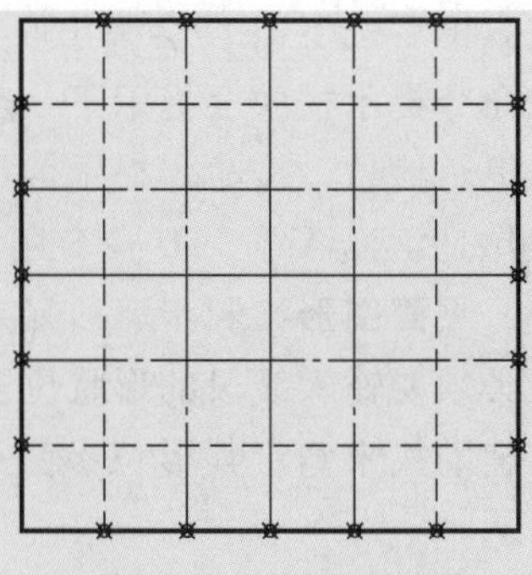

c) 捕捉等分点绘制十条等分线

图 2-1.2　做法步骤图解

做法：［新建］↙选取“教学样板”为绘图模板↙粗实线图层↙［直线］命令↙选择起点↙@ 100，0↙@ 0，100↙@ -100，0↙@ 0，-100↙。

步骤 2：绘制六等分点，如图 2-1.2b 所示。

做法：①改变点样式：捕捉设置↙选中［节点］↙［实用工具］↙［点样式］↙选点样式 ¤↙。②六等分边：在［绘图］选项卡中单击［定数等分］命令↙选取直线↙等分数 6↙，连续将四边都等分完成。

步骤 3：捕捉端点画直线，依次绘制十条等分线，如图 2-1.2c 所示。

做法：切换不同的图层，捕捉等分点作为等分线的端点，绘制十条等分直线。

步骤 4：改变非连续线的显示比例并观察结果。

做法：选中四条非连续线↙［特性］↙分别改变比例为 0.5、1.5、1 删除↙，对比观察显示结果。

任务 2-2　直线偏移、剪裁与延伸、图形镜像与旋转

（1）训练目的　练习直线偏移、延伸与剪裁，以及图形镜像、图形旋转命令的操作。

（2）训练内容　按 1∶1 的比例绘制如图 2-2.1 所示图形。

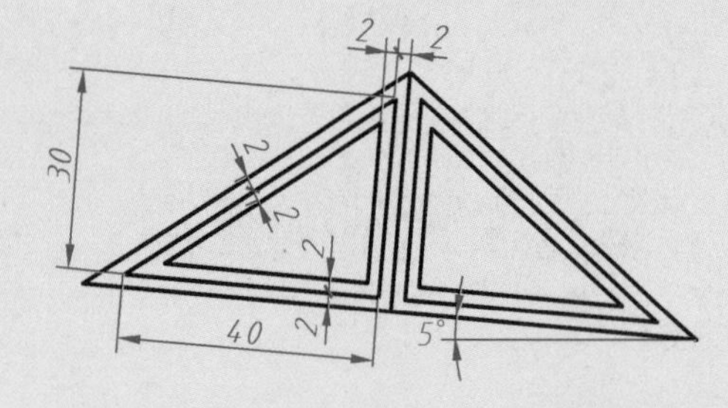

做法提示：
要点：图形按底边水平放置绘制好后整体旋转5°。
① [直线]命令画直角边边长为30、40的水平放置的直角三角形。
② 三角形三边向内、外各偏移距离2，剪裁或延伸直线形成三个相似三角形。
③ 图形左右镜像。
④ 整体图形旋转-5°。

图 2-2.1　直线偏移、延伸与剪裁、图形镜像与旋转练习图

（3）做法要点　整体图按底边水平放置、绘制完成后再顺时针旋转 5°。

（4）做法步骤　参照图 2-2.2 所示做法步骤图解进行。

步骤 1：先画水平放置的直角边边长为 30、40 的直角三角形，如图 2-2.2a 所示。

做法：［新建］↙“教学样板”↙粗实线↙直线↙选择起点↙@ 40，0↙@ 0，30↙C（闭合）↙。

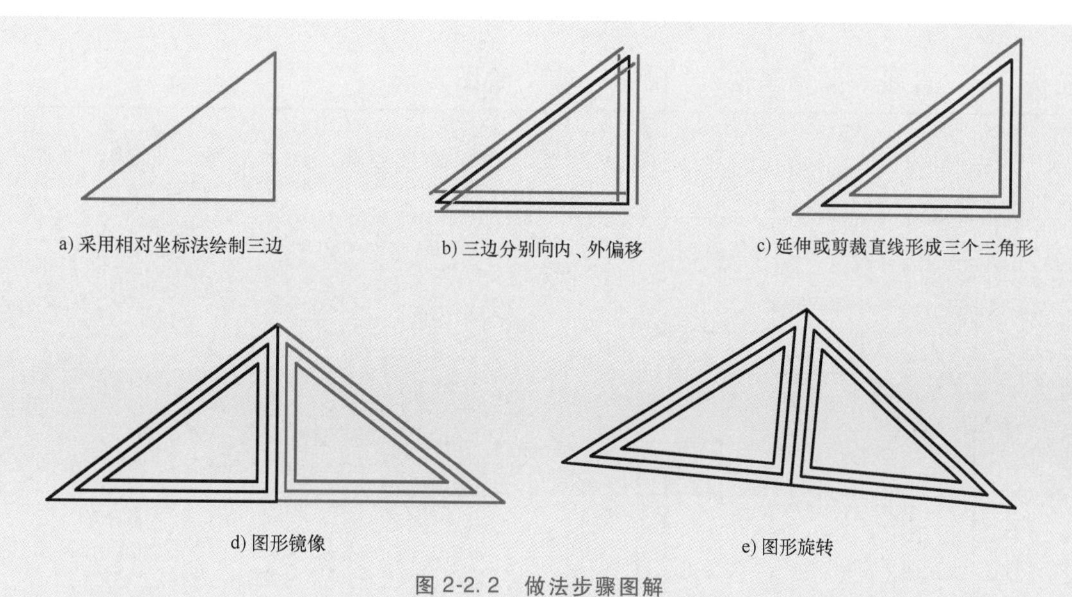

图 2-2.2　做法步骤图解

步骤 2：三角形的三个边向内、外各偏移 2mm，如图 2-2.2b 所示。

做法：［偏移］命令↙距离 2↙选择一条边↙在边内、外各单击一次↙，偏移其他两条边。

步骤 3：剪裁与延伸直线形成三个三角形，如图 2-2.2c 所示。

做法：剪裁↙↙剪掉线头形成内三角形↙按住<Shift>延伸各边形成外三角形↙。

步骤 4：镜像图形，如图 2-2.2d 所示。

做法：选中所有图形↙［镜像］命令↙单击图形右边线的两端点后就选该边线为镜像轴↙。

步骤 5：旋转图形，如图 2-2.2e 所示。

做法一：选中所有图形↙［旋转］命令↙选右下角点为基点↙-5°↙。

*做法二：［直线］命令画出三角形后，用［合并］命令将三角形合并为一个组合对象，然后将组合三角形整体向内、外各偏移 2mm，再镜像、旋转即可完成。

*做法三：用［多段线］命令一次绘制完成一个三角形，然后偏移、镜像、旋转。

※知识点：直线有四种画法：相对坐标法、极坐标法、捕捉两端点法、捕捉追踪法，具体画法应按照标注形式选用最精确和方便的一种画法。

☆经验 1：当已知直线两个端点时，用相对坐标法或捕捉两个端点法绘制。

☆经验 2：当已知线段长度和与坐标轴线的夹角时，用极坐标法绘制。方法：确定起点后输入两点之间的相对极坐标值@ a<α（线段长度 a，线段与 x 轴夹角 α，默认逆时针方向为正值）。

☆经验 3：任意角度直线段都可以用极轴追踪法绘制。方法：捕捉起点，移动光标到目标方向的极轴追踪线，输入线段长度即可。

☆经验 4：当追踪线（推理线）时隐时现时，关闭中文输入并打开动态输入法。

☆经验 5：［剪裁］命令既可以用于剪裁线段，按住<Shift>键也可以延伸线段。

★技巧：“快速一笔”画法是编者提出的一种一笔完成整个平面图形的绘图技巧。“快速一笔”画法的要点是选择起点，即“起点选择无标注点”。

任务 2-3　直线的多种画法、“快速一笔”绘图方法

（1）训练目的　练习用相对坐标法、极坐标法、捕捉追踪法绘制直线，初识“快速一笔”绘图方法，该方法的要点是“起点选择无标注点”。

（2）训练内容　用两种方法按 1∶1 的比例绘制如图 2-3.1 所示图形。

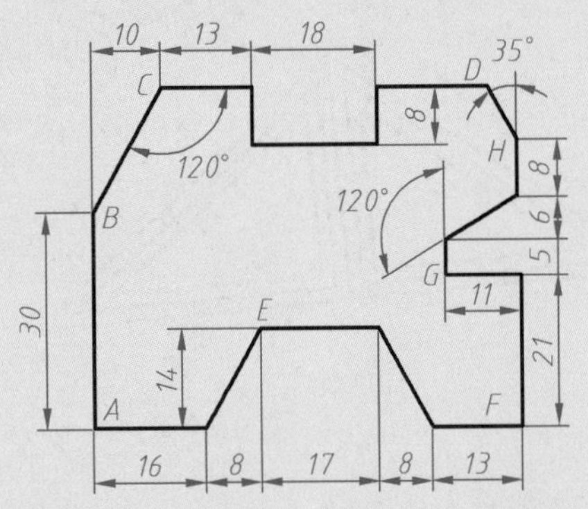

做法提示：
① 两笔画法：指整个图形分两次连续绘制完成。第一笔绘制顺序 ABCD，第二笔绘制顺序 AEFGHD。
②“快速一笔”画法：指整个图形一次连续绘制完成。绘制顺序 DCBAEFGHD。起点必须选择 D点才能一笔连续完成。
③ D点没有直接标注出尺寸，但 D点由相交线段的几何关系确定，这种点称为“无标注点”。无标注点一般都不需要计算坐标值，可以由相交线延伸或剪裁得到。

图 2-3.1　直线多种画法、“快速一笔”画法练习图

（3）图形分析　如图 2-3.1 所示图形全部由直线段组成。其中正交线可采用捕捉追踪法绘制，标注明确的线段用相对坐标法绘制，如计算斜线 *BC* 坐标值有误差且费时，而斜线长度计算便捷且没有误差，因此适宜用极坐标法绘制。

（4）做法步骤　参考图 2-3.2 所示做法步骤图解进行。

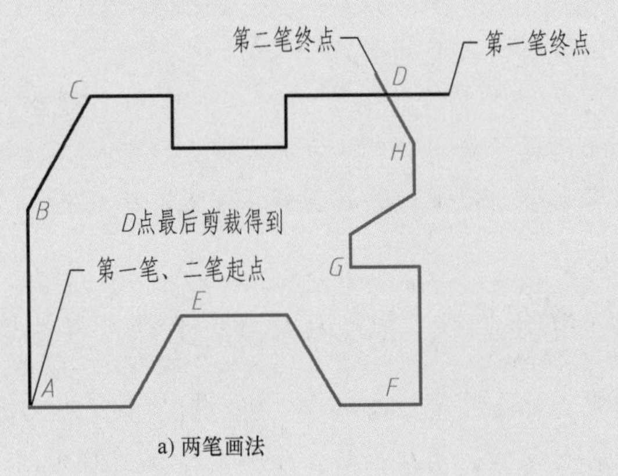

a) 两笔画法

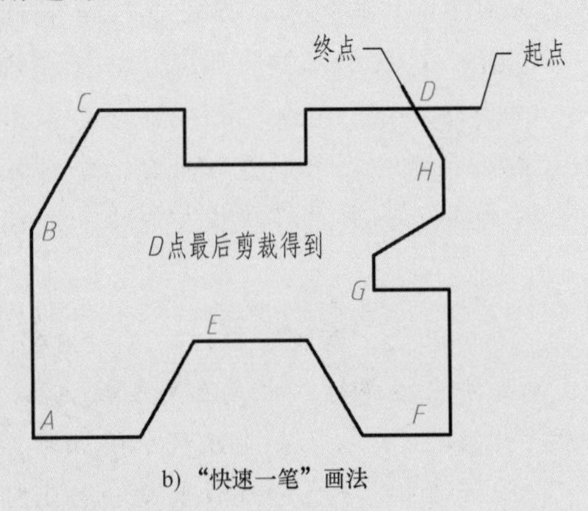

b) “快速一笔”画法

图 2-3.2　做法步骤图解

1）常规两笔画法步骤，如图 2-3.2a 所示。

步骤 1：第一笔：连续绘制七条直线段，顺序为 *ABCD*。

做法：［新建］↙“教学样板”↙粗实线↙直线↙选起点 *A*↙ *y*30（追踪 *y* 方向输入“30”）↙极坐标法@ 20<60↙ *x*13（追踪 *x* 方向输入“13”）↙ −*y*8（追踪 −*y* 方向输入“8”）↙ *x*18↙ *y*8↙ *x*25↙。

步骤 2：第二笔：连续绘制 11 条直线段，顺序为 *AEFGHD*。

做法：捕捉点 A↙ x16↙ @ 8，14↙ x17↙ @ 8，-14↙ x13↙ y21↙ -x11↙ y5↙ @ 12<30↙ y8↙ @ 20<125°↙。

步骤 3：剪裁成形 D 点。

做法：[剪裁] 命令↙↙剪裁多余线条或延长线段（预估线段长短均可，若太短则延伸线段）。

2）“快速一笔”绘制整个图形的绘图步骤，如图 2-3.2b 所示。

做法：粗实线↙直线↙选起点 D↙ -x20（长度 20 为预估值）↙ -y8↙ -x18↙ y8↙ -x13↙ @ 20<-120↙ -y30↙ x16↙ @ 8，14↙ x17↙ @ 8，-14↙ x13↙ y21↙ -x11↙ y5↙ @ 12<30↙ y8↙ @ 20<125（长度 20 为预估值，可长可短）↙剪裁多余线头，完成。

※知识点：圆与正多边形是机械制图中应用较多的基本图形，应熟练掌握其画法。

☆经验 1：画圆（CIRCLE）的方法有圆心半径画法（默认）、直径两端点画法（2P）、切点切点半径画法（T）、三切点画法（3P）等方式。

☆经验 2：[正多边形] 命令（POLYGON）可以绘制任意边数的正多边形。做法：[POLYGON] ↙边数↙指定中心或边↙选择 [内接于圆] 或 [外切于圆] ↙输入圆半径或指定顶点的位置↙。

☆经验 3：圆、矩形、多边形及用多段线绘制的图形是一个组合对象，其性质与一段线条对象一样，可进行特性编辑。

☆经验 4：对象属性的修改方法：无论是单个对象或组合对象，选中对象后单击鼠标右键可调用快捷菜单里的特性编辑器修改其对象参数。

任务 2-4　圆与正多边形的多种画法

（1）训练目的　练习用各种方法绘制圆，绘制多种正多边形。

（2）训练内容　按 1∶1 的比例绘制如图 2-4.1 所示的由八个圆和六个正多边形构成的图形。

（3）图形分析　如图 2-4.1 所示，图中八个圆的绘制方法包含圆心半径画圆、切点切点半径画圆、三切点画圆三种；正多边形包括三角形和四、五、六、八边形共计五种。

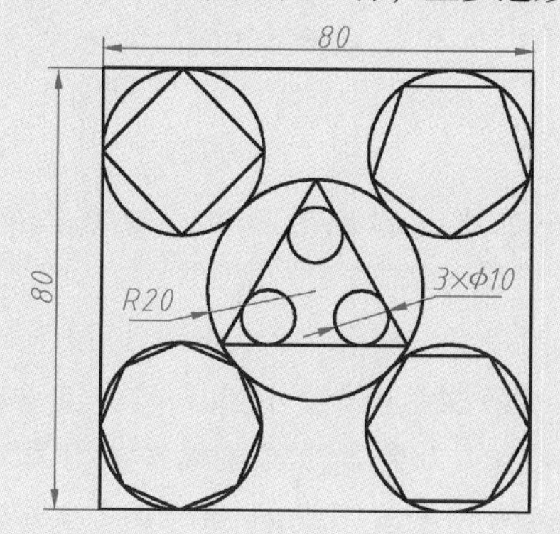

做法提示：
①顺序画 R20圆、正方形、四个三切点圆。
②画五个圆的内接正多边形。
③切点切点半径法画三角形的三个内切Φ10圆。

图 2-4.1　圆与正多边形的多种画法练习图

（4）做法步骤　参考图 2-4.2 所示做法步骤图解进行。

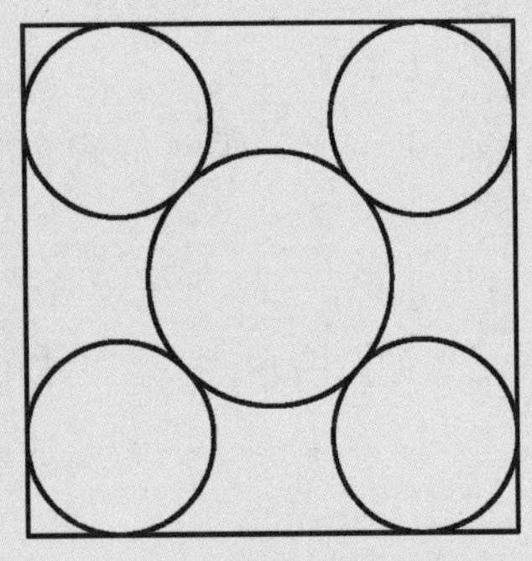

a) 画圆、正方形及四个三切点圆

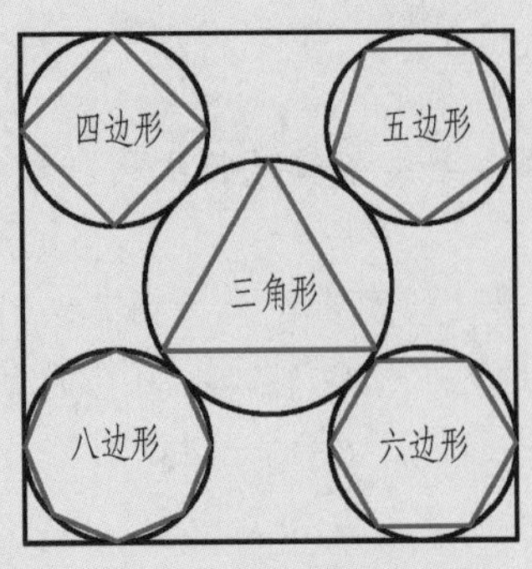

b) 画五个正多边形

c) 画三角形三个内切圆

图 2-4.2　做法步骤图解

步骤 1：按顺序画 $R20$ 圆、80×80 正方形、四个三切点圆，如图 2-4.2a 所示。

做法：①［新建］↙“教学样板”↙粗实线↙圆心半径画圆↙选圆心↙$R20$↙［多边形］命令↙边数 4↙捕捉圆心为中心点↙选内切圆 $R40$↙捕捉圆象限点↙。②三切点（3P）法绘制四个圆：三切点法画圆（3P）↙依次捕捉第一切点、第二切点、第三切点↙。按照相同方法依次画出其余三个圆。

注意切点要尽量靠近实际切点位置捕捉，因切点位置不同会形成不同的公切圆。

步骤 2：画五个不同的圆内接多边形，如图 2-4.2b 所示。

做法：［多边形］↙输入边数“3”↙捕捉 $R20$ 圆心为中心↙选择［内接于圆］↙捕捉 $R20$ 圆的上边象限点↙。按照相同方法依次画出其余内接正四边形、正五边形、正六边形、正八边形。

步骤 3：切点切点半径法（T）画三个内切圆 $\phi10$，如图 2-4.2c 所示。

做法：［切点切点半径］画圆↙捕捉三角形的两个边为切点↙输入半径“5”↙。按照相同方法依次画出其余两个内切圆。

☆经验 1：工程制图中存在大量的对称图形和排列规则的图形，常用镜像（MIRROR）、阵列（ARRAY）、复制（COPY）等修改编辑工具实现快速绘图。

☆经验 2：中心对称的图形用［环形阵列］命令（ARRAYPOLOR），行列排列的用［矩形阵列］命令（ARRAYRECT），排列在一条曲线上的用［路径阵列］命令（ARRAYPATH）。

☆经验 3：上下对称或左右对称或关于一条线对称的图形用［镜像］命令（MIRROR）。

☆经验 4：排列不规则的多个图形用［复制］命令（COPY），复制图形的目标位置用捕捉追踪法操作较为简便。复制也是比较常用的编辑命令，使用比较灵活便捷。

☆经验 5：阵列后的所有图形为一个组合对象，如果要单独编辑阵列对象中的一个图元，必须先用［分解］命令（EXPLODE）分解阵列对象。AutoCAD 2010 版阵列后的对象仍然是单独对象，因此不用分解。

任务 2-5 复制式旋转、圆弧、环形阵列、矩形阵列

（1）训练目的　图形旋转、圆弧画法、剪裁、环形阵列、矩形阵列命令及操作。

（2）训练内容　按 1∶1 的比例绘制如图 2-5. 1 所示平面图形。

（3）图形分析　如图 2-5. 1 所示图形包含三行四列相同的图元，因此应用［矩形阵列］命令较为快速简便。因矩形阵列默认的方向为沿 x，y 轴正方向，阵列前应先画左下角的单个图元。单个图元可用圆、三角形、圆弧绘制，然后将单个图元矩形阵列三行四列。

（4）绘图步骤　参考图 2-5. 2 所示做法步骤图解进行。

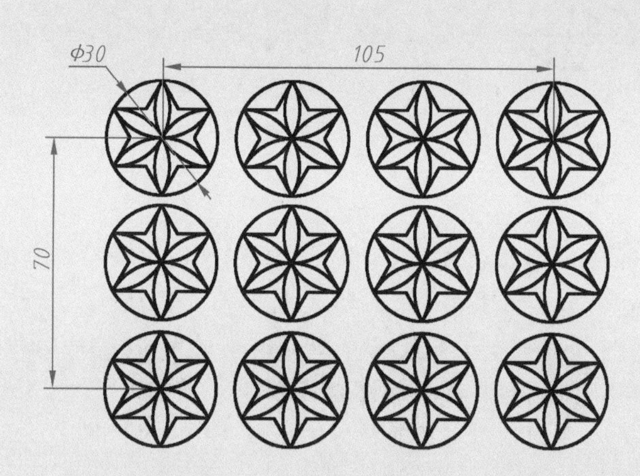

做法提示：
要点：先画一个完整图形，再矩形阵列三行四列。
①先画出左下角单个图形。
②矩形阵列三行四列，同时修改编辑阵列参数表，如行距、列距、阵列方向等参数。
③注意阵列后的所有对象为一个组合对象，若想编辑单个对象，必须先分解。
④矩形阵列的方向沿 x、y 的正方向生成整体图形，因此先画左下角的图形比较方便。

图 2-5. 1　旋转、圆弧、环形阵列、矩形阵列练习图

步骤 1：先画圆及圆内接正三角形，如图 2-5. 2a 所示。

做法：［新建］↙“教学样板”↙粗实线↙［圆心、半径］命令↙选取圆心↙输入半径“15”↙［多边形］命令↙输入边数“3”↙捕捉圆心为中心点↙选外接圆↙捕捉圆的最上象限点为三角形顶点↙。

步骤 2：旋转三角形（复制 C 方式），如图 2-5. 2b 所示。

做法：［旋转］命令↙选三角形为对象↙选圆心为旋转基点↙输入“C”↙输入“180°”↙。

步骤 3：剪裁多余线条后绘制三点圆弧线，如图 2-5. 2c 所示。

做法：［剪裁］命令↙选两个三角形为对象↙单击要剪裁的六段线，［三点圆弧］命令↙选择三角形顶点、圆心、另一顶点为圆弧上的三点↙。

步骤 4：将圆弧环形阵列六份，如图 2-5. 2d 所示。

做法：［环形阵列］↙阵列数量 6↙选阵列对象为圆弧↙选择圆心为阵列中心↙。

步骤 5：将单个图元矩形阵列为三行四列，如图 2-5. 2e 所示。

做法：［矩形阵列］↙窗选被阵列图元↙修改行数、列数等参数，行距 35、列距 35↙。

有些版本的 AutoCAD 软件（如 2010 版）不会自动出现阵列参数表，但用鼠标右键调用快捷菜单中的［特性］选项就能弹出特性参数表。

a) 画圆及三角形　b) 用复制方式旋转三角形

c) 剪裁后绘制圆弧线　d) 环形阵列圆弧六份

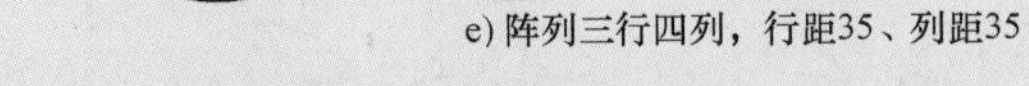

e) 阵列三行四列，行距35、列距35

图 2-5.2　做法步骤图解

☆经验 1：矩形也是工程制图中应用较多的几何图形，用［RECTANG］命令绘制。做法：［RECTANG］↙定位矩形角点↙输入另一个对角点或面积 *A* 或长宽尺寸 *D*↙。

☆经验 2：用［圆］［矩形］［椭圆］［多边形］［多段线］命令绘制的图形是独立组合对象，独立组合对象使用［偏移］命令时会整体偏移形成相似图形。

☆经验 3：［偏移］命令（OFFSET）是形成相似图形的简便方法。做法：［OFFSET］↙输入偏移距离或通过点↙选对象↙确定偏移方向（选择对象内或外一点）。

☆经验 4：用［直线］命令绘制的封闭图框是多个对象，不能整体偏移，只能按边偏移。

任务 2-6　矩形、偏移、阵列、复制、分解、剪裁

（1）训练目的　练习［矩形］［偏移］［复制］［阵列］［分解］［剪裁］命令的用法。

（2）训练内容　用两种方法按 1∶1 的比例绘制如图 2-6.1 所示图形。

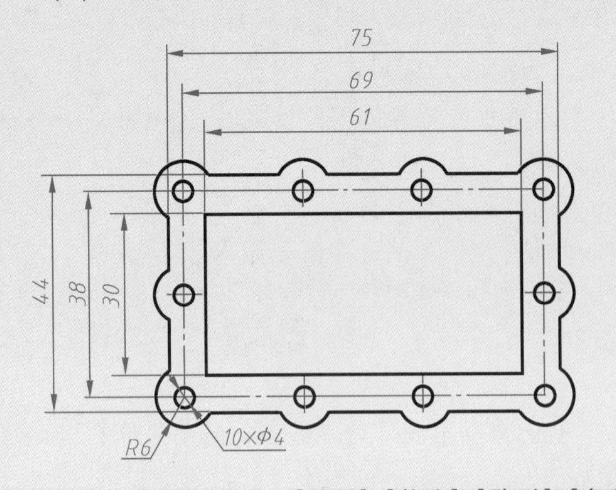

第一种做法提示：

① 偏移方式画出三个同心矩形，中间矩形改为点画线。
② 画出左下角两个同心圆。
③ 阵列同心圆为三行四列。
④ 分解阵列的同心圆后删除中间两个同心圆。
⑤ 剪裁多余圆弧线，画同心圆的中心线。

第二种做法提示：

① 偏移方式画出三个同心矩形，中间矩形改为点画线。
② 画出左下角两个同心圆。
③ 复制同心圆九份，剪裁多余圆弧线。
④ 画同心圆的中心线。

图 2-6.1　［矩形］［偏移］［阵列］［复制］［分解］［剪裁］命令练习图

（3）图形分析 如图 2-6.1 所示图形特点是具有矩形排列的多个同心圆弧及圆。第一种做法：先将同心圆阵列三行四列，然后删除中间两个。第二种做法：先画出一对同心圆，再复制九份。为了达到训练不同命令的目的，本任务用两种做法完成绘制。

（4）做法步骤 参考图 2-6.2 所示做法步骤图解进行。

a) 偏移方式画三个矩形，修改中间矩形为点画线

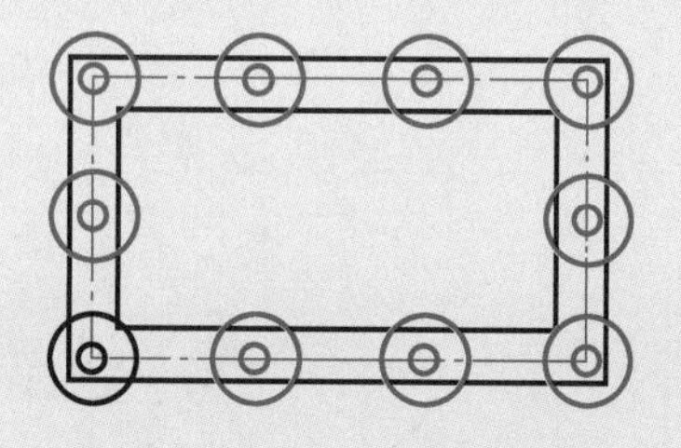

b) 画同心圆、阵列三行四列、分解，删除中间两个同心圆

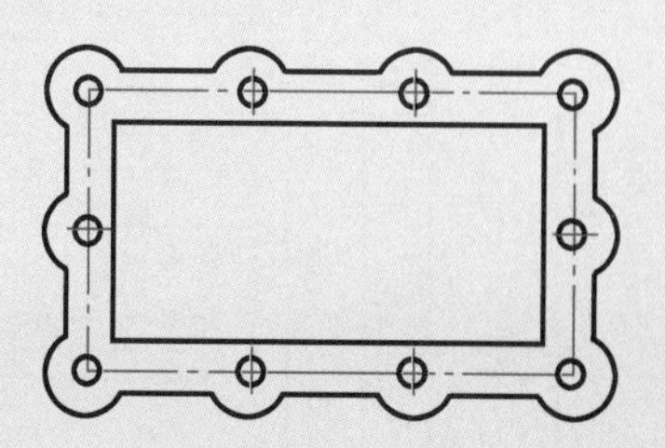

c) 剪裁多余弧线并补画圆中心线

图 2-6.2 做法步骤图解

1）第一种做法：阵列做法。

步骤 1：用［矩形］命令绘制一个矩形，然后再偏移出两个同心矩形，如图 2-6.2a 所示。

做法：［新建］↙“教学样板”↙［矩形］↙［D］↙输入长度“61”↙输入宽度“30”↙［偏移］命令↙偏移距离为 4↙选择对象矩形↙选择矩形外一点（表示向外偏移）↙↙偏移距离为 7↙选小矩形为对象↙选择矩形外一点（表示向外偏移）↙选中间矩形↙切换为点画线图层↙。

步骤 2：画同心圆并阵列为三行四列，删掉中间两个同心圆，如图 2-6.2b 所示。

做法：粗实线↙圆↙捕捉圆心↙*R*2↙↙捕捉圆心↙*R*6↙［矩形阵列］↙选 *R*2 与 *R*6 同心圆↙修改行距为 19，列距为 23↙［分解］命令↙选阵列对象↙［删除］↙选中间两个同心圆↙。

步骤 3：剪裁图形，如图 2-6.2c 所示。

做法：选大矩形与所有大圆为剪裁对象后↙［剪裁］↙单击要剪裁的部分。

2）第二种做法：复制做法。

步骤 1：偏移形成三个同心矩形，做法与第一种做法相同，如图 2-6-2a 所示。

步骤 2：画一对同心圆并复制完成其他位置所需的同心圆，如图 2-6.2b 所示。

做法：粗实线↙［圆］↙画 *R*6 和 *R*2 同心圆↙［复制］命令↙追踪输入圆心距或捕捉定位圆心位置复制同心圆↙。

步骤 3：剪裁图形，形成如图 2-6.2c 所示图形。

任务 2-7 镜像、倒圆、倒角、填充及剖切符号

（1）训练目的 练习［镜像］［填充］［倒圆］［倒角］命令的操作方法，多段线绘制剖切符号。

（2）训练内容 按 1∶1 的比例绘制如图 2-7.1 所示图形。

（3）图形分析　图 2-7.1 所示图形是一段圆轴。轴的主视图一般先绘制上半部分轮廓线，然后镜像下半部分轮廓线，再画键槽及孔。断面图中要填充剖面线，剖切位置必须要用剖切标识符号进行标识，剖切标识符号用［多段线］命令绘制比较便捷。

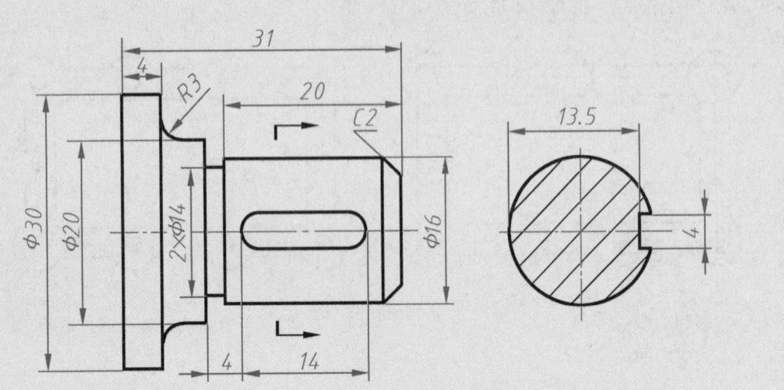

图 2-7.1　［镜像］［倒圆］［倒角］［填充］命令及剖切符号练习图

（4）做法步骤　参考图 2-7.2 所示做法步骤图解进行。

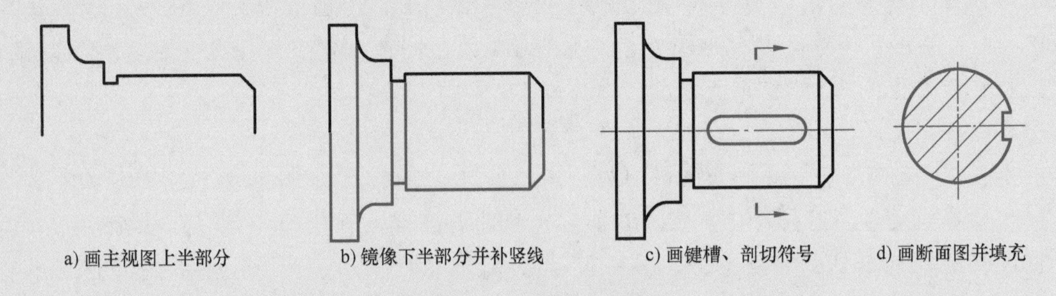

图 2-7.2　做法步骤图解

步骤 1：先绘制主视图上半部分图形，如图 2-7.2a 所示。

做法：［新建］↙“教学样板”↙粗实线↙$y15$↙$x4$↙$-y5$↙$x5$↙$-y3$↙$x2$↙$y1$↙$x20$↙$-y8$↙，［倒角］命令↙2↙2↙选择倒角两个边↙［圆角］命令↙［r］↙3↙选择圆角所在的两个边↙。

步骤 2：镜像下半部分图形并补画竖直轮廓线，如图 2-7.2b 所示。

做法：［镜像］↙窗选全部对象↙选镜像轴线↙补画四条竖直轮廓线↙。

步骤 3：绘制键槽及剖切位置符号，如图 2-7.2c 所示。

做法：①绘制键槽，先绘制两个 $R2$ 圆弧，然后绘制公切线后修剪。②绘制剖切符号：［多段线］↙选箭头尖点为起点↙［w］↙输入起点宽度“0”↙输入终点宽度“0.8”↙输入箭头长度“3”↙［w］↙输入起点宽度“0”↙输入终点宽度“0”↙长度为 4↙（鼠标向下追踪画剖切位置）粗实线↙［w］↙输入起点宽度“0.5”↙输入终点宽度“0.5”↙长度为 4↙［镜像］命令↙选取上半部分剖切符号↙选择中心线为镜像轴线↙完成。

步骤 4：绘制移出断面图，如图 2-7.2d 所示。

做法：[圆心、半径] 画圆↙追踪圆心位置↙输入半径“8”↙捕捉追踪画键槽后剪裁↙，切换为填充线层↙ [填充] 命令↙选择填充图案类型 ANSI31，选择填充比例，填充区域用点选形式，单击选择填充位置区域↙↙，切换中心线图层↙ [直线] 命令↙绘制圆中心线及对称轴线↙。

☆经验 1：多段线在三维建模中用途广泛，功能强大，必须掌握其操作技巧。

☆经验 2：用 [多段线] 命令 (PLINE) 可以连续绘制不同宽度的直线与圆弧，所绘制的图形是一个组合对象！该命令常用于绘制剖切位置符号、特殊形状的箭头、特殊符号等。

☆经验 3：多段线绘制中输入的宽度值是在当前线型宽度基础上增加的宽度。

☆经验 4：剖面线用 [填充] 命令完成，剖面线图形根据零件的材质选择，剖面线的间距和方向在填充时可以输入，也可以在填充后选中剖面线修改。

☆经验 5：填充时经常出现填充失效的问题，往往是由于填充区域不封闭引起的，需要用 [延伸] 命令修改使其封闭后再填充。

★技巧 1：剖切位置符号用多段线绘制比较快捷，先绘制一半然后镜像。

★技巧 2：剖面填充线型最好单独建一个剖面线层（黑色细实线）。

★技巧 3：剖面线的参数，如剖面线的间距或方向不合适时，选中剖面线后调出剖面线编辑器，利用编辑器可修改剖面线的所有参数。

★技巧 4：图形中的倒角、圆角先按直角绘制，图形轮廓线绘制完成后用 [倒角] [圆角] 命令剪裁形成。

2.3 复杂平面图形综合绘制训练

在 AutoCAD 中绘制平面图形的实质就是绘制一系列有序连接的线段。每条线段的形状和位置简称为形位，线段的形位由尺寸值及线与线之间的几何关系来确定，形位完全约束的线段称为完全定义线段。即“平面图形线连线，形状位置是要点”。

组成复杂平面图形的各种线段按标注形式大体上可分为三类：①已知线段：形状和位置都有明确标注的线段，这些线段由标注尺寸完全定义，可以先行绘制；②过渡线段：形状及位置部分标注，未标注的形位需要通过与其他线段的几何约束关系求得，如相切、垂直、平行、角度等几何关系，这类线段需要利用约束关系作辅助线来完全定义，或者用捕捉追踪几何关系的方法直接绘制；③连接线段：形状位置取决于相连的已知线段或过渡线段，这类线段只有在前两种线段绘制完成后才能绘制，如公切线、连接圆角、倒角等。即“先画已知各线段，再画辅助过渡线，最后绘制连接线”。

平面图形中的每一线段也有不同的绘制方法，应选最精确的绘制方法。绘制平面图形通常也有不同的做法和顺序，但一般总会有一种最佳做法，最佳做法就是既准确又简便的绘图方法。必须善于运用捕捉与追踪工具，使绘图既准确又快速，才是最佳做法。即“用好捕捉与追踪，绘图准确又快速”。

☆经验 1：正交法仅适用于画正交线（水平或竖直），极轴追踪法不仅适用于绘制正交线也适用于绘制斜线，更加快捷。所有方向的直线尽量用极轴追踪法绘制。

☆经验 2：输入坐标值优先于追踪，因此正交模式下也可用坐标法绘制斜线。

★技巧 1：复杂平面图形中的线段按标注情况分为已知线段、过渡线段、连接线段三类。绘图顺序是“先画已知再过渡，最后绘制连接线”。

★技巧 2：线段最精确和方便的画法选择原则：①避免输入因复杂计算产生的多位小数的坐标值；②若端点能捕捉追踪则用捕捉追踪方法。

任务 2-8　正交模式与捕捉追踪模式绘图比较

（1）训练目的　练习正交状态绘图、[捕捉自（TF）] 选项的操作；比较两种画法的效率。

（2）训练内容　用正交法及捕捉追踪画法 1∶1 绘制如图 2-8.1 所示图形，比较绘图效率。

（3）图形分析　如图 2-8.1 所示平面图形是全部由正交线连接形成的内、外两个封闭图框，适宜采用正交法绘制，也可以采用极轴追踪法绘制。试比较两种做法的效率。

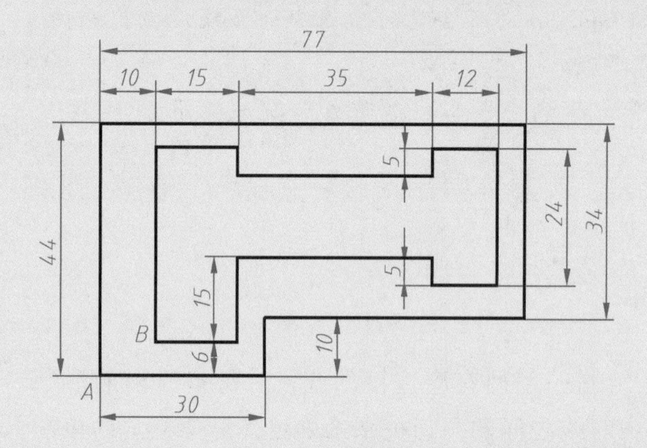

做法提示：

① 正交做法“快速一笔”完成：

打开正交状态，从 A点逆时针画外框线回到 A点，接着用相对坐标法画AB过渡线，再从B点逆时针画内框线，最后删除AB。

② 捕捉追踪法“快速一笔”完成：

打开捕捉追踪功能，从 A点逆时针画外框线回到A点，用[捕捉自]捕捉到B点，从B点逆时针画内框线。

图 2-8.1　正交模式与捕捉追踪法绘图比较练习图

（4）做法步骤　参考图 2-8.2 所示做法步骤图解进行。

1）第一种做法：正交状态下“快速一笔”做法，如图 2-8.2a 所示。

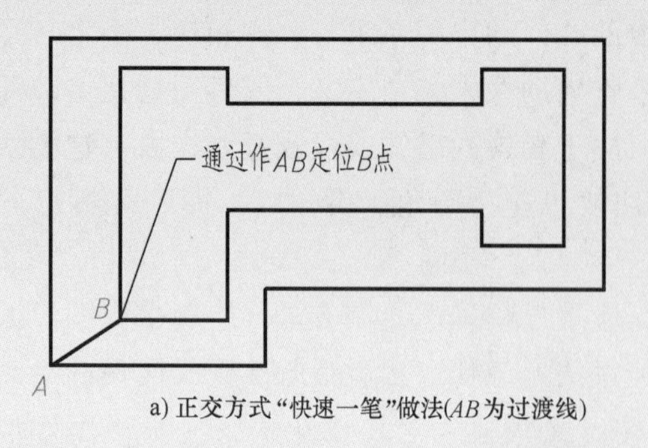

a) 正交方式“快速一笔”做法(AB为过渡线)

通过[捕捉自] A点定位 B点

B

A

b) 捕捉方式“快速一笔”做法

图 2-8.2　做法步骤图解

准备：打开正交状态，沿逆时针方向连续绘制完成整个图形。

做法：［新建］↙"教学样板"↙粗实线↙选起点 A↙x30↙y10↙x47↙y34↙-x77↙-y44↙@10，6（输入相对坐标绘制过渡斜线 AB）↙x15↙y15↙x35↙-y5↙x12↙y24↙-x12↙-y5↙-x35↙y5↙-x15↙-y34↙，最后删除过渡线 AB。

2）第二种做法：［捕捉自］方式"快速一笔"做法，如图 2-8.2b 所示。

要点："快速一笔"画法的关键是选择起点，起点选"无标注点"。但本任务中所有点都有尺寸标注，则可以选择任意一点作为起点。按习惯从左下角 A 点开始绘制。

做法：［新建］↙"教学样板"↙粗实线↙起点 A↙x30↙y10↙x47↙y34↙-x77↙［c］闭合↙［捕捉自（TF）］↙选 A 点为基点↙@10，6↙x15↙y15↙x35↙-y5↙x12↙y24↙-x12↙-y5↙-x35↙y5↙-x15↙-y34↙。

结论：对于正交线条比较多的图形，正交方式与捕捉追踪法绘制图形的速度相差不大，对于其他图形则显然捕捉追踪法绘图速度更快。

任务 2-9　极轴追踪与平行线、垂直线捕捉

（1）训练目的　练习角度线、平行线、垂足的捕捉，再次训练"快速一笔"画法。

（2）训练内容　应用"快速一笔"画法绘制如图 2-9.1a 所示图形。

（3）图形分析　如图 2-9.1a 所示平面图形中有两段角度为 158°的斜线，先用极轴追踪法绘制出其中一段，而平行线及垂线用覆盖式捕捉平行线及垂足的方法绘制。"快速一笔"画法的起点按图 2-9.1b 所示的做法提示选择，则极轴追踪角度设置为-22°比较方便。

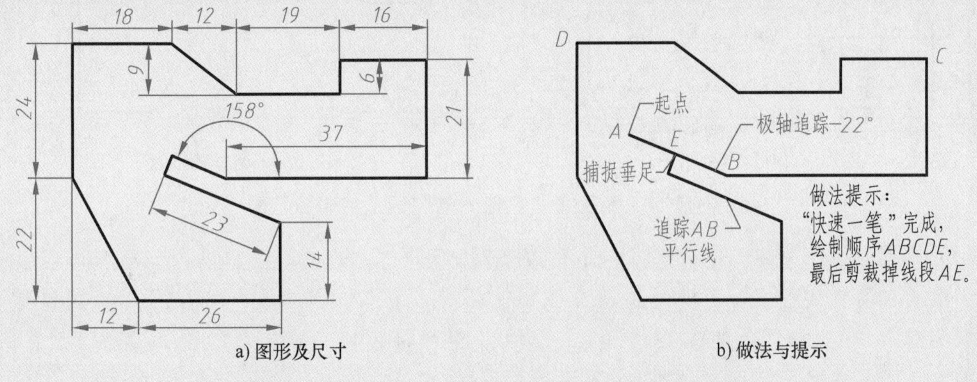

a) 图形及尺寸　　b) 做法与提示

图 2-9.1　极轴追踪与平行线、垂足捕捉追踪练习图

（4）"快速一笔"画法步骤　参考图 2-9.1b 所示做法提示进行。

要点：先设置极轴追踪角度-22°，方便实现"快速一笔"画法。

做法：［新建］↙"教学样板"↙粗实线↙起点 A↙追踪-22°极轴后输入"15"（AB 估算长度）↙x37↙y21↙-x16↙-y6↙-x19↙@-12，9↙-x18↙-y24↙@12，22↙x26↙-y14↙覆盖式捕捉（<Shift>+鼠标右键）AB 的平行线↙长度为 23↙覆盖式捕捉与 AB 的垂足↙［剪裁］命令↙剪掉多余线头 AE 得 E 点。若 AB 预估长度任意，不足则延长求 E 点，过长则剪裁形成 E 点↙。

★技巧 1：用［多段线］可以连续绘制由直线、斜线、圆弧线组成的图形，因此由直线圆弧组成的图形适宜采用多段线“快速一笔”绘制完成。

★技巧 2：多段线绘制时如果不改变宽度，则线宽由当前层确定，与直线画法相同。当输入多段线宽度后，绘制出的图线宽等于输入宽度加上当前线型宽度。

任务 2-10 多段线“快速一笔”画法绘制练习

（1）训练目的 练习用［多段线］命令连续绘制整个平面图形的“快速一笔”方法。

（2）训练内容 用［多段线］命令按 1∶1 的比例“快速一笔”绘制如图 2-10. 1a 所示图形。

（3）图形分析 图 2-10. 1a 所示图形是由直线和圆弧连接而成的封闭图框，直线段有正交线、角度线两种。因所有角度线与 x 轴夹角都是 30°的整数倍，用 30°增量角极轴追踪法绘制较为便捷。因图中含有圆弧与直线，必须要用［多段线］绘制命令实现“快速一笔”画法。“快速一笔”画法的关键是选择好起点位置，即“起点选在无标注点”，图 2-10. 1b 所示为做法提示。

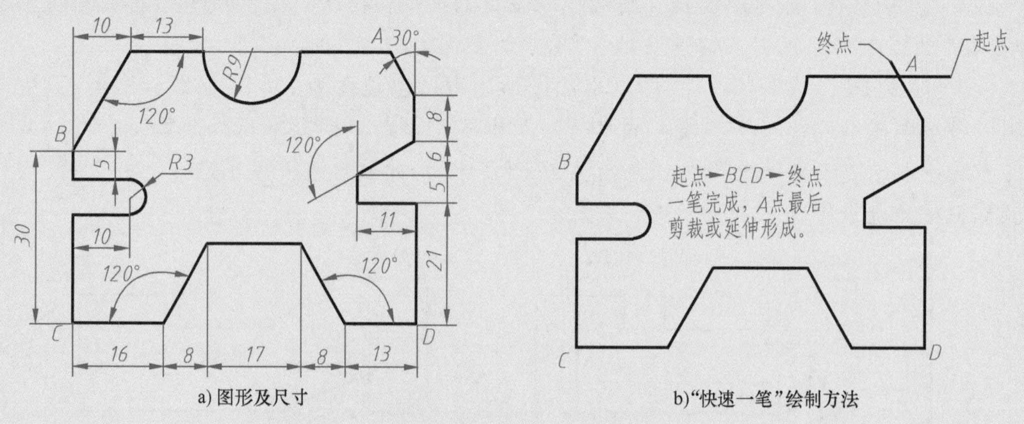

a) 图形及尺寸 b)“快速一笔”绘制方法

图 2-10. 1 多段线“快速一笔”画法绘制练习图

（4）做法步骤 参考图 2-10. 1b 所示做法提示进行。

步骤 1：设置 30°增量角极轴追踪方法：［新建］↙“选教学样板”↙，捕捉追踪设置↙［极轴追踪］↙增量角度输入“30”，选中［用极轴设置角度追踪］选项↙。

步骤 2：多段线“快速一笔”绘制方法。

做法：粗实线↙［多段线］↙起点↙$-x$20（估算长度）↙［A］（画圆弧）↙$-x$18（圆弧方向按住<Ctrl>键切换）↙［L］（画直线）↙$-x$13↙$-120°/20$（追踪$-120°$极轴后输入长“20”，下同）↙$-y$5↙x10↙［A］（画圆弧）↙$-y$6（圆弧方向按住<Ctrl>键切换）↙［L］（画直线）↙$-x$10↙$-y$22↙60°/16↙x17↙$-60°/16$↙x13↙y21↙$-x$11↙y5↙30°<12↙y8↙120°/20（长度估算）↙剪裁线头↙，完成图形绘制。

★技巧 1：当椭圆、矩形、多边形的中心线倾斜放置时，可以先在 0°或 90°的正交位置绘制图形，然后再将图形旋转到需要的位置和方向，这样比较简便。

★技巧2：一幅图形中含有多个大小不同的相同图元时，尽量用捕捉追踪法一次绘制完成这些图元，可以减少切换命令的次数而提高绘图速度。

★技巧3：画两个圆的公切圆时应注意使切点捕捉位置尽量接近实际切点位置，否则做出的公切圆不符合要求（因两圆的公切圆有多个）。

★技巧4：绘制完图形轮廓后再画中心线可以提高绘图速度，因先画中心线后画轮廓线具有总要重新延长或缩短中心线因而不够简洁的缺点。

任务2-11　链传动简图绘制

（1）训练目的　综合练习［圆］命令、［椭圆］命令、圆心捕捉与追踪、公切圆的绘制，中心线的绘制顺序。

（2）训练内容　按1∶1的比例绘制如图2-11.1所示链传动简图。

（3）图形分析　如图2-11.1所示平面图形由直线、圆、公切圆弧、椭圆构成。两段公切圆采用［切点切点半径］方式绘制。椭圆采用［中心长短轴端点］方式绘制。

要点：38°角位置椭圆有两种画法：①在规定位置直接画椭圆，必须先确定中心位置及长短轴位置；②在90°位置画椭圆，可追踪到长短轴位置，画好椭圆再旋转到38°方向。

下列的绘图方法步骤按第①种画法。

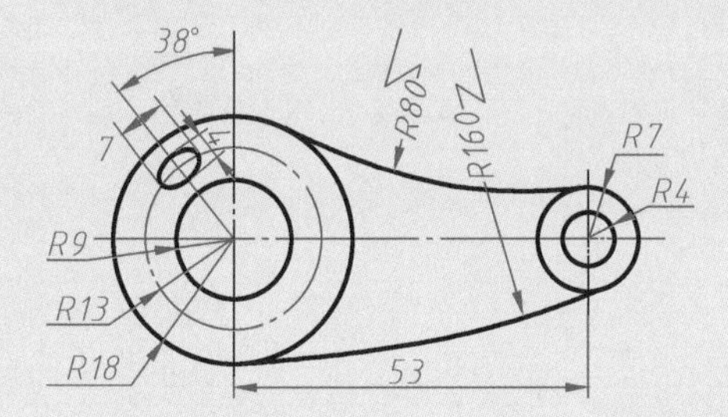

做法提示：
① 用[圆]命令一次画好五个圆，改变R13圆线型为点画线。
② 用[切点切点半径]法画两条公切圆弧线，一次画好三条中心线和椭圆位置线。
③ 画椭圆（椭圆中心捕捉后先追踪短轴方向）。

图2-11.1　链传动简图

（4）做法步骤　参考图2-11.2所示做法步骤图解进行。

步骤1：画出五个圆及两处公切圆弧，如图2-11.2a所示。

做法：［新建］↙“教学样板”↙粗实线↙［圆心半径］画圆↙*R*8↙↙*R*18↙↙*x*53（从*R*8圆心追踪*x*轴后输入“53”）↙↙*R*4↙↙*R*7↙。选［切点切点半径］画圆方法↙绘制*R*80公切圆↙绘制*R*160公切圆↙剪裁↙剪裁多余线条。

捕捉切点位置尽量靠近实际切点位置。因两个圆的公切圆有多个不同位置的公切圆，要画成符合要求位置的公切圆，则切点应靠近实际切点位置。

步骤2：画中心线、椭圆位置线，如图2-11.2b所示。

做法：中心线层↙［直线］命令↙绘制三条中心线及椭圆中心位置点画线↙。

步骤3：画椭圆，如图2-11.2c所示。

做法：粗实线↙［长短轴法］椭圆命令↙选取*R*13圆与128°线交点为中心点↙<Shift>键+鼠标右键↙选择［平行捕捉］↙捕捉128°线为短轴方向↙输入短轴长度“2”↙输入长轴长度“3.5”↙完成全部图形绘制。

第二种画法，先在90°位置画椭圆后再旋转38°到规定方向的做法，请读者课后自行练习！

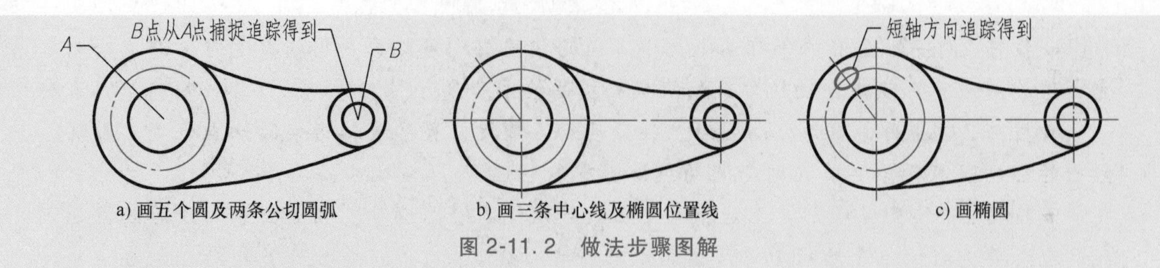

图 2-11.2 做法步骤图解

任务 2-12 椭圆板绘制

（1）训练目的 综合练习［圆］命令、［直线］命令、［椭圆］命令、［捕捉自］命令、切点捕捉。

（2）训练内容 按 1∶1 的比例绘制如图 2-12.1 所示椭圆板。

（3）图形分析 如图 2-12.1 所示椭圆板由直线、圆、椭圆、直线构成。难点在于小椭圆绘制，小椭圆中心点用［捕捉自］命令比较方便，长轴方向要捕捉底边的平行线。

小椭圆也可按长轴水平方向绘制，然后沿顺时针方向旋转 30°，请读者自行练习！

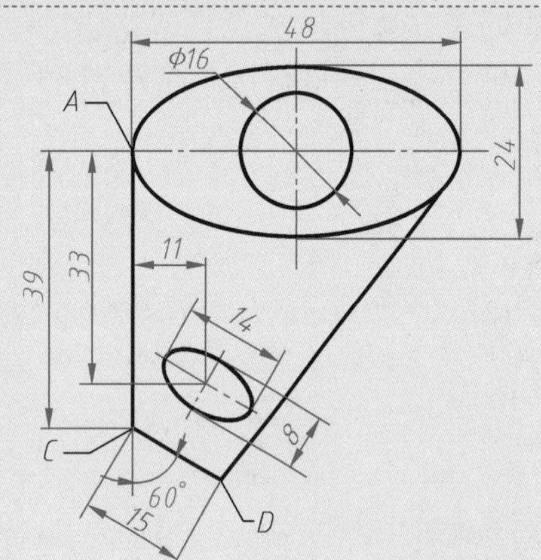

做法提示：
①画圆 Φ16、大椭圆及三条直线。
②画小椭圆：椭圆中心捕捉自 A 点，长轴追踪平行线 CD。
③补画四条中心线，最后补画中心线比较快捷。

图 2-12.1 椭圆板

（4）做法步骤 参考图 2-12.2 所示做法步骤图解进行。

步骤 1：先绘制大椭圆、圆、三条直线，如图 2-12.2a 所示。

做法：［新建］↙“教学样板”↙粗实线↙［圆］↙绘制 R8 圆↙［椭圆］命令↙捕捉圆心↙追踪长半轴 x24↙输入短半轴“12”↙［直线］命令↙用捕捉追踪法依次绘制三条直线。

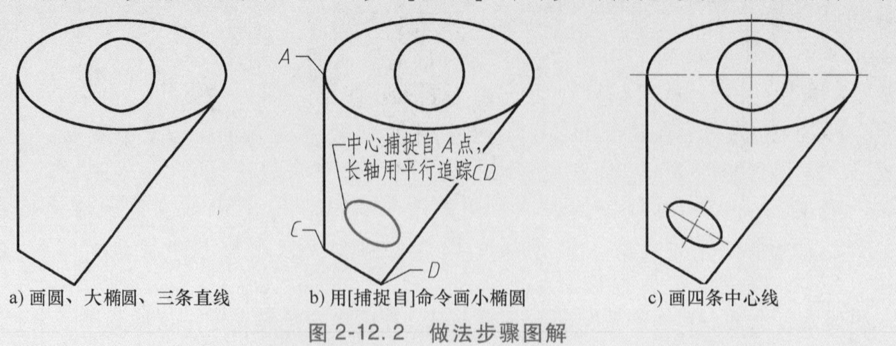

图 2-12.2 做法步骤图解

步骤 2：绘制小椭圆，如图 2-12. 2b 所示。

做法：［椭圆］命令↙［捕捉自（TF）］↙基点选大椭圆的左象限点 *A*↙@ 11，−33↙ <Shift>+鼠标右键↙选择［平行线］选项↙光标移到直线 *CD* 后再移回来就可捕捉到 *CD* 的平行线↙输入长短轴长度，绘制完成小椭圆↙，完成后如图 2-12. 2b 所示。

步骤 3：画四条中心线。

做法：中心线层↙依次绘制四条中心线↙，完成后如图 2-12. 2c 所示。

任务 2-13　虎头钩绘制

（1）训练目的　综合图形绘制训练。

（2）训练内容　绘制如图 2-13. 1 所示的虎头钩。

（3）图形分析　如图 2-13. 1 所示平面图形是由直线、曲线构成的较复杂平面图形，其中有已知线段、过渡线段、连接（圆弧）线段三种，按照绘图顺序先绘制已知线段，然后绘制过渡线段，最后绘制连接线段。

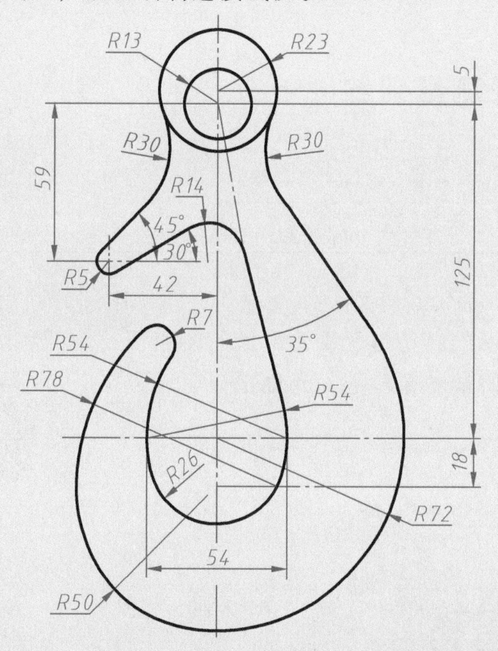

做法提示：
① 先画形位尺寸都标注的已知线段。
② 再画需要辅助线确定的过渡线段。
③ 最后画连接圆弧或切线。
④ 补画中心线并剪裁成形。

图 2-13. 1　虎头钩图形与尺寸

（4）做法步骤　参考图 2-13. 2 所示做法步骤图解进行。

步骤 1：用［圆］命令分别绘制所有已知的七处圆及圆弧线，如图 2-13. 2a 所示。

做法：［新建］↙“教学样板”↙中心线层↙画出三条中心线↙粗实线↙［圆］↙依次画七处圆及圆弧，圆心位置可用［捕捉追踪］工具确定↙。

步骤 2：画过渡线段四条，如图 2-13. 2b 所示。

做法：用极坐标法分别绘制四段过渡切线，起点捕捉切点，线段长度可估计但不要太短，最后用［圆角］命令绘制连接圆弧时会自动剪裁掉多余长度。

步骤 3：用［圆角］命令剪裁出连接圆弧六处，如图 2-13. 2c 所示。

做法：用［圆角］命令绘制六处连接圆角弧线。

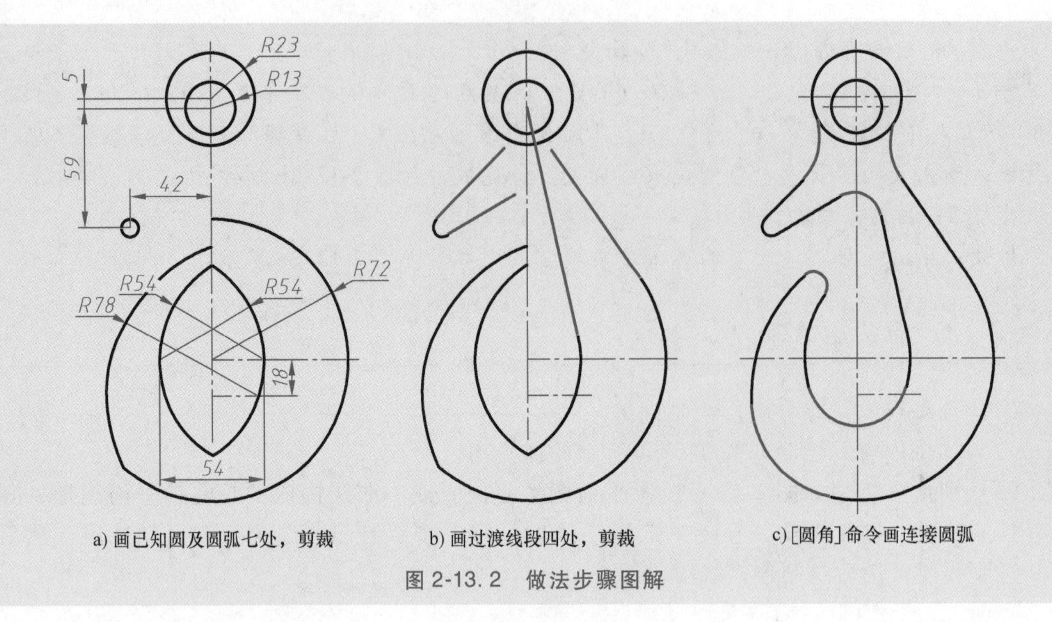

a) 画已知圆及圆弧七处，剪裁　　b) 画过渡线段四处，剪裁　　c) [圆角] 命令画连接圆弧

图 2-13.2　做法步骤图解

2.4　不规则图形的面积与周长测量训练

任务 2-14　花键链轮绘制及面积和周长测量

（1）训练目的　练习绘制圆及切线、旋转、阵列、填充操作，求阴影部分面积和周长。

（2）训练内容　绘制如图 2-14.1 所示的花键链轮图形并练习测量周长和面积。

（3）图形分析　如图 2-14.1 所示花键链轮是中心对称图形。

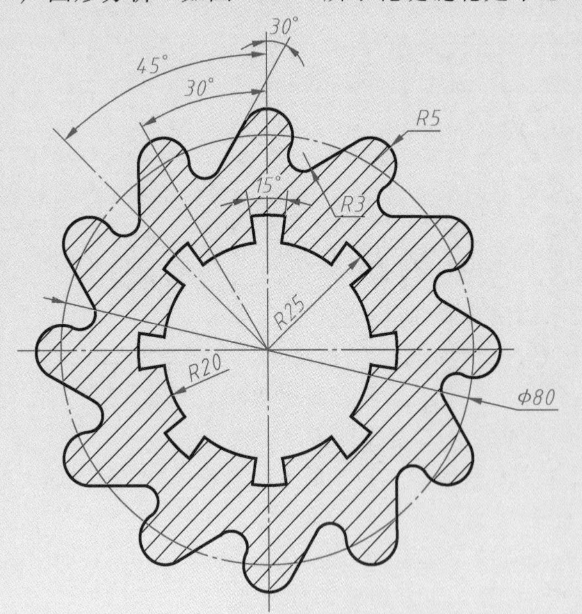

做法提示：

① 外形为12齿链轮，画好单个齿形后环形阵列12份。

② 内孔为 8 齿花键，画好单个齿形后环形阵列 8 份。

③ 关键是选择并绘制单个齿形轮廓图形，能够使阵列后刚好成为整个外轮廓而不必剪裁。

图 2-14.1　花键链轮图形与尺寸

要点：正确选择容易绘制且必须是一个完整周期的齿形轮廓图形作为阵列对象，若选择不当则后面会有大量的剪裁工作。

（4）做法步骤　参考图 2-14.2 所示做法步骤图解进行。

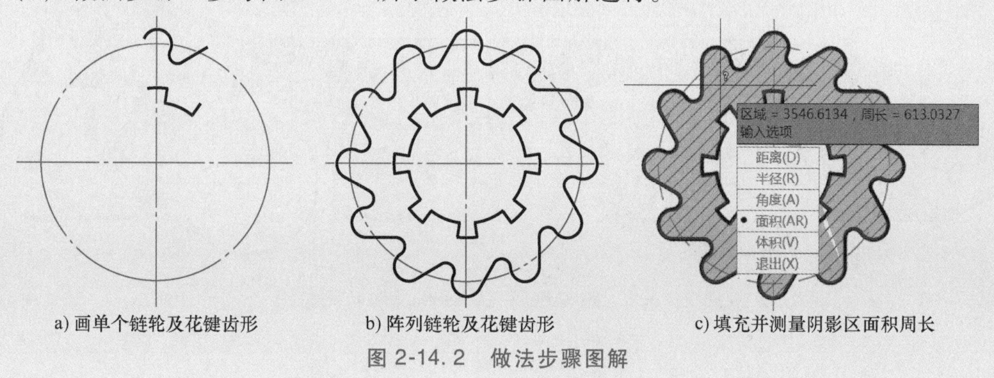

图 2-14.2　做法步骤图解

步骤 1：绘制如图 2-14.2 所示的外轮廓阵列对象图元，如图 2-14.2a 所示。

做法：[新建] ↙ “教学样板” ↙中心线层↙ [圆] ↙ϕ80↙画两条中心线↙粗实线↙ *R*5↙左边 30°切线↙旋转↙沿顺时针方向旋转切线 30°↙ [圆角] 命令↙*R*3 圆角↙剪裁。

步骤 2：绘制内花键一个齿形，如图 2-14.2a 所示。

做法：粗实线↙ [圆] ↙绘制 *R*20 及 *R*25 同心圆↙ [直线] ↙绘制夹角为 15°的两条半径线↙ [旋转] ↙沿顺时针方向旋转半径线 45°↙ [剪裁] ↙↙剪裁完成内轮廓阵列对象。

步骤 3：阵列完成内外轮廓，如图 2-14.2b 所示。

做法：[环形阵列] ↙阵列外轮廓 12 份↙阵列内轮廓八份，完成如图 2-14.2c 所示图形。

步骤 4：面积计算区域填充阴影线，求周长与面积。

做法：[填充] ↙选择剖面图案↙选择填充区域↙，选择 [实用工具] 中的 [测量面积] ↙ [O]（输入字母“O”表示选择拟测量面积的某对象）↙选择阴影线作为对象↙。

任务 2-15　跑车绘制及侧迎风面积和周长测量

（1）训练目的　综合训练绘制圆及切线、填充操作，求阴影部分面积和外轮廓线周长。

（2）训练内容　绘制如图 2-15.1 所示的跑车轮廓图形，测量侧迎风面面积和轮廓线周长。

（3）图形分析　如图 2-15.1 所示平面图形是由直线、圆弧构成的跑车侧面投影图。

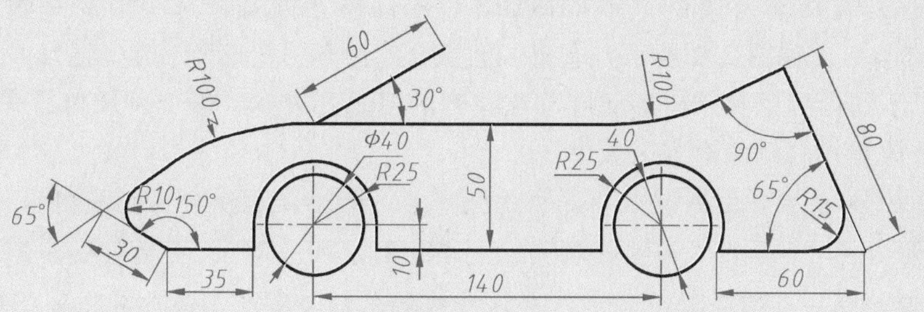

做法提示：
① 先画两车轮。
② 画车体外形，其中三处连接圆弧 *R*10、*R*15、*R*100、用 [圆角] 命令修剪成形。
③ 填充阴影部分，测量面积和周长。

图 2-15.1　跑车侧面投影图

(4) 做法步骤　参考图 2-15.2 所示。

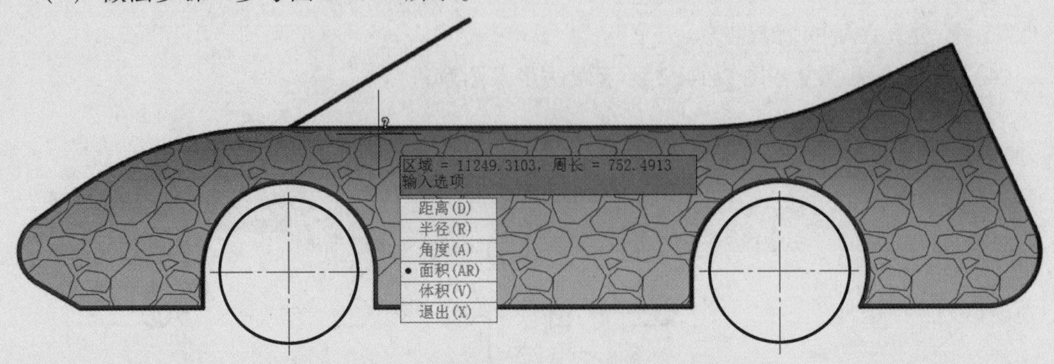

图 2-15.2　跑车侧迎风面面积及周长测量图

步骤 1：绘制如图 2-15.1 所示跑车侧面投影图形。

做法：[新建] ↙"教学样板" ↙粗实线↙ [圆] ↙画 *R*20 圆与 *R*25 圆↙ [直线] ↙用极坐标法及捕捉追踪法绘制出所有直线段↙ [圆角] 命令↙绘制 *R*10、*R*15、2×*R*100 四个圆角↙ [剪裁] ↙完成如图 2-15.1 所示的图形。

步骤 2：填充阴影线。

做法：[填充] ↙可选 [工具] 选项板里面的渐变色和图案填充↙选择填充区域↙。

步骤 3：计算阴影部分面积和外轮廓周长。

做法：选择 [实用工具] 中的 [测量面积] ↙ [O] (输入字母"O"表示选择要测量面积的对象) ↙选择阴影线↙，出现阴影部分蓝绿色显示并给出面积和外轮廓周长尺寸，如图 2-15.2 所示。

2.5　设计中心 (ADC) 与块操作训练

ADC：是指 AutoCAD 2016 的设计中心 (ADC)，其类似于 Windows 的资源管理器。利用 ADC 可以快速、高效地浏览、查找、管理 AutoCAD 的图形资源，还可以通过拖放将位于本地或网络上的资源，如图块、标注样式、表格样式、文字样式等便捷地插入到当前图形中，从而使已有的资源得到充分利用和共享。

用户也可以在 ADC 中建立并存放自己的专属图库资源，如将图框、标题栏、图块、放大画法、剖切符号图形等放入资源库，并可随时将其拖入当前的图形中，以加速绘图过程。

启动 ADC 的方法：直接输入命令"ADCENTER"或选择 [插入] 选项卡↙ [设计中心] ↙。ADC 的内容与界面如图 2.2 所示。有 [文件夹] [打开的图形] [历史记录] 三个选项卡，每个选项卡下的内容以目录树形式展开在左列的目录列表中，每个目录内的详细内容以图表的形式展开放置在右侧的内容区域中。

※知识点："块"是多个对象的组合。为了简化绘图，常将一些反复用到的图形 (螺钉、螺母、轴承等标准件)、符号 (如剖切符号、表面粗糙度符号等)、表格 (如标题栏) 等定义成一个块存储起来，在需要使用时可以直接插入到需要的地方，就不需要反复绘制这些图形符号了。

★技巧 1：在所有新建文件中都可以应用的块称为外部块，外部块定义用［WBlock（写块）］命令，外部块插入用命令［XA］。

★技巧 2：只能在当前文件中应用的块称为内部块，内部块定义用命令［Block］，内部块插入用［I］命令（Insert）。

★技巧 3：创建的块中可定义块属性，如［标题栏］块中要填入的［图号］［材料］等项目。定义了这些属性后插入块时会自动弹出属性列表供填写属性值，填写的属性值会自动插入到块中。

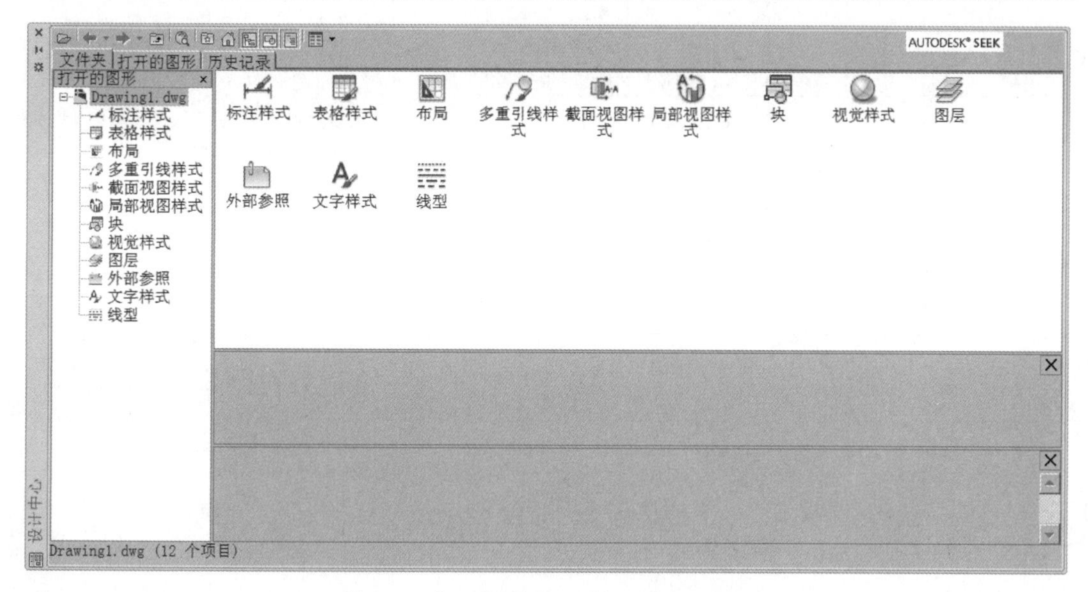

图 2.2　AutoCAD 2016 的设计中心界面

任务 2-16　块定义、属性编辑、块插入

（1）训练目的　练习块定义、块属性编辑、块插入等操作。

（2）训练内容　将图 2-16.1a 所示标题栏定义为带属性的块，然后插入并编辑块属性。

（3）要点分析　图 2-16.1a 所示为学生用简易标题栏，将其定义为一个块，并将需要填入的内容定义为属性。绘图时只需插入该标题栏并编辑属性，不需要每次都重新绘制标题栏。

（4）做法步骤

步骤 1：先绘制如图 2-16.1a 所示标题栏，填写栏目名称（蓝色字体部分）。

做法：［新建］↙“教学样版”↙绘制标题栏图框↙填写栏目名称（如图 2-16.1a 所示蓝色字体部分）。

步骤 2：定义块中属性项目，如图 2-16.1a 所示标题栏中黑色字体部分。

做法：定义块属性↙填写属性代号、提示信息、字体字号、排列位置等属性参数↙。

步骤 3：创建块。

做法：[插入] 选项↙ [Block] ↙填写块名称，选择插入基点为左下角点、窗选全部标题栏为块对象↙选择保存地址↙。

步骤 4：插入块并输入块属性值。

做法：插入（外部块用命令 [XA] 插入，内部块用命令 [I] 插入）↙选择块名称↙选择插入点↙按提示信息填写属性内容↙，如图 2-16. 1b 所示。

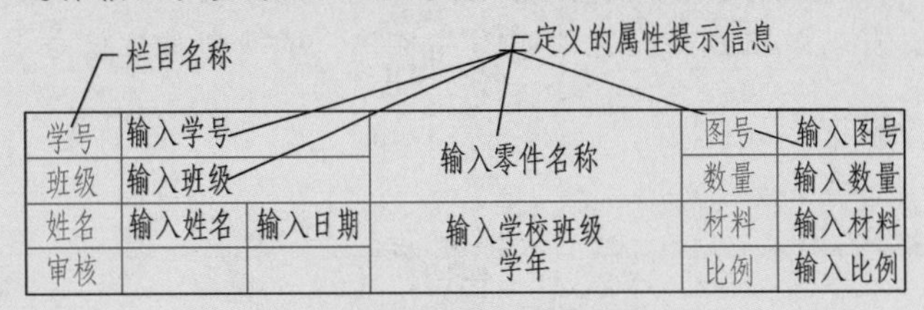

a) 创建标题栏块并定义属性

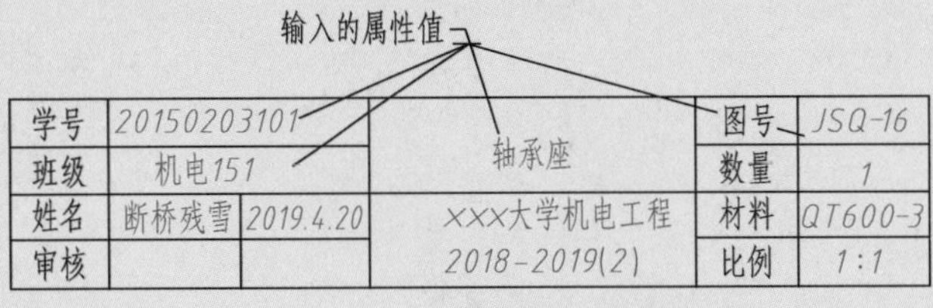

b) 插入标题栏块并输入属性值

做法提示：
①所有图形中都能使用的图形组合称为块，用[BLOCK]创建块命令建立。
②插入块命令为[INSERT]。
③标题栏创建块的方法：先画出标题栏并填入栏目名称，定义属性及提示信息。
④插入标题栏块的方法：用INSERT命令插入并选择[标题栏]块，输入属性值。

图 2-16. 1　块定义、块属性编辑、块插入练习图

复习与课后练习

一、思考题

1. 平面图形是什么类别的图形，绘制平面图形的实质是什么？
2. 简述复杂平面图形的绘制步骤。
3. 图层有何作用？
4. 看不见在已有线条上绘制的点该怎么办？
5. 直线有哪几种画法？如何选择合适的画法？
6. 什么是“快速一笔”画法？该画法的要点是什么？
7. 图样中有多处重复图元，如何快速绘制？
8. 若要编辑阵列对象中的某个图元如何操作？
9. 用 [直线] 命令及用 [矩形] 命令绘制的矩形的偏移有什么不同？
10. 多段线有何用途？[多段线] 命令绘制的线段宽度如何确定？
11. 填充剖面线如何操作？
12. 覆盖式捕捉如何操作？
13. 绘制两圆的公切圆时切点如何捕捉？
14. 先画或后画中心线各有什么优缺点？

二、练习题（典型题型，多练必然熟能生巧）

请用不同方法（部分任务按教程中提示的不同方法）再次绘制任务 2-1～2-16。

第 3 章

视图及立体的平面表达方法

目标任务

- 熟悉各种视图及各种剖视表达方法
- 通过形体构思绘制截交线、相贯线
- 掌握组合体的三视图与表达方法
- 掌握组合体的合理表达方案的选择

立体表达口诀

立体表达在平面，形体分析是开端，选择主视是关键，形状位置抓特征。
六个方向基本视，局斜向视作补充，长宽相等高平齐，捕捉追踪好对齐。
局半全剖旋转剖，多层平面阶梯剖，剖切位置要标出，填充区域须封闭。
型材肋板支撑板，断面视图壁厚显，立体表达有多种，方案比较应优选。

3.1 立体的平面表达要点

3.1.1 立体的各种表达方法

表达方案： 立体具有三维尺度，要完整、清晰地将立体的结构与形状表达在二维图样上，必须借助一组投影视图，按照三等投影规律和相应的制图规范将这些视图组合放置在一起，构成立体的二维平面表达方案。

视图种类： 视图包括六个基本视图和辅助视图两类，每个视图又有剖视与不剖视两种表达方式。六个基本视图是主视图、俯视图、左视图、右视图、后视图和仰视图。辅助视图有向视图、斜视图、局部视图。剖视图是一种表达机件内部结构的方式，有全剖视图、半剖视图、局部剖视图、旋转剖视图、阶梯剖视图和断面图等。

视图位置： 当六个基本视图按照规定位置放置时（本教程采用第一视角投影），可以不标识视图名称和投射方向。为了合理配置整个表达方案，也可采取向视图、局部视图、斜视图等辅助表达方法，但必须标识清楚视图名称和投射方向。

剖视图： 当立体结构比较复杂且有内部空腔时，基本视图所表达的内部空腔轮廓线就必须用虚线绘制。而虚线太多会导致表达不够清晰，解决方法是采用剖视图来清晰表达内部结构轮廓，而剖视图必须标识剖切位置及投射方向符号、视图名称（简化标准中可省略不标的除外）。

断面图：立体中的部分结构，如肋板、壁厚、具有特殊横断面的型材、轴类零件上的孔槽等，用断面图表达方便直观。断面图也是一种剖视表达方式。

3.1.2 立体表达的基本要求

立体表达方案的选择要求：正确、完整、清晰、优选，如图 3.1 所示。

正确：各视图符合制图规范，视图位置放置正确且名称标识清楚，视图之间必须符合三等投影规律；图线线型、颜色表达、文字符号标识规范。

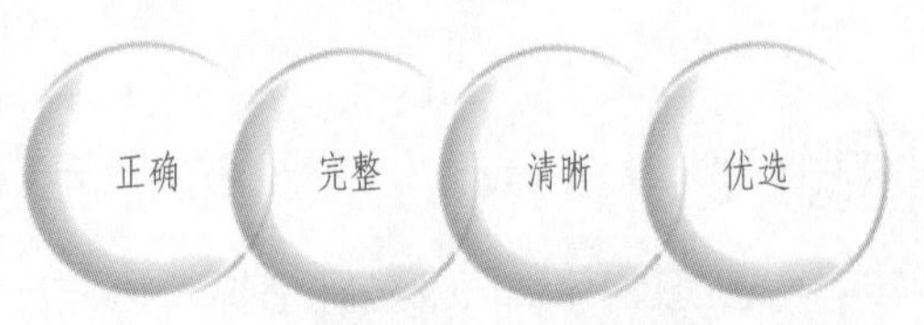

图 3.1 组合体（零件）平面表达四要求

完整：组合体内、外各部分形状位置都必须能够表达出来，没有遗漏。

清晰：图线线型选择合理，线条之间交叉尽量少、虚线尽量少，各视图线型显示比例选择合理，视图间距排列合理。

优选：一般组合立体的正确表达方案不止一种，应优选一种完整、清晰且幅面布局良好的表达方案。

3.1.3 组合体的平面表达步骤

组合体的平面表达步骤如图 3.2 所示。①首先要对机件或零件进行形体分析，要分析清楚机件的结构特征与功用，弄清机件的组合形式和构成。②确定主视图的投射方向和表达方式（是否采用剖视），主视图应选最能反映机件结构特征的那个视图。③根据表达的完整性要求确定其余视图及其表达方式。④比较其他的可能表达方案，择优选择其中一种。⑤按照标准规范绘制完成表达方案。

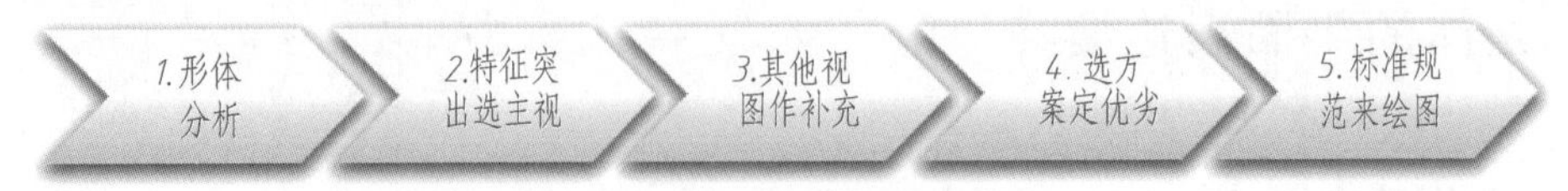

图 3.2 组合体平面表达步骤

3.2 截交线、相贯线绘制与形体构思训练

截交线：是截平面与立体表面的共有交线。平面立体的截交线是一个封闭的平面多边形。曲面立体的截交线是由直线段或曲线段组成的封闭平面图形，截交线的具体形状与截平面与立体相交的位置及立体的本身形状两个因素有关。

相贯线：是两相交立体的表面共有交线围成的空间封闭三维图形。两平面立体的相贯线是由直线段组成的空间多边形，相交立体中只要有一个曲面立体，则相贯线就是由直线段或曲线段组成的空间封闭图形。

平面立体截交线的绘制方法：①棱线法：求取平面立体各棱线与截平面的交点，用直线段顺序连接各交点即可得到截交线，这种方法称为棱线法。②棱面法：直接求取各侧面与截平面的交线，各交线连接起来即为完整的截交线，这种方法称为棱面法。

曲面立体截交线的绘制方法：曲面立体的截交线由直线段和曲线段围成，应分别绘制。立体的平面部分的截交线是直线段，按照棱线法或棱面法绘制。立体的曲面部分的截交线可能是直线也可能是曲线，与截平面与立体的相互位置有关。曲线段的绘制方法是描点法：先求取曲线上的几个特殊点（曲线的最左、最右、最高、最低、最前、最后点），然后利用辅助线或辅助平面求取特殊点之间若干中间点，最后用样条曲线顺序、光滑连接起来。

相贯线的绘制方法：组成相贯线的每一线段其实质就是截交线，按照截交线的画法绘制。直线段按照棱线法或棱面法绘制，曲线段的绘制则用描点法。

形体构思：由部分视图推断其他视图的推理过程称为形体构思。形体构思能力是工程制图课程的一项重要能力，是素质培养的重要内容。截交线和相贯线绘制过程是典型的形体构思过程，组合体的截交线和相贯线也是组合体表达中的难点，通过形体构思方法练习绘制截交线及相贯线是重点教学内容。

形体构思的基本方法：形体分析辨结构，面形分析攻难点，三等规律定位置。

※知识点1：对称立体的截交线形状是否对称与截平面的位置有关。

※知识点2：对称立体被相同对称放置的多个截平面截切形成的截交线中有多组对称的截交线，对称截交线只需绘制一部分，其余部分可镜像得到。

★技巧1：左右对称的两个立体沿对称面垂直相互贯穿，则相贯线必然左右对称，因此只需绘制出其中一组相贯线，然后镜像形成其他位置的相贯线。

★技巧2：平面立体的截交线是封闭的平面多边形。绘制方法采用棱线法或棱面法，先绘制各棱线与截平面的交点，然后顺序连接起来即为立体的截交线。

任务 3-1 平面立体截交线绘制与形体构思

（1）训练目的 绘制平面立体的截交线、利用两个视图构思第三个视图。

（2）训练要求 根据图 3-1. 1a 所示的主、俯视图绘制左视图。

（3）形体构思 如图 3-1. 1a 所示，可以初步推断可能的立体形状是一个竖直放置的正六棱柱，中部沿前后水平方向开有一个正三棱柱通孔。根据投影规律进一步验证推断，因三个截平面都是正垂面，所以截交线的正投影与

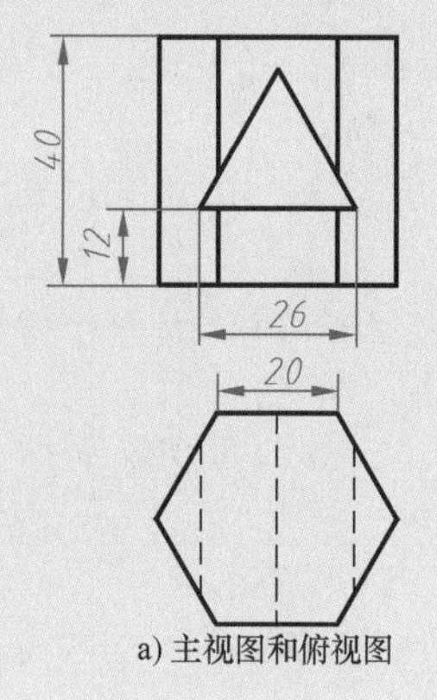

a) 主视图和俯视图

b) 构思所得立体结构

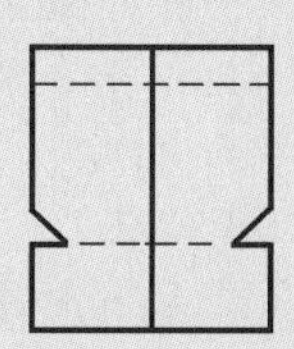

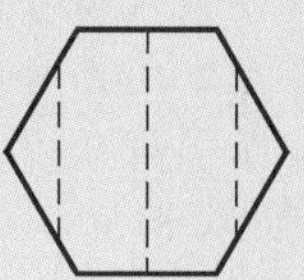

c) 完整的三视图及截交线

图 3-1. 1 形体构思过程图示

孔口投影重合。正六棱柱的各侧面都是铅垂面，所以截交线的俯视图与正六棱柱轮廓线投影重合。因正六棱柱与孔左右、前后对称，所以左视图的截交线左右、前后对称。通过形体构思得到的三维立体如图 3-1. 1b 所示、三视图如图 3-1. 1c 所示。

（4）做法步骤　参考图 3-1. 2 所示做法步骤图解进行。

步骤 1：先绘制不含截交线的三视图及投影辅助线，如图 3-1. 2a 所示。

做法：按照投影规律，利用捕捉追踪实现长对正和高平齐，利用投影辅助线达到宽相等，绘制左视图的基本投影（不考虑截交线）和投影辅助线。

步骤 2：绘制其中一组截交线 *AB*、*BC*，如图 3-1. 2b 所示图形。

做法：利用棱线法作 *A*、*B*、*C* 点的投影，然后连接线段 *AB*、*BC*。

步骤 3：用镜像工具形成对称位置的截交线。如图 3-1. 2b 所示图形。

步骤 4：剪裁，按投影规律检查并修改其余线段，删除辅助线，最后完成三视图如图 3-1. 1c 所示。

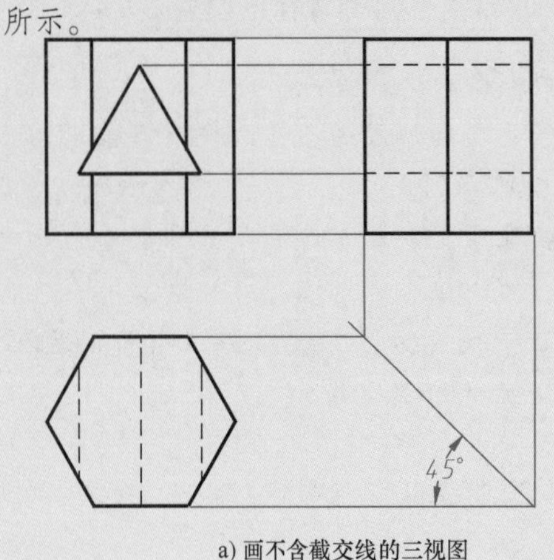

a) 画不含截交线的三视图

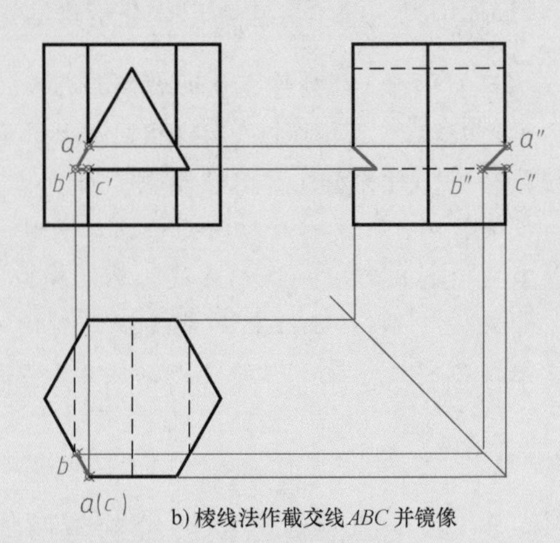

b) 棱线法作截交线*ABC* 并镜像

图 3-1. 2　截交线做法步骤图解

※知识点 1：平面立体的截交线是封闭的平面多边形。做法：先利用棱线法作出截交线各交点的投影，然后用直线顺序连接投影点，构成的封闭平面多边形即为平面立体的截交线。

※知识点 2：曲面立体的截交线是由曲线段或直线段围成的封闭平面图形，直线段的做法与平面立体相同，曲线段的形状与截平面截切立体的位置及立体的形状两个因素相关，一般用描点法绘制。

★技巧 1：描点法做法：利用投影规律先作出特殊点投影，再补充若干中间点投影，用样条曲线将这些点连接起来即为截交线。取点越多，截交线形状越精确。

★技巧 2：曲线段的特殊点一般取截交线的最高点、最低点、最左点、最右点、最前点和最后点，因这些点的投影比较容易作出。

★技巧 3：辅助平面一般选水平面或侧平面等特殊位置的平面，利用辅助平面的特殊位置的投影集聚性可方便求取中间点的投影。

★技巧 4：截交线上的点一般都是两个立体表面的“二面共点”，但利用辅助面作出的中间点是两立体表面、辅助平面的“三面共点”。

★技巧 5：小尺寸曲面立体的截交线用样条曲线连接特殊点即可满足要求。

★技巧 6：一般对称立体被对称放置的截平面截切形成的多组截交线也对称，只需画出其中一组截交线后，再镜像即可完成其他组截交线。

任务 3-2 圆柱体截交线绘制及形体构思

（1）训练目的 绘制圆柱体截交线，利用两个不完整视图构思第三个视图。

（2）训练要求 补充完整如图 3-2. 1a 所示的三视图。

（3）形体构思 如图 3-2. 1a 所示，一个水平放置的具有三角孔的圆柱体，被正垂面 P_1 与水平面 P_2 截切上半部分。P_1 与内孔的截交线仍然是三角形，与外圆柱面的截交线是椭圆曲线；P_2 与圆柱面的截交线是两条水平线。因圆柱体中心线垂直于水平面放置，左视图中的截交线与圆柱体轮廓线重影，形体构思所得立体结构如图 3-2. 1b 所示，三视图如图 3-2. 1c 所示。

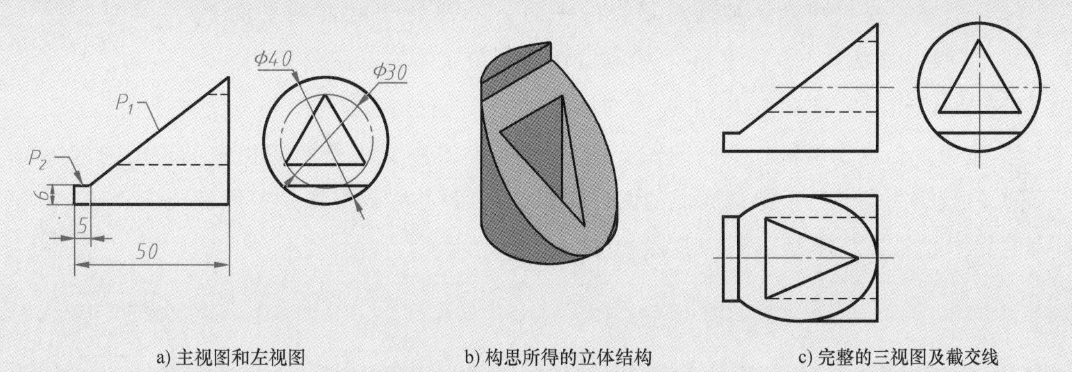

a) 主视图和左视图　　b) 构思所得的立体结构　　c) 完整的三视图及截交线

图 3-2. 1 形体构思过程图示

（4）做法步骤 参考图 3-2. 2 所示做法步骤图解进行。

步骤 1：绘制圆柱体内孔与 P_1 面形成的三角形截交线。

做法：先补充俯视图及辅助线，作 A、B、C 三点的投影并连接，如图 3-2. 2a 所示。

步骤 2：绘制圆柱体外表面与 P_2、P_1 的截交线（椭圆弧线与直线段）。

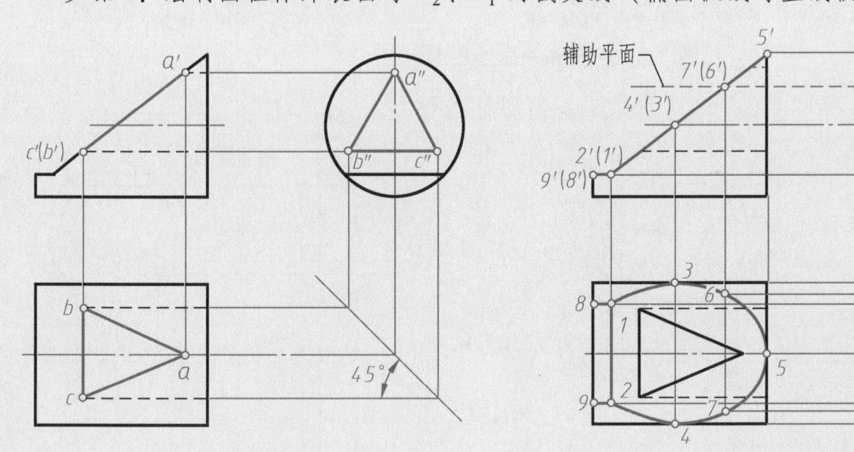

a) 绘制内孔与P_1面的截交线ABC　　b) 绘制圆柱面与P_1截交线2475631与P_2的截交线18、29（特殊点1、2、3、4、5及8、9，中间点6、7）

图 3-2. 2 截交线做法步骤图解

做法：①因 P_2 与圆柱体的截交线为两条水平线，作 1、2 两点投影后作水平线截交线 18 及 29。②作圆柱体外圆柱面与 P_1 的截交线。因正垂面 P_1 与圆柱面的截交线为一椭圆弧线，先求出特殊点 1、2、3、4、5 点的投影，用水平面辅助平面求得中间点 6、7 两点的投影，最后用样条曲线依次连接各投影点形成截交线，如图 3-2. 2b 所示。

步骤 3：剪裁掉多余线条，删掉辅助线，检查。完成的三视图如图 3-2. 1c 所示。

任务 3-3　圆锥体的截交线绘制及形体构思

（1）训练目的　绘制圆锥体的截交线，利用一个视图构思其他视图。

（2）训练内容　圆锥体被通过顶点的平面 P_1、平行于底面的平面 P_2、正垂面 P_3 截切后如图 3-3. 1a 所示，绘制截切后剩余立体的三视图。

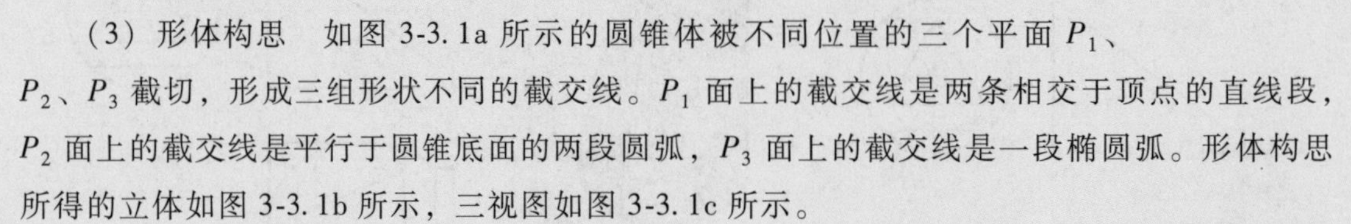

（3）形体构思　如图 3-3. 1a 所示的圆锥体被不同位置的三个平面 P_1、P_2、P_3 截切，形成三组形状不同的截交线。P_1 面上的截交线是两条相交于顶点的直线段，P_2 面上的截交线是平行于圆锥底面的两段圆弧，P_3 面上的截交线是一段椭圆弧。形体构思所得的立体如图 3-3. 1b 所示，三视图如图 3-3. 1c 所示。

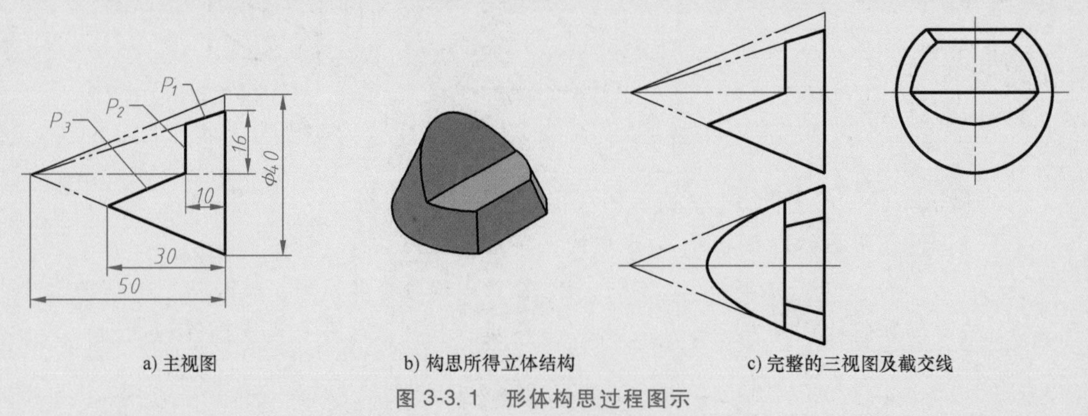

a) 主视图　　b) 构思所得立体结构　　c) 完整的三视图及截交线

图 3-3. 1　形体构思过程图示

（4）做法步骤　参考图 3-3. 2 所示做法步骤图解进行。

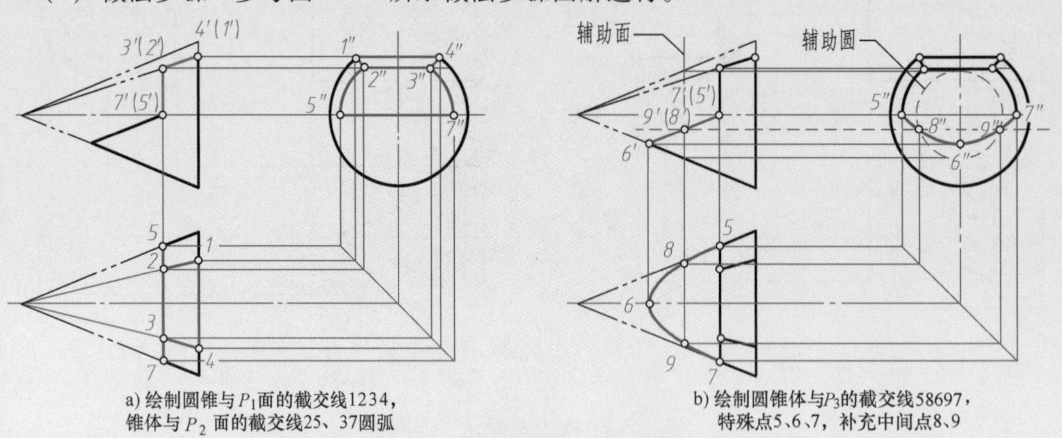

a) 绘制圆锥与 P_1 面的截交线1234，锥体与 P_2 面的截交线25、37圆弧

b) 绘制圆锥体与 P_3 的截交线58697，特殊点5、6、7，补充中间点8、9

图 3-3. 2　截交线做法步骤图解

步骤 1：绘制 P_1 面上的截交线，如图 3-3. 2a 所示。

做法：先补充未被截切的完整圆锥体的三视图作为辅助线。将 P_1 面上的截交线的四个顶点标注为点 1、2、3、4，点 1、4 按投影关系容易作出。利用点 1 和 2、点 3 和 4 的连线经过顶点的特点作出点 2、3 的水平投影，然后作出侧投影。

步骤 2：绘制 P_2、P_3 面上的截交线，如图 3-3. 2b 所示。

做法：P_2 面的截交线容易作出。P_3 面上的截交线是曲线段，先求出特殊点 5、6、7 三点的投影，取侧平面作辅助平面，作出中间点 8、9 的投影。用样条曲线依次连接各点得到截交线。

步骤 3：剪裁、删除多余辅助线，补充其他表面线条。完成三视图如图 3-3. 1c 所示。

任务 3-4 空心圆柱体相贯线绘制及形体构思

（1）训练目的 绘制两个空心圆柱体的相贯线，利用两个视图构思第三个视图。

（2）训练内容 两空心圆柱体 C_1、C_2 垂直相交，补全如图 3-4. 1a 所示的三视图。

（3）形体构思 如图 3-4. 1a 所示的两圆柱体的外径相同，因此外圆柱面的相贯线是两条直线。C_1 与 C_2 内孔形成两处空间曲线相贯线，C_1 的内孔与 C_2 的外圆也形成一组相贯线，用描点法绘制相贯线。形体构思所得的立体如图 3-4. 1b 所示，三视图如图 3-4. 1c 所示。

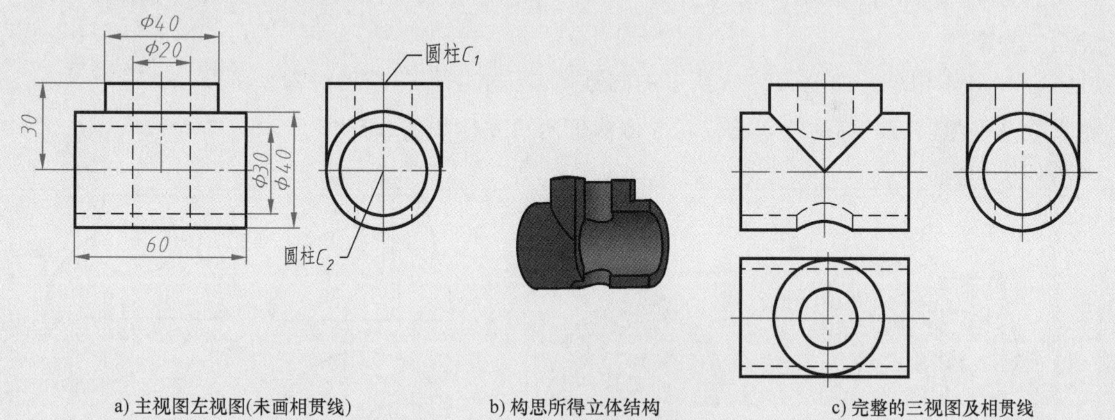

a) 主视图左视图(未画相贯线)　　b) 构思所得立体结构　　c) 完整的三视图及相贯线

图 3-4. 1 形体构思过程图示

（4）做法步骤 参考图 3-4. 2 所示做法步骤图解进行。

准备步骤：先绘制不含相贯线的 C_1 与 C_2 的三视图及绘图辅助线。

步骤 1：绘制 C_1 内、外表面与 C_2 外圆柱面的两组相贯线，如图 3-4. 2a 所示。

做法：先画不含截交线的三视图及辅助线。C_1 与 C_2 外径相同，相贯线 ABC 是两段直线，容易绘制。C_1 内孔与 C_2 外径相贯线是曲线 DEF，D、E、F 是相贯线的三个特殊点投影。因为相贯线的总长度比较短，可省略求中间点的投影，用样条曲线顺序连接形成相贯线 DEF。

步骤 2：绘制两圆柱内孔形成的两组相贯线，如图 3-4. 2b 所示。

做法：依次作出特殊点 1、2、3、4、5、6 的投影后用样条曲线连接。

步骤 3：剪裁掉多余线条，删掉辅助线，按三等投影规律检查。完成后三视图如图 3-4. 1c 所示。

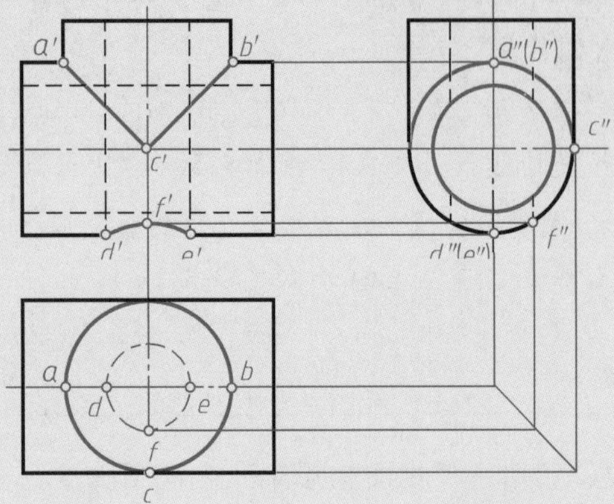

a) 绘制圆柱C_1内、外表面与C_2外表面的相贯线ACB与DFE

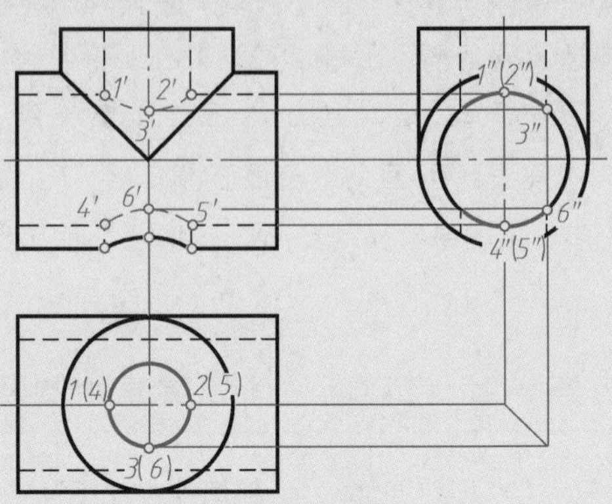

b) 绘制圆柱C_1与C_2两内孔的相贯线132与465

图 3-4. 2　相贯线做法步骤图解

任务 3-5　圆锥体与球体相贯线绘制及形体构思

（1）训练目的　绘制圆锥体与半球体的相贯线，利用一个视图构思其他视图。

（2）训练内容　圆锥体 C_1 与一个半球体 S_1 偏心相交如图 3-5. 1a 所示，补全三视图。

（3）形体构思　如图 3-5. 1a 所示的圆锥体 C_1 与半球 S_1 前后对称，所以相贯线是一组前后对称的空间曲线。形体构思所得立体如图 3-5. 1b 所示，三视图如图 3-5. 1c 所示。

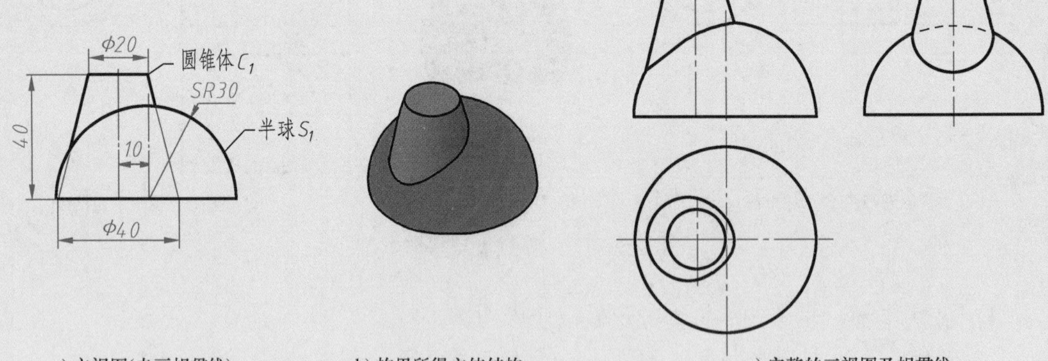

a) 主视图(未画相贯线)　b) 构思所得立体结构　c) 完整的三视图及相贯线

图 3-5. 1　形体构思过程图示

（4）做法步骤　参考图 3-5. 2 所示做法步骤图解进行。

准备步骤：先绘制不含相贯线的 C_1 与 S_1 的三视图及绘图辅助线。

步骤 1：绘制四个特殊点 1、2、3、4 的投影，如图 3-5. 2a 所示。

做法：先作不含相贯线的三视图及辅助线。按投影规律作出特殊点 1、2、3、4 的三面投影。

步骤 2：作水平辅助平面 aa'，求取相贯线中间点 5、6 的三面投影，如图 3-5.2b 所示。

做法：辅助平面 aa' 选取在点 1、3 之间，求取三面共点 5、6 就是中间点。辅助平面与半球及圆锥体的截交线俯视图都是圆，圆心分别与半球球心及圆锥底面圆心重合，圆半径按投影规律确定。

步骤 3：剪裁掉多余线条，删掉辅助线，按三等投影规律检查。完成如图 3-5.1c 所示图形。

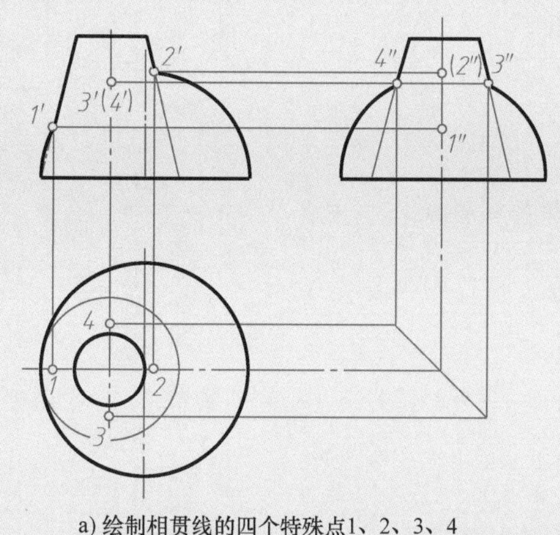

a) 绘制相贯线的四个特殊点1、2、3、4

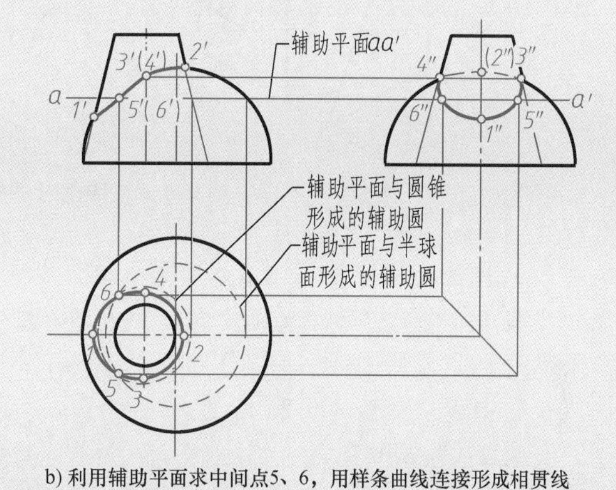

b) 利用辅助平面求中间点5、6，用样条曲线连接形成相贯线

图 3-5.2　相贯线做法步骤图解

3.3　组合体的三视图绘制训练

※知识点：组合立体三视图绘制中主视图选择最关键，主视图应选择最能表达整体结构形状特征的那个视图，或选择机件的工作位置作为主视图投射方向。

★技巧 1：切割形成的复杂立体三视图画法：先画出未切割立体的三视图，然后逐个切除部分实体并绘制切除后的三视图，并按投影规律修改、完善截交线和轮廓线的剩余部分。

★技巧 2：叠加或相交形成的组合体三视图画法：先逐个画出各单体的三视图，然后绘制各单体之间的相贯线，并按照投影规律检查、修改过渡连接线和轮廓线。

★技巧 3：形体分析法就是将组合立体假想地分解为几个部分，但组合立体仍然是一个无缝连接的整体。按照假想分解的各部分分别绘图后必然存在多余的过渡线及重合线，必须检查、修改叠加表面过渡线、切线、相贯线。

任务 3-6　切割形成的立体三视图绘制

（1）训练目的　绘制切割形成的立体的三视图。

（2）训练内容　绘制如图 3-6.1 所示切割形成的立体的三视图。

（3）形体分析　如图 3-6.1 所示的立体可以看作由立方体经过三次切割

形成。先绘制立方体未被切割时的三视图，然后依次绘制三次切割部分的截交线，最后修改轮廓线。主视图选垂直于 L 形前表面的投影视图。

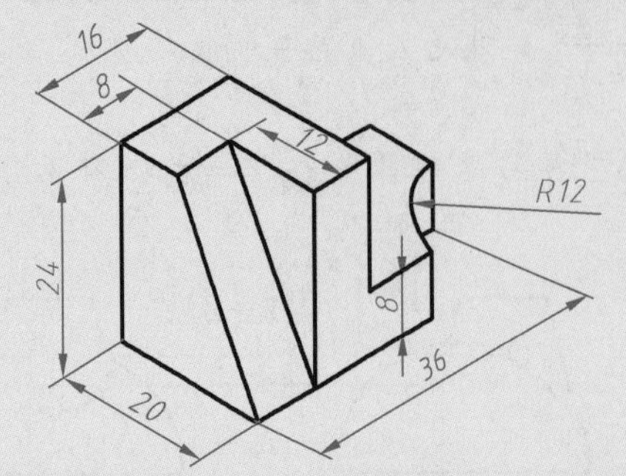

图 3-6. 1　切割形成的立体的轴测图

（4）做法步骤　参考图 3-6. 2 所示做法步骤图解进行。

步骤 1：绘制切除左端面的楔体后的三视图。

做法：先绘制未被切割的立方体的三视图，绘制切除 12×24×8 楔体的截交线，剪裁多余线段，完成后如图 3-6. 2a 所示。

步骤 2：绘制切除右上部分的一个立方体后的三视图。

做法：绘制切除 20×20×16 后的立方体后的三视图，如图 3-6. 2b 所示图形。

步骤 3：绘制切除 *R*12 的四分之一圆柱体后的三视图，如图 3-6. 2c 所示图形。

步骤 4：检查、修改各截切部分的截交线投影关系，完成三视图如图 3-6. 2d 所示图形。

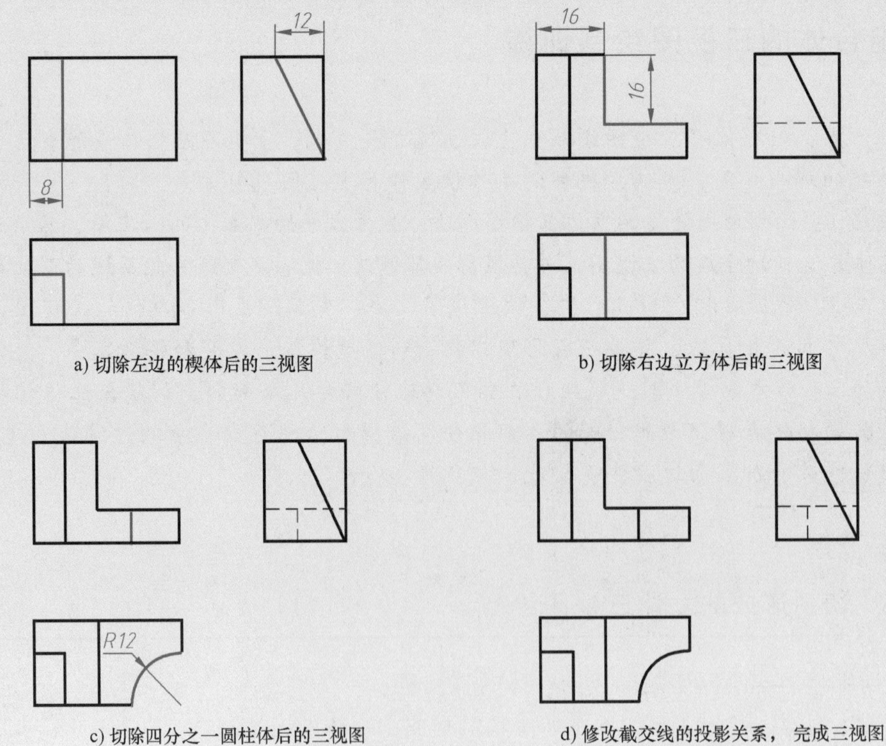

a) 切除左边的楔体后的三视图　　b) 切除右边立方体后的三视图

c) 切除四分之一圆柱体后的三视图　　d) 修改截交线的投影关系，完成三视图

图 3-6. 2　三视图做法步骤图解

任务 3-7　叠加形成的组合体三视图绘制

（1）训练目的　绘制叠加组合体的三视图。

（2）训练内容　绘制如图 3-7.1 所示组合体的三视图。

（3）形体分析　如图 3-7.1 所示的组合体是一种滑台。可将其分解为由燕尾槽底板、圆头立板、肋板叠加而成。底板底面是定位基准面，应先画底板部分，然后画立板部分，最后画肋板部分。垂直于圆头立板前表面方向投影图最能反映整体形状结构特点，将其选为主视图。

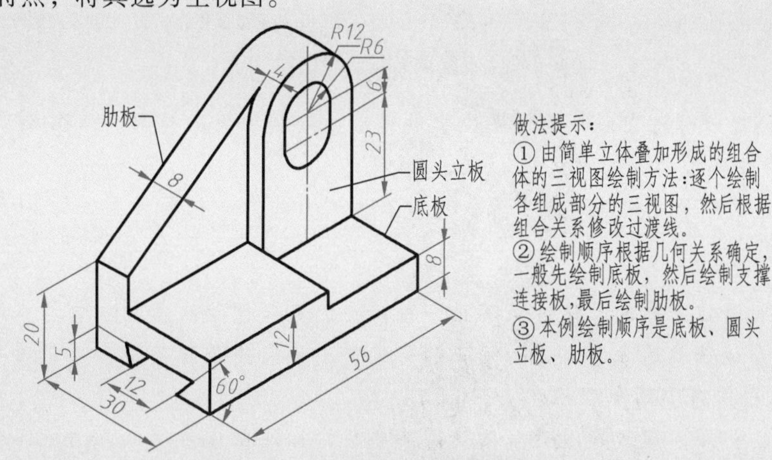

图 3-7.1　叠加形成的组合立体的轴测图

（4）做法步骤　参考图 3-7.2 所示做法步骤图解进行。

步骤 1：绘制燕尾槽底板三视图。

做法：用捕捉追踪法绘制燕尾槽底板三视图，如图 3-7.2a 所示。

步骤 2：绘制圆头立板三视图并修改过渡线。

做法：用捕捉追踪法在底板基础上绘制圆头立板三视图，并根据两者的关系剪裁多余线段，如图 3-7.2b 所示。

步骤 3：绘制肋板三视图。

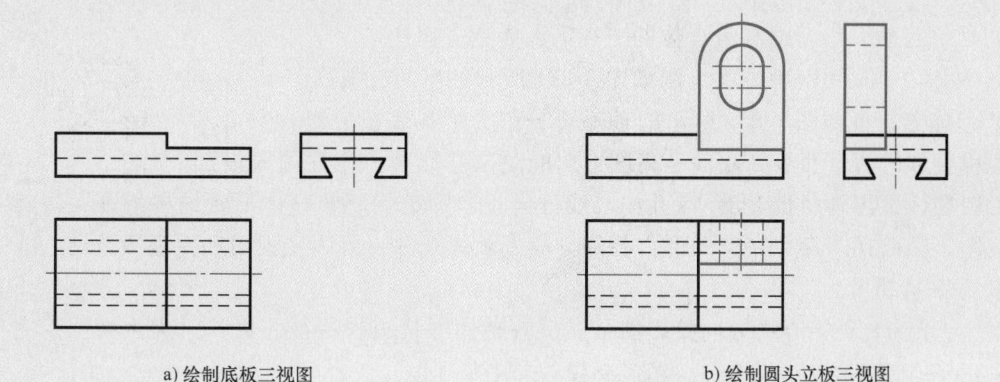

a) 绘制底板三视图　　b) 绘制圆头立板三视图

图 3-7.2　三视图做法步骤图解

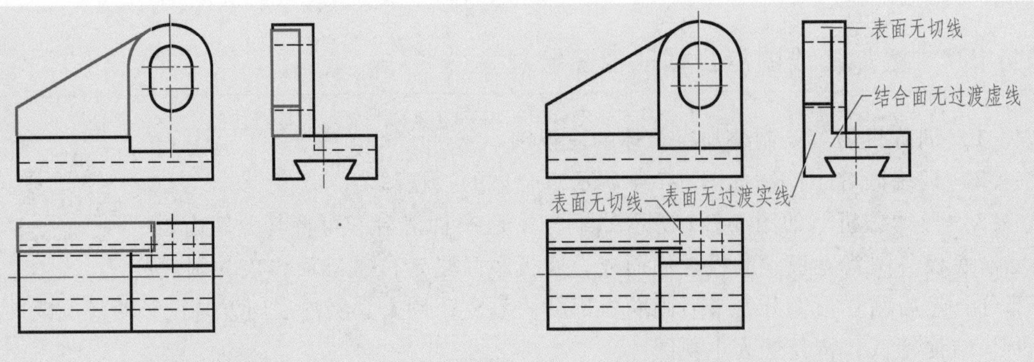

c) 绘制肋板三视图　　d) 根据组合关系修改过渡线及轮廓线

图 3-7.2　三视图做法步骤图解（续）

做法：用捕捉追踪法在底板与圆头立板的基础上绘制肋板三视图，如图 3-7.2c 所示。

步骤 4：修改叠加面上的过渡线。

做法：根据三部分之间的连接关系，修改表面过渡线，三视图如图 3-7.2d 所示。

★技巧 1：通常立体的表达方案不止一种，要优选一种最佳表达方案。

★技巧 2：最佳表达方案首先必须正确与完整，其次要合理与清晰，另外也要考虑读图的方便性及整体布局的合理性。

★技巧 3：视图中虚线数量太多必使得某些尺寸标注在虚线上，表达就不够清晰。视图的方向与机件实际工作方向相反放置，表达就不够合理。图幅中某些局域空间太大时说明布局排版不够合理。

3.4　组合立体的表达方案及优选训练

任务 3-8　两种方案绘制轴座三视图

（1）训练目的　练习绘制组合体的三视图，表达方案比较。

（2）训练内容　用两种方案绘制如图 3-8.1 所示轴座的三视图。

（3）形体分析　如图 3-8.1 所示的轴座可分解为带孔底板、竖直空心圆柱体、对称叠加的两个肋板。底面是高度方向的定位基准面，应先画底板部分和空心圆柱体，再画肋板。沿 $\phi8$ 孔中心线方向投影图最能反映整体形状结构特征，将其选为主视图，因俯视图存在完整圆形，各部分应先画俯视图，再画主视图和左视图。

（4）方案选择

方案一：沿 $\phi8$ 孔中心线方向投影图最能反映整体形状结构特征，将其选为主视图。完整表达采用基本三视图表达方案，如图 3-8.2a 所示。

方案二：选择主视图与方案一相同，但主视图采用半剖视图表达，完整表达方案采用半

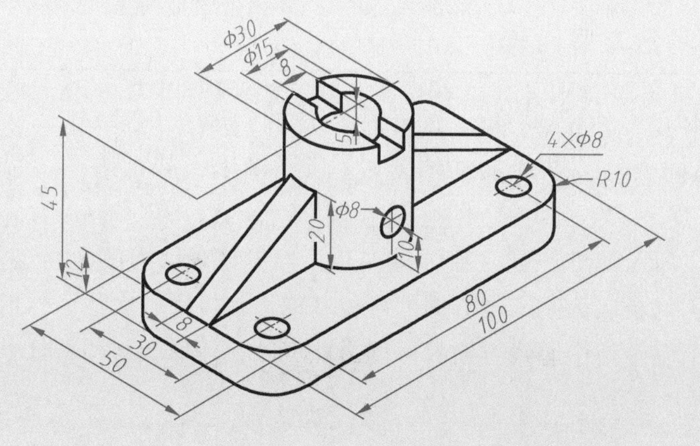

表达方案提示：
①主视图选择沿Φ8孔轴线方向最能表达机件的结构特征。
②方案一：选择主、俯、左视图。
③方案二：因结构对称，主视图适宜采用半剖表达，再加俯视图表达宽度尺寸及底板螺孔。

图 3-8.1 轴座的轴测图

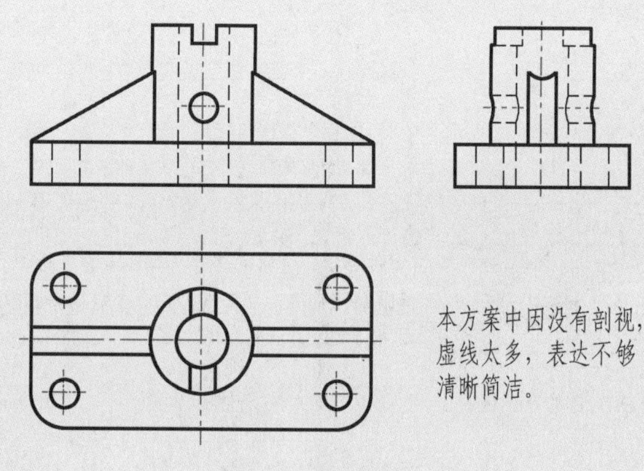

a) 方案一：三视图表达方案

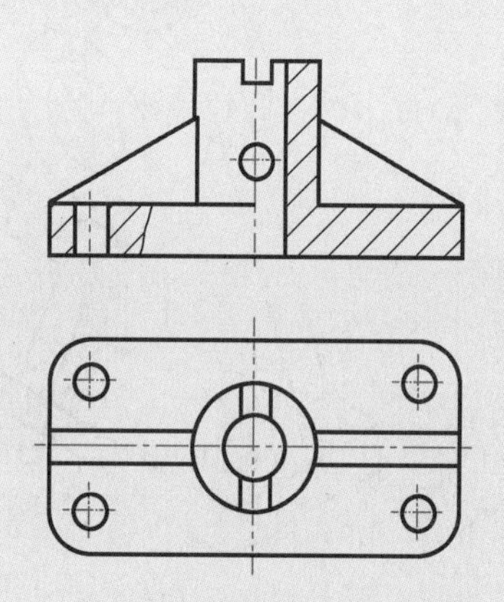

b) 方案二：半剖主视图加俯视图表达方案

图 3-8.2 组合立体轴座两种表达方案

剖主视图加俯视图，如图 3-8.2b 所示。

（5）步骤做法 参考图 3-8.2 所示做法步骤图解进行。

1）方案一的做法步骤，用叠加组合体的绘制方法。

步骤 1：绘制底板三视图。

步骤 2：绘制竖直空心圆柱体三视图并修改过渡线。

步骤 3：绘制两个肋板三视图并修改过渡线。

2）方案二的做法步骤（参考方案一的视图）。

做法：将方案一的主视图和俯视图复制过来，然后将其修改为半剖主视图，注意半剖视图的简化画法。

（6）方案比较 如图 3-8.1 所示组合体左右对称，外形及内孔都需要表达，因而主视图选择半剖视图较好。底板上有四个螺栓孔的形状位置需要表达，因此俯视图或仰视图是必要的。方案一中虚线太多因而表达不够清晰；方案二采用半剖视主视图，加上俯视图已经完全表达清楚所有结构特征，表达清晰简洁。因此，方案二较优。

任务 3-9　轴承支架的三种表达方案比较

（1）训练目的　绘制组合体的多种表达方案，进行方案优选练习。

（2）训练内容　用三种不同表达方案绘制如图 3-9.1 所示轴承支架，选择最优表达方案。

（3）形体分析　如图 3-9.1 所示的机件是一种轴承支架。形体可分解为底板、支撑板、肋板、轴承筒、凸台五部分。因底板底面是高度方向的定位基准面，应先画底板，然后再画轴承筒，后画支撑板与肋板。沿轴承筒中心线方向投影图最能反映整体形状结构特征，将其选为主视图。

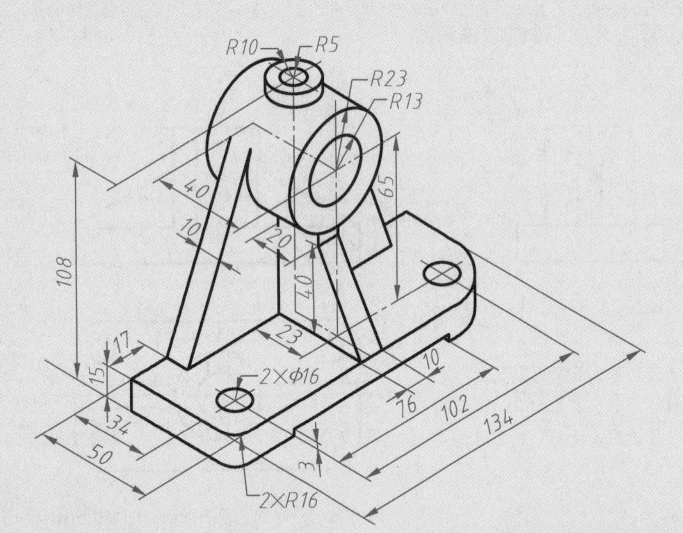

方案表达提示：
①沿圆柱筒轴线方向投影最能表达机件的形状特征，垂直于圆柱筒轴线方向是工作位置方向。
②肋板和支撑板连接在一起时，俯视图采用全剖（沿肋板高度一半处）既能表达支撑板、肋板结构，也能表达底板形状和底板上的孔位置。
③组合表达方案有多种，综合考虑表达的清晰性、简洁性及总体尺寸最小等因素选取方案。

图 3-9.1　轴承支架的轴测图

（4）表达方案

方案一：主视图选择最能表达机件结构特征的投影视图，整体结构采用主视图、左视图局部剖视图、仰视图表达方案，如图 3-9.2a 所示。

方案二：主视方向与方案一相同，左视图采用全剖视图，俯视图采用表达支撑板、肋板、底板结构的全剖视图，如图 3-9.2b 所示。

方案三：主视方向采用与机件工作方向相同的投影图并采用全剖视，加上左视图，而俯视图采用能够表达支撑板与肋板结构的全剖视图，如图 3-9.2c 所示。

（5）方案比较选择

1）方案一的缺点：仰视图读图不方便，且支撑板的结构表达不够充分。

2）方案三的缺点：左视图中肋板是虚线，表达不够清晰；表达方案的总体高度比较大，在图样上的布局不够合理。

三个方案都正确完整，但方案二更加清晰合理。因此，方案二最优。

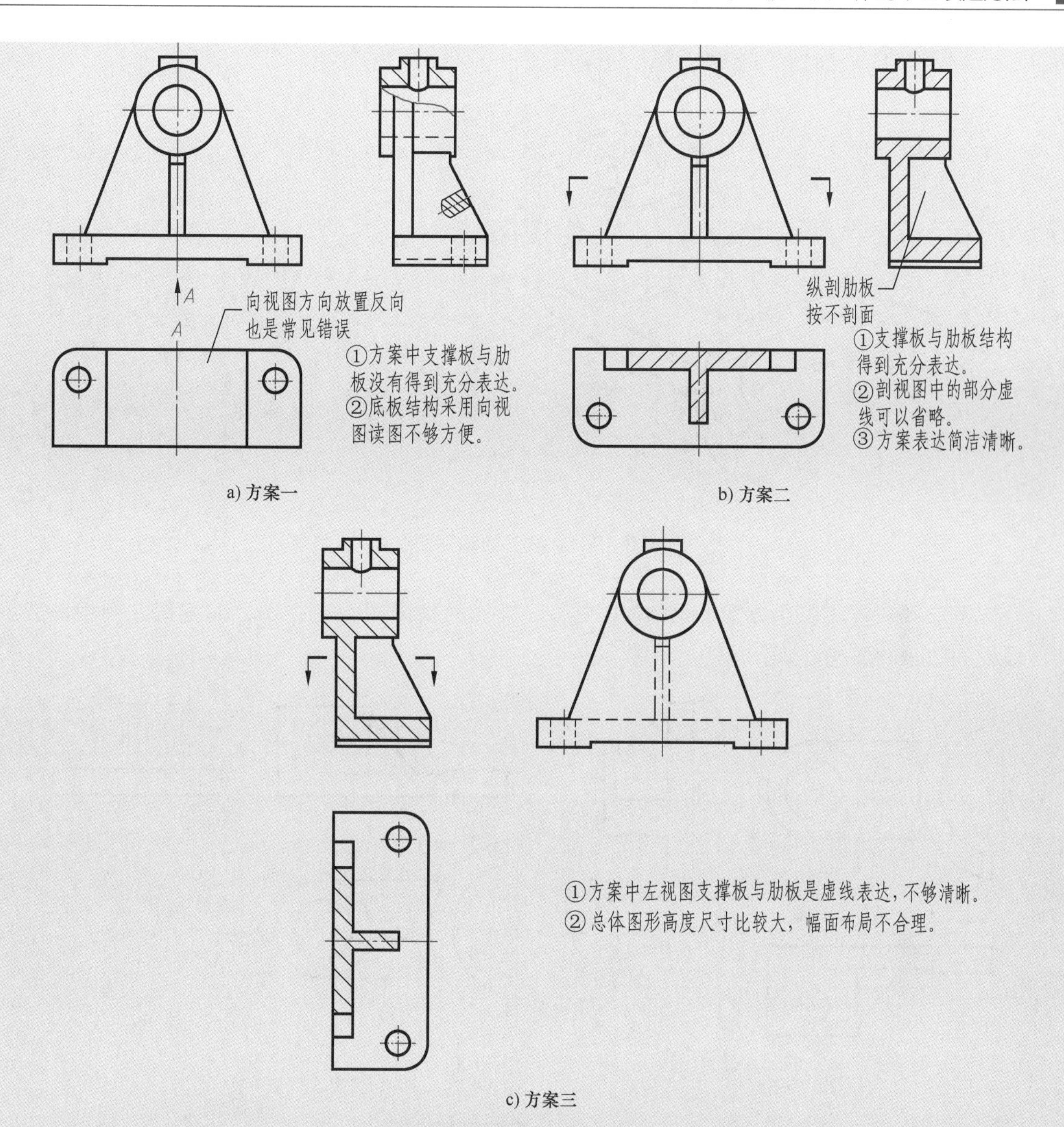

a) 方案一

b) 方案二

c) 方案三

图 3-9. 2　轴承支架的三种表达方案

任务 3-10　拨叉的三种表达方案绘制与比较

（1）训练目的　绘制组合体的三种表达方案并比较选优。

（2）训练内容　绘制如图 3-10. 1 所示拨叉的三种不同表达方案。

（3）形体分析　图 3-10. 1 所示是一种拨叉零件，可分解为带拨叉的底板、肋板、轴套三部分。垂直于底面方向最能反映整体形状结构特征，而平行于底面方向是工作位置方向。

（4）表达方案

方案一：三视图表达方案。沿轴套中心线方向的视图为主视图，左视图、俯视图表达底板与肋板结构，如图 3-10-2a 所示。

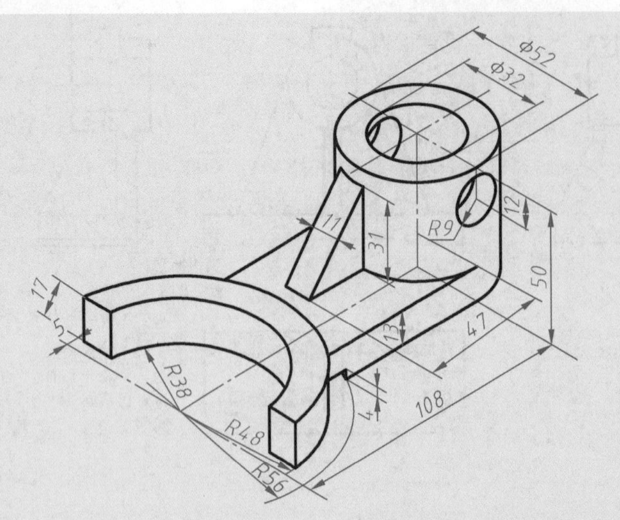

图 3-10.1　拨叉的轴测图

方案二：三视图表达方案。沿 $R9$ 孔中心线方向的投影图为主视图，左视图、俯视图表达底板和肋板的结构，如图 3-10.2b 所示。

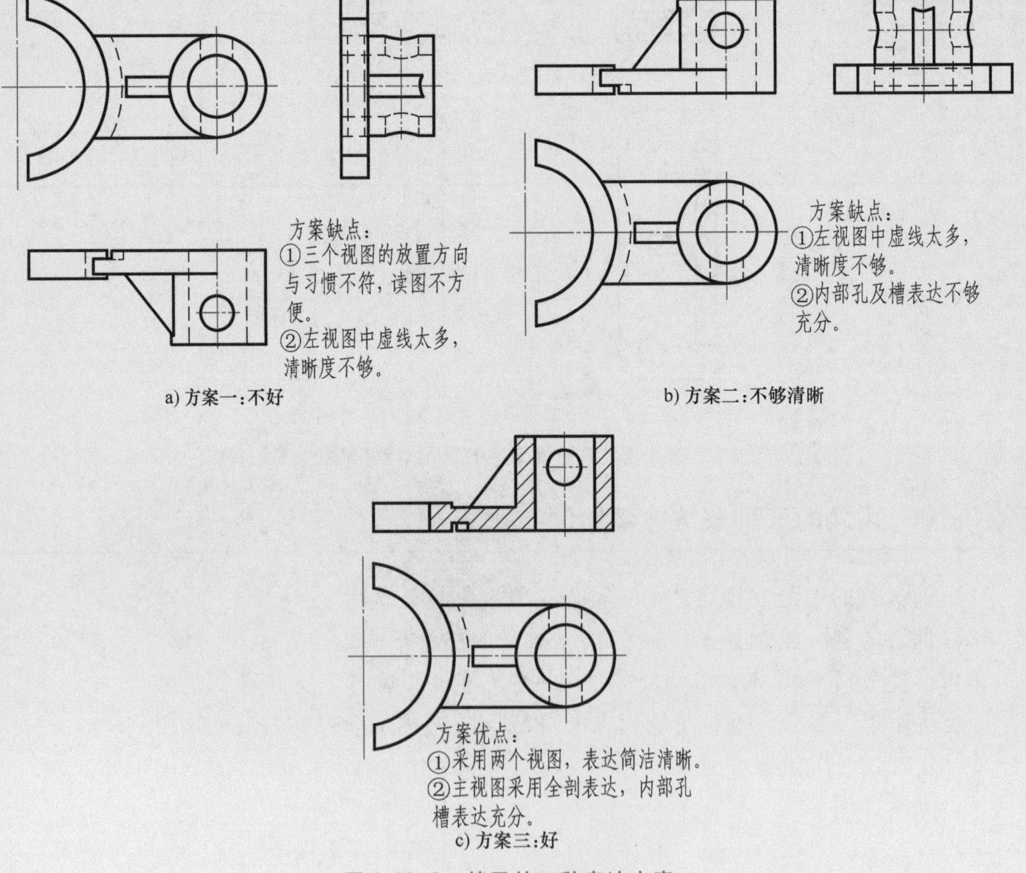

图 3-10.2　拨叉的三种表达方案

方案三：沿 $R9$ 孔中心线方向的投影图为主视图，俯视图表达轴套与底板结构。因采用了全剖主视图，加上俯视图已经可以将整体结构表达清楚，如图 3-10.2c 所示。

（5）方案比较

1）方案一采用机件工作方向为主视图方向，造成其他两个视图的方向与习惯读图的方向颠倒，读图不方便，表达不合理，而且左视图中虚线太多。

2）方案二左视图中虚线太多，内部孔、槽均未得到充分表达，表达不够清晰简洁。

3）方案三主视图采用全剖视图表达，则机件内外结构都有表达，再加上俯视图已经充分表达了机件的所有结构细节，表达简洁清晰。因此方案三最好。

复习与课后练习

一、思考题

1. 什么是立体的平面表达方案？
2. 视图种类有哪些？
3. 选择立体表达方案的要求是什么？
4. 简述组合立体的表达步骤。
5. 截交线的画法有哪些？
6. 如何绘制相贯线？
7. 什么是形体构思？
8. 曲面立体的截交线形状有何特点？
9. 如何选取截交线上的特殊点？
10. 如何绘制简单立体经过切割形成的复杂立体三视图？
11. 如何绘制叠加与相交形成的组合体的三视图？
12. 如何选取最佳表达方案？
13. 三视图的投影规律是什么？

二、练习题（典型题型，多练必然熟能生巧）

请尽量用不同的表达方案绘制任务 3-1~3-10。

第 4 章

平面图形尺寸标注

目 标 任 务

- 熟悉尺寸标注的内容和规范
- 掌握平面图形基本尺寸标注方法
- 掌握平面图形综合尺寸标注内容和方法

尺寸标注口诀

形状结构看视图，大小厚薄看尺寸，图形绘制有比例，尺寸一律标实际。
基本尺寸粗定形，几何公差精定位，表面结构表微观，公差确保互换性。
三维尺寸长宽高，不得形成封闭链，重要尺寸单独标，相贯线上不要标。
尺寸标注要正确，完整合理与清晰，均匀整齐少交叉，不多不少不重复。

4.1 尺寸标注要点

4.1.1 尺寸标注的内容

图形用于表达机件的结构形状，允许按比例缩小、放大绘制。尺寸用于表达机件的实际大小和公差范围，是加工制造与检验的重要且直接的依据，尺寸只能按实际大小标注完工尺寸，不能随绘图比例而改变。

尺寸标注的内容：完整的标注包含尺寸及公差、几何公差、表面结构，如图 4.1 所示。

图 4.1　尺寸标注内容

尺寸及公差：表达机件各部分结构的长、宽、高、角度、锥度等尺寸及其允许的变化范围，默认单位为 mm，包括定形尺寸、定位尺寸、总体尺寸三类。定形尺寸是确定机件各部分形状结构的尺寸；定位尺寸是确定机件各组成部分之间几何位置关系的尺寸；总体尺寸是机件的总体长、宽、高尺寸，用于反映机件的总体大小，也是机件安装、搬运及制作包装箱的参考尺寸。尺寸应尽量集中标注在形位特征明显的那个视图中，重要形位尺寸则应单独标注。

几何公差：机件实际几何要素（线、表面、对称面或中心线）对其理想几何要素的允许变动范围，默认单位为 mm。几何公差包括形状公差和位置公差两类，形状公差包括直线度、平面度、圆度、圆柱度等，位置公差包括平行度、垂直度、圆跳动、全跳动等。

表面结构：是表面粗糙度、波纹度、表面缺陷、纹理和表面微观几何形状的总称。

4.1.2　尺寸标注的基本要求

尺寸标注的四要求：正确、完整、合理、清晰，如图 4.2 所示。尺寸三要素：尺寸线、尺寸界线、尺寸数值，如图 4.3 所示。

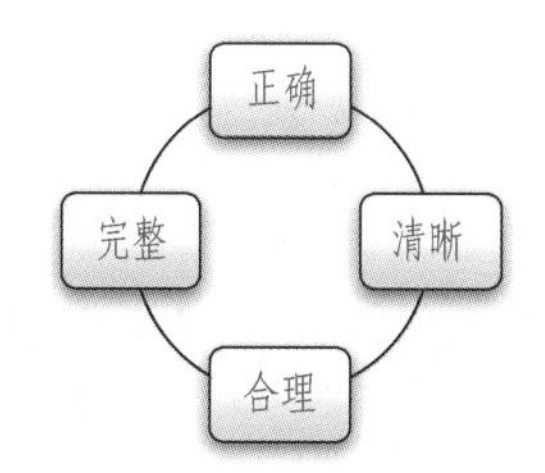

图 4.2　尺寸标注的四要求

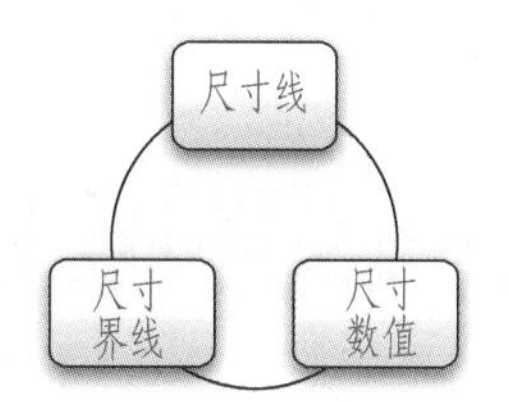

图 4.3　尺寸三要素

正确：尺寸三要素及其文字注释必须标准规范，尺寸值正确，基准正确，要求明确。

完整：机件内、外各部分结构形状都要标注清楚其形状尺寸与位置尺寸，没有遗漏和重复。有精度要求的尺寸要标注清楚基本尺寸与偏差范围，位置尺寸必须有定位基准。

合理：定形尺寸尽量集中标注在能够清晰表达该结构的视图上；定位尺寸的基准选择应符合设计、加工、测量基准的三统一原则，以方便加工、制造及测量；重要尺寸应独立标注。尺寸不能形成闭环尺寸链。尺寸数值不能被任何线条穿过，尺寸数值的字头方向必须符合规范，不得引起误解，标注用字体符合国标规范。

清晰：尺寸线间距均匀，排列整齐美观；尺寸线之间及尺寸线与图线之间尽量少交叉，形位尺寸标注要直观且清晰；内腔与外形尺寸应尽量放置在图形的两侧，以减少尺寸线间交叉；回转体的直径尺寸应尽量标注在剖视图中；虚线应尽量少。

4.1.3　尺寸标注与视图间的关系

图形用于表达机件的形状与结构特征，而机件的形状大小必须以尺寸标注为准。当图形与尺寸标注有明显矛盾时，以尺寸标注为第一判断依据。

※知识点 1：机件的真实大小以尺寸标注为依据，与图形比例及绘图的准确性无关，图形可以缩小、放大绘制，但尺寸必须标注完工的实际尺寸。

※知识点 2：机械图样中未注明长度单位的尺寸一律默认单位为 mm。标注应符合国家标准《机械制图　尺寸注法》（GB/T 4458.4—2003）的规定。尺寸标注优先于图形表达。

※知识点 3：标注内容包括三大部分：尺寸及公差、几何公差、表面结构。

※知识点 4：如果绘图时图线尺寸按照实际尺寸输入，则标注尺寸时会自动测量原输入的尺寸作为标注的基本尺寸，因此绘图时必须按照实际完工尺寸绘图。

★技巧 1：已标注的图形比例改变后尺寸值会随图形比例缩放，这时只要更改［标注样式］中的测量比例为缩放的反比例，标注数值就恢复到原输入的实际值。用文字替代后的尺寸值不会随图形比例的缩放而改变。

★技巧 2：当同一坐标方向有多个尺寸时，采用［连续标注］命令（DIMCONT）比较快捷。

★技巧 3：需要修改尺寸或添加注释文字符号时，双击该尺寸会弹出尺寸编辑器，通过编辑器可以修改尺寸或编辑注释文字、符号、公差数值等项目。

★技巧 4：尺寸及角度切忌标注成尺寸封闭链，重要尺寸应直接标注。

★技巧 5：角度数字应居中水平放置，AutoCAD 中应单独建立角度标注样式。

★技巧 6：尺寸尽量不要标注在虚线上，相贯线上不允许标注尺寸。

★技巧 7：位置尺寸的定位基准尽量做到设计、加工、测量基准统一。

★技巧 8：复杂图形标注顺序是定形尺寸、定位尺寸、总体尺寸。

4.2 平面图形基本尺寸标注训练

任务 4-1 线性与角度基本尺寸标注

（1）训练目的　练习基本尺寸的线性标注、连续标注、角度标注方法。

（2）训练要求　标注如图 4-1.1 所示图形（第 2 章绘制的图 2-3.1）的基本尺寸。

（3）标注分析　图 4-1.1 所示是一个由直线段组成的平面图形。对于简单图形三类尺寸可以同时标注，先标线性尺寸后标注角度尺寸。而复杂图形标注顺序：先标注定形尺寸，然后标注定位尺寸，最后标注总体尺寸，这样不易遗漏和重复标注。

标注提示：
①重要尺寸单独标注。
②先标注线性尺寸，然后标注角度尺寸。
③线性尺寸先标注长度方向的所有尺寸，然后标注宽度方向的所有尺寸，最后标注总体尺寸。
④同一方向有多个尺寸时，适宜采用连续标注。
⑤同一方向的尺寸不能标注为封闭尺寸链。

图 4-1.1　线性与角度基本尺寸标注训练图（第 2 章绘制的图 2-3.1）

（4）做法步骤　参考图 4-1.2 所示做法步骤图解进行。

步骤 1：打开图 2-3.1，选［线性 3.5］标注样式标注线性基本尺寸，如图 4-1.2a 所示。

做法：①先标注下边水平方向基本尺寸。选［线性 3.5］标注样式↙标注长度为 16 的线段↙［连续标注］（DIMCONT）↙单击长度为 8、17、8 的线段端点并拖放尺寸线位置。②按相同方法标注左边、上边和右边基本长度尺寸。③检查尺寸的标注，标注总体尺寸，主要检查是否有封闭的尺寸链。

步骤 2：切换［角度 3.5］标注样式，标注三个角度尺寸，如图 4-1.2b 所示。

做法：切换角度标注样式↙选择角度对应的两个边↙拖动放置尺寸线位置。

角度标注时注意调整使得角度值水平居中放置在角度弧线上为最佳。做法：选中角度尺寸并移动光标到数值标签变色后右键单击，用快捷菜单中选项调整位置。

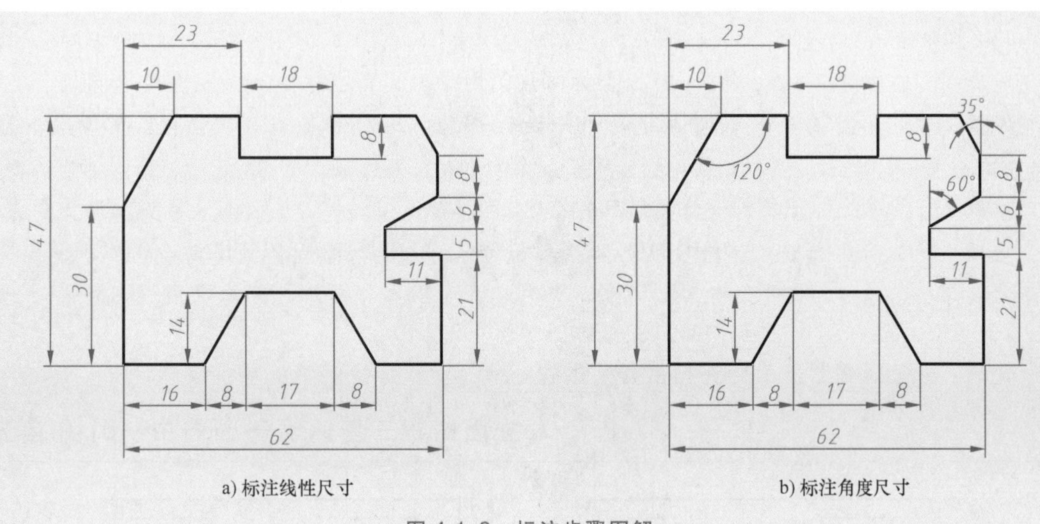

a) 标注线性尺寸　　　　b) 标注角度尺寸

图 4-1.2　标注步骤图解

※知识点：因数控机床加工时按机床坐标运动，因而用坐标法标注尺寸不仅方便进行数控机床编程，并且可以减少加工累积误差。

★技巧 1：[坐标标注] 命令（DIMORD）方法：先将 UCS 原点移动到零件的标注基点，再采用 [坐标标注] 命令。做法：移动 UCS 到基点↙ [坐标标注] ↙依次单击线段端点↙。

★技巧 2：当尺寸数字与图线交叉时，应当确保数字不被任何线条打断。

任务 4-2　基本尺寸的长度标注法与坐标标注法

（1）训练目的　练习基本尺寸的坐标标注法与长度标注法，并比较两者的区别。

（2）训练要求　用坐标标注法及长度标注法各标注如图 4-2.1 所示图形（原图 2-8.1），并比较两种方法。

（3）标注分析　图 4-2.1 所示为一个样板零件，这种零件一般用数控线切割或数控激光切割方法加工。用坐标法标注不仅加工编程方便，且加工累计误差小。

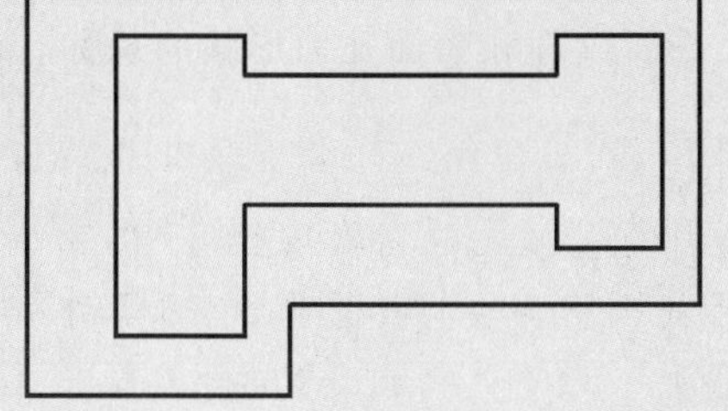

标注提示：
①坐标法标注：先将坐标系平移到标注基点；选择[坐标法]标注命令；依次拾取要标注点，将坐标值拖放至适当位置。
②长度标注法与任务4-1相同。

图 4-2.1　坐标法与长度法标注训练图（第 2 章绘制的图 2-8.1）

（4）做法步骤　参考图 4-2.2 所示做法步骤图解进行。

1）坐标标注法。

步骤1：打开图2-8.1，移动UCS坐标原点到图形左下角点。

做法：单击［坐标系］图标，拖动用户坐标系原点到图形基点，或执行［移动坐标原点］命令。

步骤2：坐标法标注图形x、y方向各点的坐标值。

做法：［坐标标注］（DIMORD）↙单击各标注点并设置尺寸线位置↙，如图4-2.2a所示。

2）长度标注法：与任务4-1方法相同，如图4-2.2b所示。

比较：从图4-2.2所示两种标注方法比较可知，坐标标注法更简练、清晰。

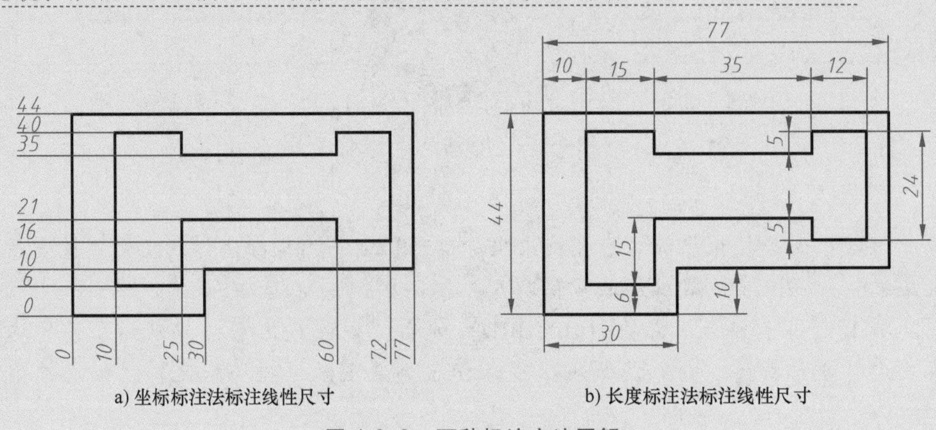

a) 坐标标注法标注线性尺寸　　b) 长度标注法标注线性尺寸

图4-2.2　两种标注方法图解

4.3　平面图形尺寸综合标注训练

综合标注：综合标注内容包含尺寸及公差、几何公差、表面结构三大类。

尺寸公差：指尺寸的允许变动范围，用上、下极限偏差值或公差带代号表示，单位mm。

几何公差：机件实际几何要素相对于理想几何要素的允许变动范围，单位mm。几何公差符号如图4.4a所示。几何公差由引线和公差框两部分组成，引线指向所标注的对象，用［LE］命令（QLEDER）绘制；公差框中包括几何公差符号、几何公差值、基准符号、公差包容条件等内容，公差框及参数用［TO］命令（TOLERANCE）调出公差符号后填写内容即可。

表面结构：是表面的粗糙度、波纹度、表面缺陷、表面纹理和表面几何形状的总称。表面粗糙度的完整常用图形符号如图4.4b所示。

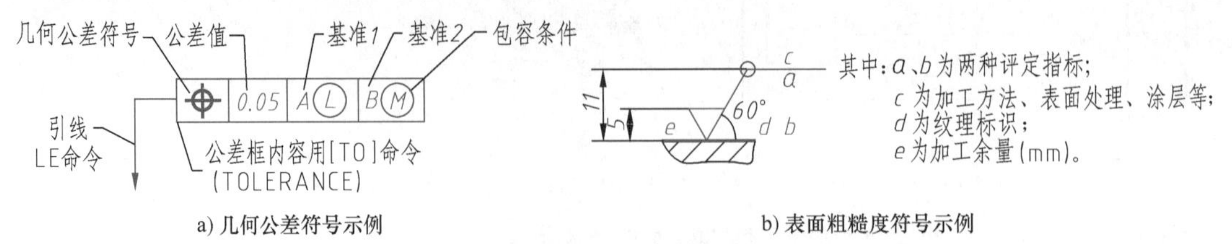

a) 几何公差符号示例　　b) 表面粗糙度符号示例

图4.4　几何公差与表面粗糙度符号图例

任务 4-3 组合体三视图综合标注

（1）训练目的 练习组合体三视图综合尺寸标注。

（2）训练内容 按图 4-3.1 所示标注内容标注图 3-6.1（第 3 章绘制完成的图 3-6.1）。

（3）标注分析 假定如图 4-3.1 所示机件所有表面的表面粗糙度 *Ra* 值

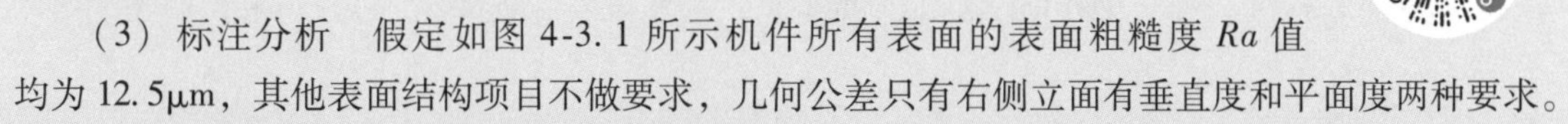

均为 12.5μm，其他表面结构项目不做要求，几何公差只有右侧立面有垂直度和平面度两种要求。

（4）做法步骤 参考图 4-3.1 所示图解：

步骤 1：打开图 3-6.1，先标注尺寸及公差。

做法：按照定形尺寸、定位尺寸、总体尺寸的顺序标注所有结构部分的形位尺寸及公差，则不会遗漏。如本任务中先标注楔体的定形尺寸（12、8、24），标注圆弧面定形尺寸 *R*12，标注切割部分的定位尺寸（长度 16、高度 8）及其公差，最后标注总体尺寸（36、20、24）。

步骤 2：标注表面粗糙度符号。

做法：当全部表面粗糙度 *Ra* 值取 12.5μm 时，表面粗糙度符号用简化标注法统一标注在标题栏上方附近。

步骤 3：标注几何公差，标注完成如图 4-3.1 所示。

做法：假定几何公差只有右侧立面的垂直度和平面度两种，标注引线必须指向该表面。

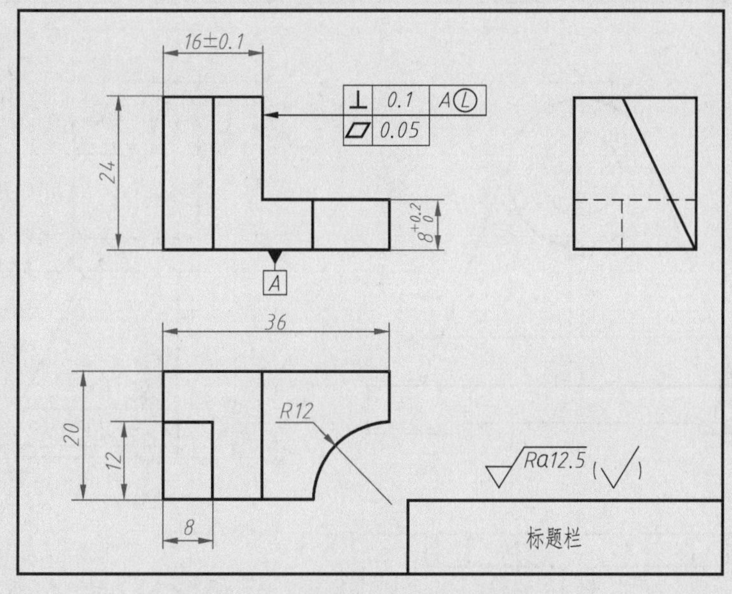

图 4-3.1 组合立体三视图综合标注图

★技巧 1：综合尺寸标注的顺序：尺寸及公差、表面粗糙度符号、几何公差。先标注尺寸及公差是因为部分几何公差或表面粗糙度符号需要标注在尺寸线上。

★技巧 2：尺寸及公差的标注方法：①先标注基本尺寸。②双击基本尺寸调出尺寸编辑器对尺寸添加公差。上、下极限偏差之间用符号“^”间隔（“^”是堆叠间隔符，例如，

$8^{+0.2}_{0}$，先编辑为单行形式 8+0.2^0，然后选中偏差部分“+0.2^0”后单击尺寸编辑表中的堆叠图标，就完成了堆叠形式的尺寸 $8^{+0.2}_{0}$ 的标注。

★技巧 3：AutoCAD 2010 的尺寸公差符号需要用［DIMED］命令调出尺寸编辑器编辑尺寸，特殊符号可用鼠标右键调出快捷菜单中的字符映射表选择并输入。

★技巧 4：几何公差符号分为公差框、引线、基准符号三部分，先标注基准符号、再标注公差框及数值（用［TOLERANCE］命令），最后标注引线部分（用［LE］命令）。

任务 4-4　轴承支架零件图综合标注

（1）训练目的　零件图综合尺寸标注训练。

（2）训练内容　按图 4-4.1 所示标注内容标注轴承支架零件图（第 3 章绘制的图 3-9.2b）。

（3）标注分析　如图 4-4.1 所示的轴承支架的主要尺寸是安装轴承的 ϕ26 圆柱孔，孔中心线到安装底面的位置有公差要求及平行度要求。另外轴承孔有圆柱度要求及较高的表面粗糙度要求。所有上极限偏差与下极限偏差项目的放置位置采用尺寸编辑器中的［堆叠］工具实现。

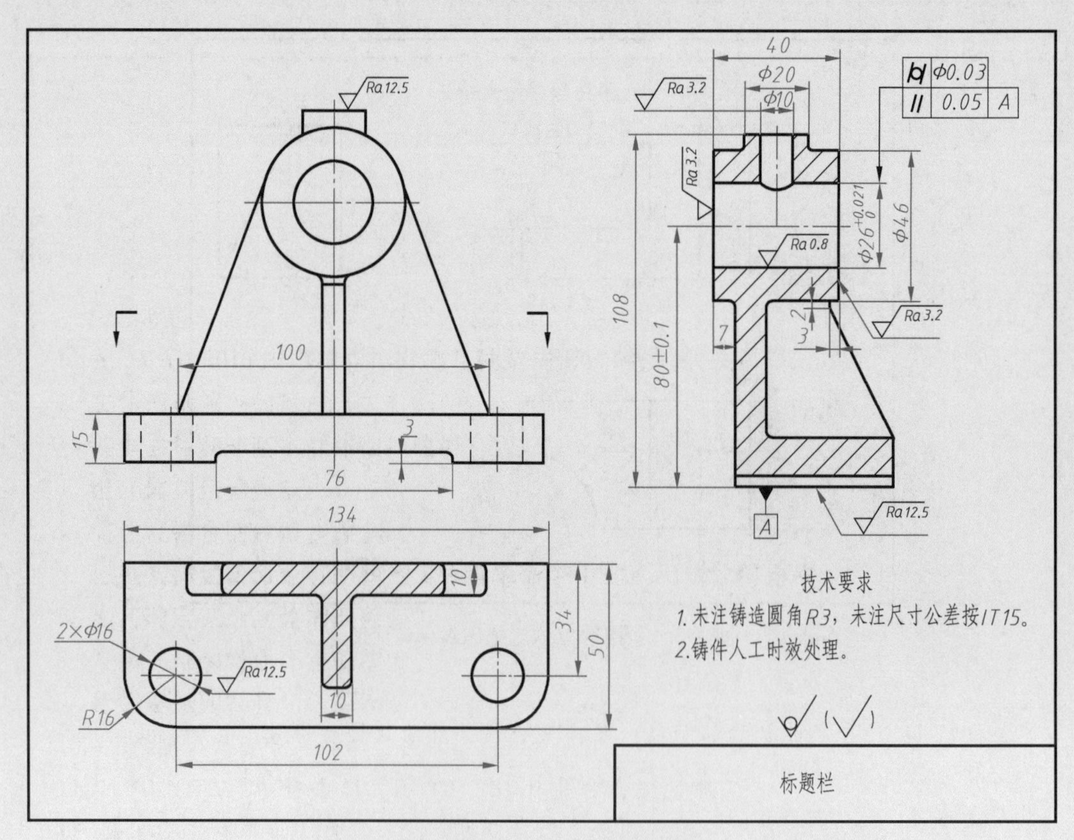

图 4-4.1　轴承支架综合标注

（4）做法步骤　先打开图 3-9. 2b 方案二图，然后按以下步骤标注。

步骤 1：标注基本尺寸及其偏差。

做法：按照定形尺寸、定位尺寸、总体尺寸的顺序标注机件所有尺寸及其公差，不易遗漏。并且尽量将同一结构要素的定形尺寸标注在同一幅视图中，以便进行读图。

步骤 2：标注表面粗糙度符号。

做法：由于该机件的毛坯由铸造成形，除机械加工表面外的表面应标注为非去除材料的加工表面，铸造表面一般采用喷丸表面处理工艺，属于非去除材料的加工工艺。所有表面都必须标注表面粗糙度要求。

步骤 3：标注几何公差，标注完成后如图 4-4. 1 所示。

复习与课后练习

一、思考题

1. 完整尺寸标注包括哪些内容？
2. 什么是几何公差？几何公差包括哪些内容？
3. 什么是表面结构？
4. 尺寸标注的四要求有哪些？尺寸三要素有哪些？
5. 尺寸标注与视图的关系如何？
6. 如何添加尺寸公差？
7. 已经标注的图形比例改变后，标注数据如何变回实际输入值？
8. 如何修改尺寸或添加注释文字符号？
9. 尺寸标注应注意的事项有哪些？
10. 简述坐标法标注尺寸的方法。
11. 如何选择综合标注尺寸的顺序？
12. 如何标注几何公差？

二、练习题（典型题型，多练必然熟能生巧）

请重复标注任务 4-1～4-4。

第5章

螺纹、焊缝与标准件

目标任务

- 熟悉螺纹画法与标准
- 熟悉螺纹的规范标记代号
- 熟悉焊缝的规范标注符号
- 掌握标准件连接的规范画法

螺纹、焊缝与标准件口诀

连接螺纹五要素，大小相符才配对，螺纹连接能拆卸，焊接连接不可拆。
标准零件标准造，销钉螺钉与螺母，平键花键半圆键，轴承滚滚大家族。
齿轮带轮与弹簧，部分标准称常用，电机油泵与阀门，专业制造常购用。
螺纹焊缝用标记，标准画法按规范，尺寸选用按标准，结构细节需查表。

5.1 螺纹、焊缝与标准件要点

机械设备中广泛使用螺纹紧固件或其他连接件进行紧固连接，这些紧固连接件包括螺钉、螺栓、螺母、销钉和键等标准件。这种零部件之间的连接形式一般是可拆卸连接。

零部件之间也可以采用固定连接形式，而焊接就是一种广泛使用的方便快捷的固定连接方式。

螺纹要素：螺纹具有五要素，即牙型、公称直径、线数 n、螺距 P（导程 P_h）、旋向。内、外螺纹旋合连接时，五要素必须一致，而改变五要素中的任何一项就会得到不同的螺纹。

标准螺纹：凡是牙型、公称直径、螺距三项都符合国家标准的螺纹称为标准螺纹，而牙型符合标准但直径或螺距不符合的螺纹称为特殊螺纹。

国家标准《机械制图　螺纹及螺纹紧固件表示法》（GB/T 4459.1—1995）规定了螺纹及螺纹紧固件的规定画法和标记方法。

螺纹标记格式：完整的螺纹标记格式如图5.1所示。

紧固件：部件或机器中有一大类起紧固连接或定位连接作用的零件，称为紧固连接件。

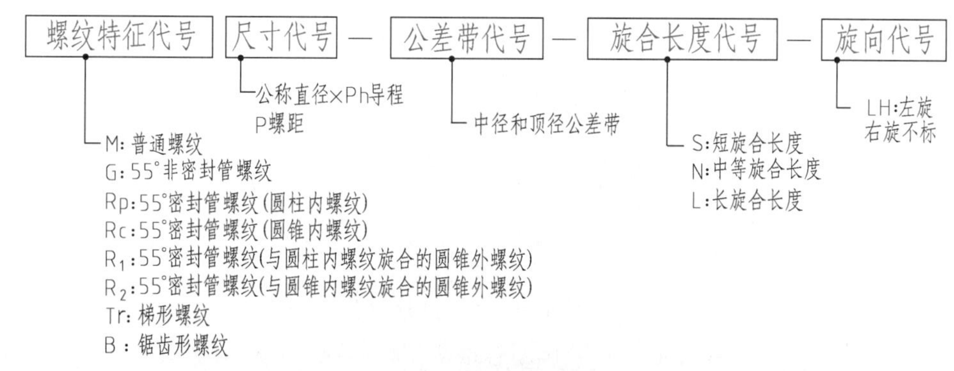

图 5.1　螺纹标记格式

纯粹起紧固作用的包括螺钉、螺栓、螺柱、螺母、垫片等，起定位连接作用的包括键、销子，起同轴定位连接的包括轴承等。

标准件：凡结构、尺寸、画法、标记、成品质量都按照国家或行业标准规范并由专业厂家加工制造的零部件称为标准件。标准件一般都是采购回来直接使用在机器或部件中，所以在工程制图中一般不画单个标准件的零件图，只画标准件的连接图。

焊接：是指利用加热方法使得两个零件连接部分材料熔化再结晶形成固定连接的工艺方法。焊接不仅可以用于固定连接钢材，也可以焊接铝、铜等有色金属及钛、锆等特种金属材料，甚至可以焊接塑料、木材等非金属材料。焊接工艺广泛应用于机械制造、造船、石油化工、航空航天、电力、电子领域。焊接工艺的主要技术参数有接头形式、焊缝长度、焊缝高度、焊接方式、焊条种类和焊接环境等。

常见的焊接方式：气焊、电弧焊、激光焊、锡焊等。

常见的焊接接头形式：对接、搭接、T形和角接。这些接头形式及其结构在零件图中应如实绘制。但焊缝结构如实绘制比较烦琐，一般用规范的焊缝符号来标识焊缝结构。

焊缝符号：焊缝符号按国家标准《焊接符号表示法》（GB/T 324—2008）和《机械制图 焊缝符号的尺寸、尺寸及简化表示法》（GB/T 12212—2012）绘制。焊缝符号由基本符号和指引线组成，必要时还可以加上补充符号和焊缝尺寸符号。焊缝标注符号如图 5.2 所示。

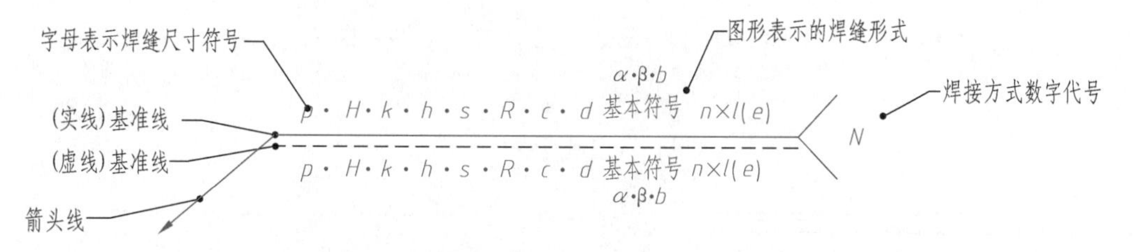

图 5.2　焊缝标注符号

焊缝标注符号中各字母的含义按照国家标准《焊接及相关工艺代号方法》（GB/T 5185—2005）中的规定，其中焊接方式既可以用数字代码标注在符号的尾部，也可以在技术要求中注明。当图样中所采用的焊缝焊接方式都相同时，在标注符号中可以省略焊接方式代码，但要在技术要求中注明“全部采用……焊接”等字样。

5.2 螺纹画法及标记

任务 5-1 常用螺纹的画法及标记示例

(1) 训练目的　练习常见螺纹的画法及标注方法。

(2) 训练内容　练习如图 5-1.1 所示的六种常用螺纹的标注方法。

(3) 标注分析　螺纹标注必须符合国家标准规定的螺纹标记符号，参考图 5-1.1 所示。

(4) 做法步骤　参考图 5-1.1 所示做法步骤图解进行。

步骤 1：先绘制规范的螺纹结构图形，如图 5-1.1 所示。

步骤 2：标注螺纹标记示例如图 5-1.1 所示。

说明：如图 5-1.1 所示的螺纹结构图下的注释只用于说明螺纹标记的含义，实际标注时只标注螺纹标记即可，而不用加注此说明。

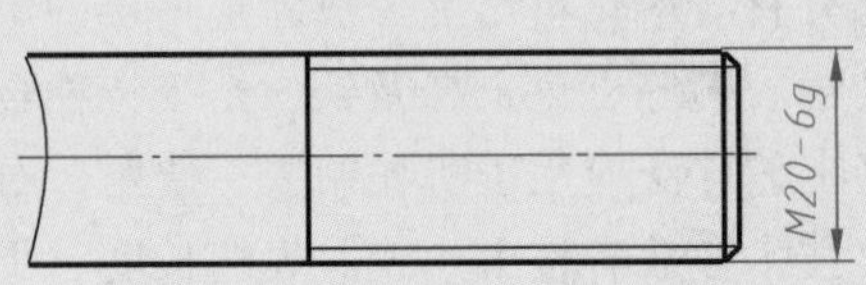

粗牙普通螺纹，公称直径20mm，右旋，螺纹公差带：中径、大径均为6g，中等旋合长度。

a)

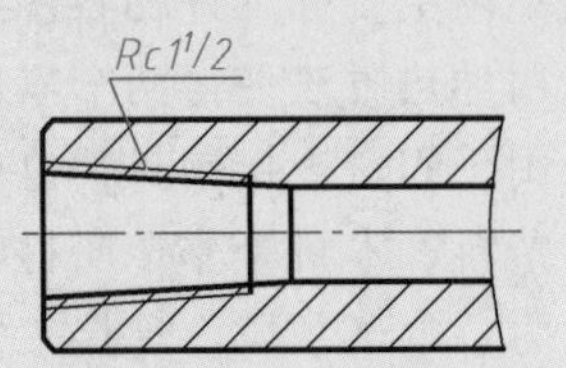

55°密封管螺纹(圆锥内螺纹)，尺寸代号1/2，右旋，引出标注法。

b)

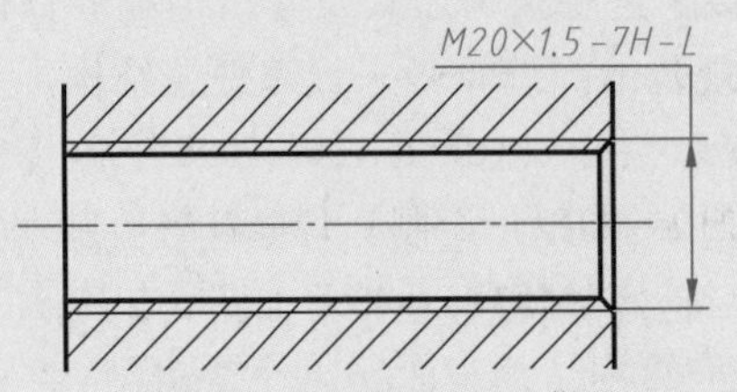

细牙普通螺纹，公称直径20mm，螺距1.5mm，右旋，螺纹公差带：中径、大径均为7H，长旋合长度。

c)

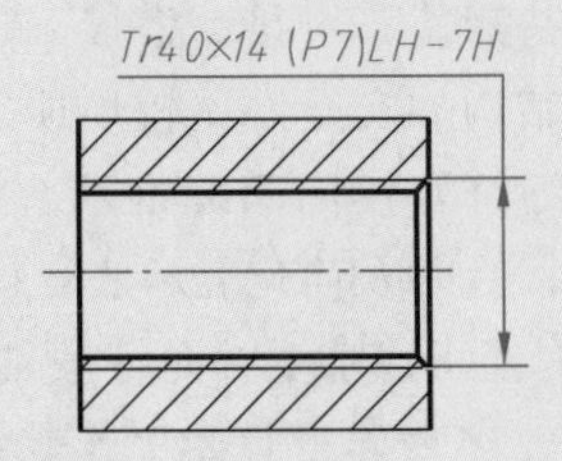

梯形螺纹，公称直径40mm，双线螺纹，导程14mm，螺距7mm，左旋，螺纹公差带：中径为 7H，中等旋合长度。

d)

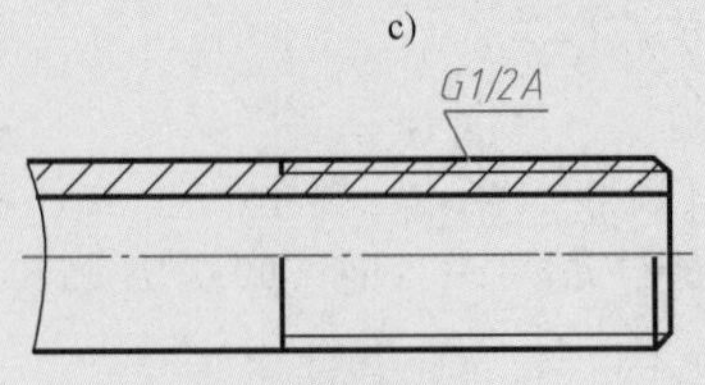

55°非密封管螺纹(圆柱外螺纹)，尺寸代号1/2，右旋，公差等级A，引出标注法。

e)

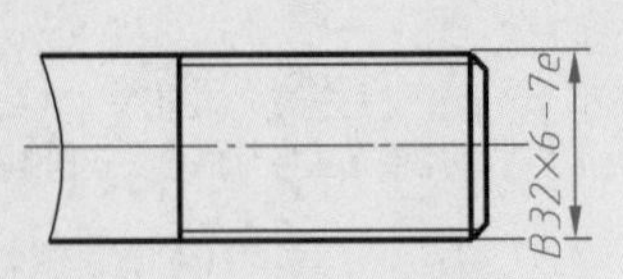

锯齿形螺纹，公称直径32mm，单线螺纹，螺距6mm，右旋，螺纹公差带：中径为7e，中等旋合长度。

f)

图 5-1.1　六种常用螺纹画法及标记示例

5.3　标准件连接形式的规范画法

标准件要按照国家标准规范绘制在装配图中。连接用紧固标准件是一大类常用标准件，国家标准《机械制图　螺纹及螺纹紧固件表示法》（GB/T 4459.1—1995）中规定了各种紧固标准件及其连接的规范画法。

任务 5-2　螺纹紧固件连接形式的规范画法

（1）训练目的　练习常用螺纹紧固件的连接规范画法。

（2）训练要求　练习绘制如图 5-2.1 所示五种螺纹紧固件连接的规范画法。

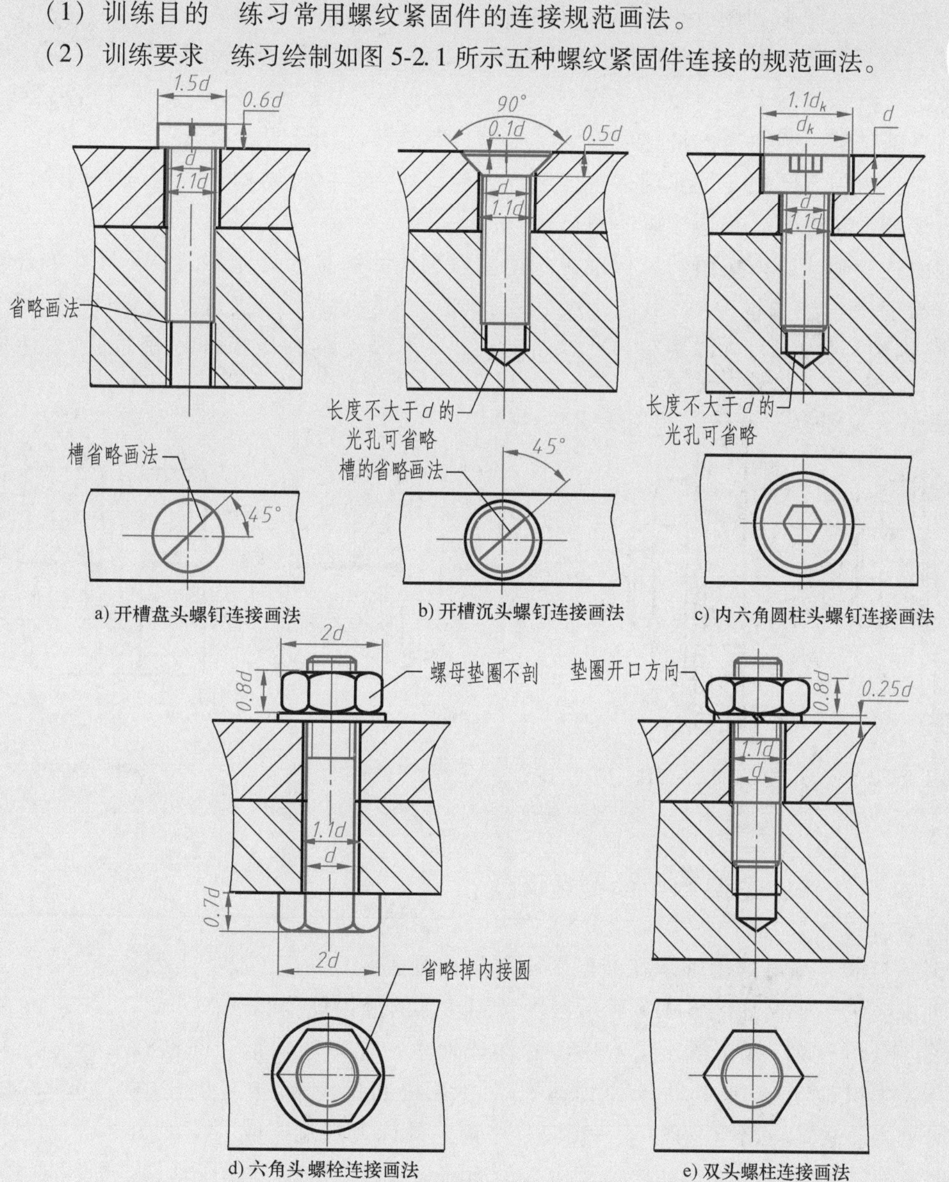

图 5-2.1　常用螺纹紧固件的规定画法示例

（3）要点分析　图 5-2.1 所示是五种常用紧固件——开槽盘头螺钉、开槽沉头螺钉、内六角圆柱头螺钉、六角头螺栓、双头螺柱连接的规定画法。图 5-2.1 中各部分结构的具体尺寸要按照紧固件的公称尺寸 d 查阅标准表确定，国家标准《机械制图　螺纹及螺纹紧固件表示法》（GB/T 4459.1—1995）中分门别类列出了各种螺纹紧固件的规范画法示例和详细结构参数。

任务 5-3　键和销连接形式的规范画法

（1）训练目的　练习常用键、销连接形式的规范画法。

（2）训练要求　绘制如图 5-3.1 所示四种键、销连接形式的规范画法。

（3）要点分析　图 5-3.1 所示是常用的半圆键、平键、圆锥销、圆柱销连接的规范画法。

定位销有圆锥销、圆柱销、带螺纹的圆锥销等，其连接画法已经标准化。

键既能起到圆周方向的定位作用，也能起连接传动作用。键按结构形式可分为平键、半圆键、钩头楔键、花键等，其连接画法也已经标准化。

销、键的连接画法必须按照国家标准规定的图样和尺寸绘制，具体的画法及尺寸可查阅国家标准《普通型　半圆键》（GB/T 1099.1—2003）、《钩头型　楔键》（GB/T 1565—2003）、《圆锥销》（GB/T 117—2000）、《圆柱销　不淬硬钢和奥氏体不锈钢》（GB/T 119.1—2000）等。

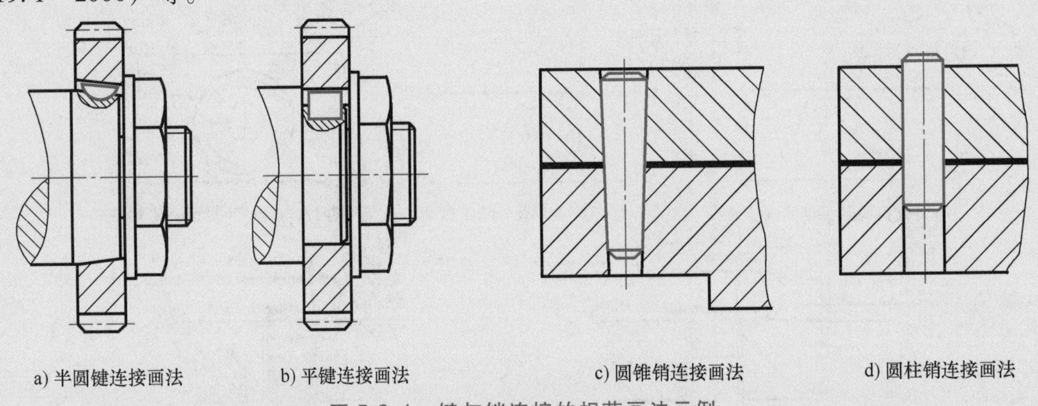

a) 半圆键连接画法　b) 平键连接画法　c) 圆锥销连接画法　d) 圆柱销连接画法

图 5-3.1　键与销连接的规范画法示例

任务 5-4　常用轴承在装配体中的规范画法

（1）训练目的　练习常用轴承在装配图中的规范画法。

（2）训练要求　绘制如图 5-4.1 所示三种常用轴承的通用规范画法。

（3）要点分析　图 5-4.1 所示是常用的深沟球轴承、推力球轴承、圆锥滚子轴承的标准规定画法，其中轴承的具体尺寸必须按照国家标准《机械制图　滚动轴承表示法》（GB/T 4459.7—2017）中规定的标准规范选取。下面图例只是常用滚动轴承系列中的三种，轴承包括滚动轴承、滑动轴承、动压轴承、静压轴承等类别，轴承种类繁多，应用广泛，每种轴承都有相应的标准规范及具体尺寸可供查阅。

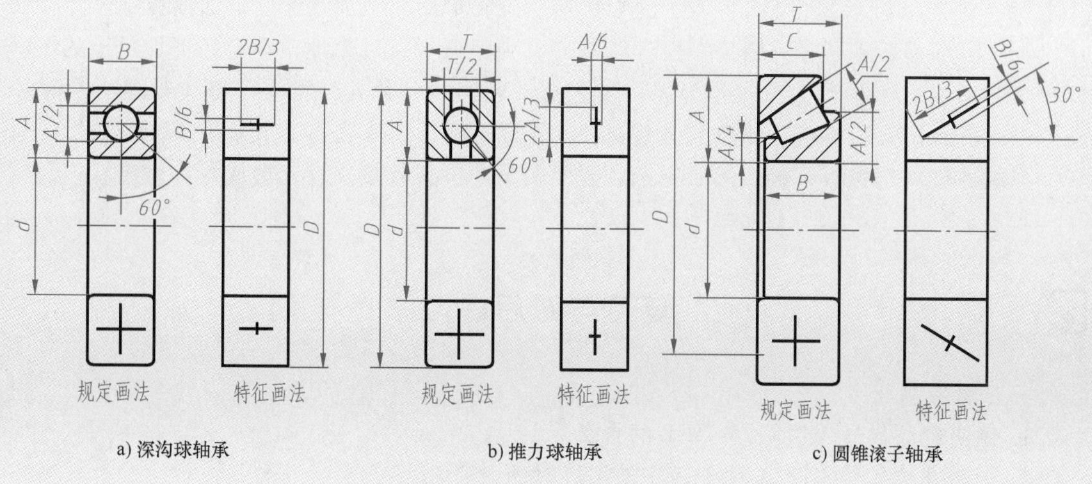

a) 深沟球轴承　　b) 推力球轴承　　c) 圆锥滚子轴承

图 5-4.1 常用轴承的规定画法示例

5.4 焊缝符号及标注规范

任务 5-5 焊接钢梁的零件图及标注训练

（1）训练目的　练习焊接件及其焊缝标注。

（2）训练内容　按规范标注如图 5-5.1 所示焊接钢梁。

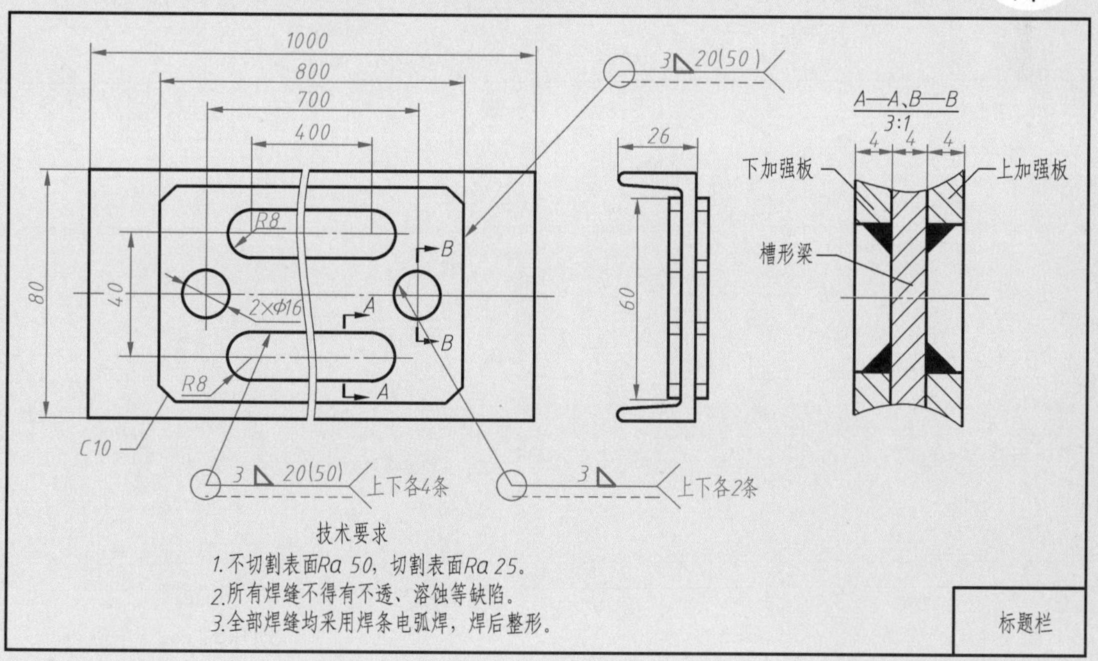

图 5-5.1 焊接钢梁零件图

(3) 焊接分析　如图 5-5. 1 所示的焊接钢梁由槽形梁、上加强板、下加强板组合焊接而成。上、下加强板除了在边缘采用角焊缝以外，为保证焊接可靠性，在上、下加强板的中间开出 2×ϕ16 孔及两处圆头长孔作为焊接工艺孔，在四处工艺孔与槽形梁搭接处也必须采用角焊缝。图 5-5. 1 中共有焊条电弧焊焊缝 20 条需要标注。本任务中槽钢用标准型材，上、下加强板通过切割钢板下料，然后将三者按照图示的方式焊接在一起形成焊接钢梁。

复习与课后练习

一、思考题

1. 说明螺纹代号 M27×1. 5-7H-L 的含义。
2. 说明螺纹代号 G1/2A 用于标注外螺纹时的含义。
3. 说明螺纹代号 Rc3/4 用于标注内螺纹时的含义。
4. 说明螺纹代号 Tr40×14 (P7) LH-7H 的含义。
5. 常用紧固销有哪些?
6. 常用连接键有哪些?
7. 常用轴承有哪些种类?
8. 规定的螺纹标记是怎样的?
9. 规定的焊接符号是怎样的?

二、练习题（典型题型，多练必然熟能生巧）

请重复绘制任务 5-1～5-5。

第 6 章

轴测图绘制与轴测尺寸标注

目标任务

- 熟悉轴测图的绘制要点和步骤
- 掌握草图空间绘制轴测图及尺寸标注方法
- 了解在三维建模空间生成轴测图的方法

轴测图绘制口诀

轴测图用草图绘，三维建模也可以，轴测可见三侧面，平面图显立体感。
正等轴测多常用，轴测长度都取 1，等测状态须打开，极轴追踪要启用。
圆角圆弧变测圆，测圆只能［EL］绘，对称结构不再有，镜像偏移不能用。
平行结构多复制，绘图快速又整齐，尺寸标注要对齐，尺寸界线须编辑。

6.1 轴测图绘制要点

轴测图： 国家标准《机械制图　轴测图》（GB/T 4458.3—2013）规定：将物体与固定在物体上的坐标轴 x、y、z 正投影在与 H、V、W 投影面均不平行的单一投影面得到的图形，称为轴测图。投影得到的坐标轴 x'、y'、z'称为轴测轴。工程应用中常绘制正等轴测图与斜二等轴测图。

正等轴测图： 轴测轴之间夹角均为 120°，轴向伸缩系数为 0.82 : 0.82 : 0.82，为绘图方便实际绘图时轴向伸缩系数选取 1 : 1 : 1。

斜二等轴测图： 轴测轴间夹角为 135°、135°、90°，轴向伸缩系数为 1 : 0.5 : 1。

轴测图绘制要点： ①绘制正等轴测图必须打开［等轴测草图］状态（状态栏中图标），用<F5>在 $x'y'$、$y'z'$、$x'z'$平面间切换。②圆及圆弧用［椭圆］命令（EL）的［轴测圆］选项（I）绘制。③对称结构在轴测图中不再对称，因此［镜像］［偏移］等命令应慎用。④轴测图中的角度不是实际角度，线性尺寸要用［对齐］方式标注，尺寸按测量值标注后要用［DIMED］命令再次修改编辑。⑤斜二等轴测图中 y'轴向尺寸要乘以 2，斜二等轴测图椭圆用八点法绘制。等轴测图绘制五要点如图 6.1 所示。

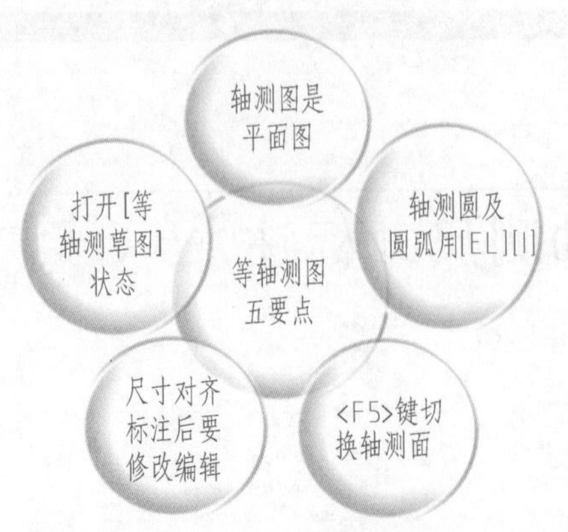

图 6.1　等轴测图绘制五要点

※知识点 1：轴测图是具有立体感的二维平面图形，等轴测图在［草图与注释］空间的［等轴测草图］状态（ISODRAFT）下绘制。经适当调整也可由三维模型生成。

※知识点 2：轴测图的图线与轴测轴之间遵循正投影规律的平行性性质，但图形对称性在轴测图中发生了变化。因［镜像］［偏移］［旋转］命令等与正交状态紧密相关，所以不再适合在轴测状态下使用。

※知识点 3：轴测圆要用［椭圆］命令（EL）［I］选项绘制，不能用椭圆工具图标绘制。

★技巧 1：打开［等轴测草图］状态后可追踪轴测轴，以便绘制轴测轴的平行线。

★技巧 2：轴测图中多个平行截面的相似图形用复制方法绘制较快捷。

★技巧 3：轴测图的角度及斜二等轴测图中 y' 轴方向尺寸要标注实际值。线性尺寸要用［对齐］方式标注，标注后要用［DIMED］命令［0］选项再次修改编辑，方可整齐排列。

6.2　轴测图绘制方法与流程

轴测图仍是平面图形，但必须参照轴测轴绘制。轴测图中有两类较多的规则线条，其一是与轴测轴平行的平行线，其二是轴测圆及圆弧。其中平行线可追踪轴测轴绘制，而轴测圆可用［椭圆］命令中的［轴测圆］选项绘制，其他线条可用捕捉端点法绘制。

平行线的绘制方法：轴测图中平行于轴测轴的线段，可用正交模式绘制，也可以用追踪轴测轴的方法绘制。

做法：①正交方法：打开［等轴测草图］状态及正交状态，则绘制时用正交状态绘制轴测轴的平行线，按<F5>键切换绘制平面。②追踪轴测轴绘制方法：打开［等轴测草图］状态即可采用 30°增量角度极轴追踪来绘制与轴测轴平行的所有线段。

轴测圆的绘制方法：轴测圆实际上是椭圆，AutoCAD 中提供了［EI］命令［I］选项专门用于绘制等轴测圆。但斜二等轴测图中的轴测圆不适合用此命令绘制，必须用比较烦琐的八点法绘制。因此，AutoCAD 适用于快速绘制正等轴测图。

等轴测图的绘制流程：［草图与注释］空间绘制等轴测图的流程如图 6.2 所示。

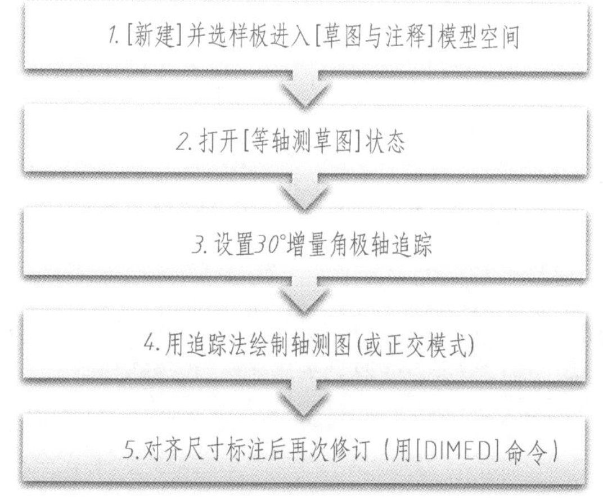

图 6.2　［草图与注释］空间绘制等轴测图流程

6.3　［草图与注释］空间绘制轴测图及标注训练

任务 6-1　L 形支撑板的轴测图的绘制与标注

（1）训练目的　练习平面立体正等、斜二等轴测图绘制及尺寸标注。

（2）训练要求　绘制如图 6-1.1 所示 L 形支撑板的正等、斜二等轴测图，并标注尺寸。

（3）零件分析　图 6-1.1 所示是一个 L 形支撑板，可分解为水平底板与竖直板两部分。支撑板中大多数线段均与轴测轴平行，因此用 30°增量角极轴追踪工具方便绘制，其余非平行于轴测轴的线段捕捉连接两个端点即可画成。AutoCAD 在［草图与注释］空间中绘制轴测图时，打开状态栏中［等轴测草图］状态，即可方便绘制正等轴测图。

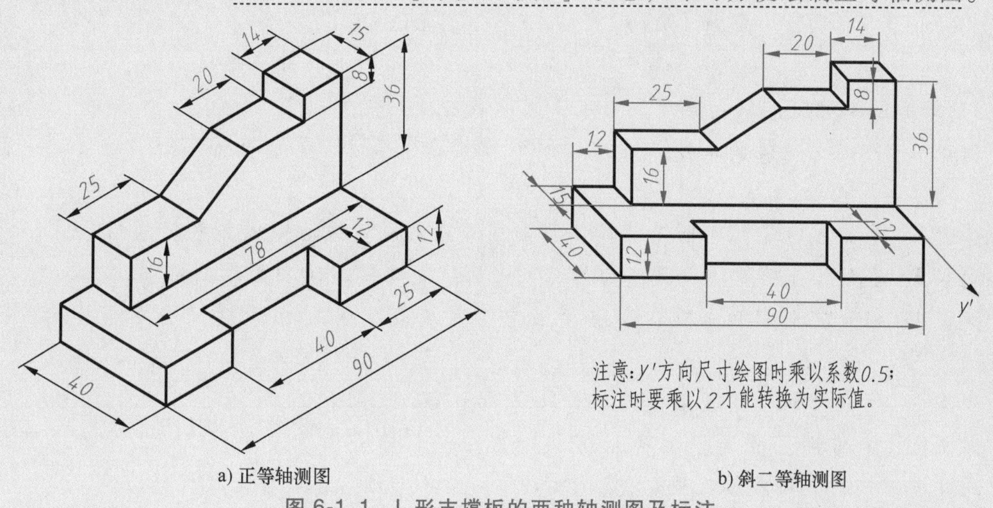

a) 正等轴测图　　b) 斜二等轴测图

图 6-1.1　L 形支撑板的两种轴测图及标注

（4）做法步骤　参考图 6-1.2、图 6-1.3 所示做法步骤图解进行。

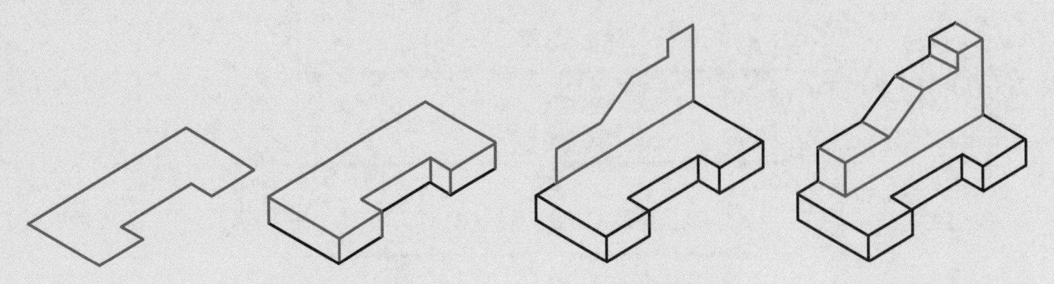

a) 绘制底面形状　b) 复制底面形状并补充(修剪)线条　c) 在底面上绘制后侧面形状　d) 复制后侧面形状并补充(修剪)线条

图 6-1.2　正等轴测图的绘图步骤图解

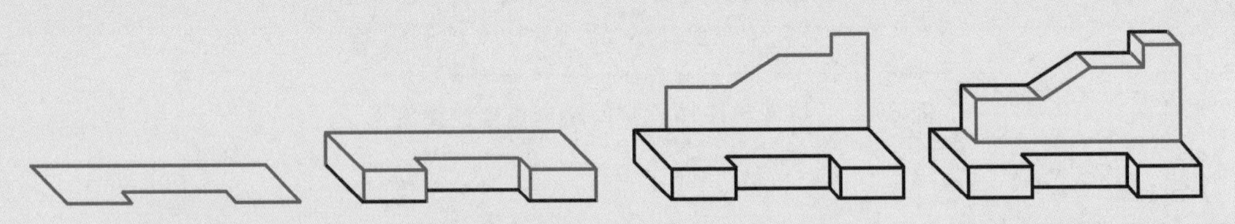

a) 绘制底面形状　b) 复制底面形状并补充(修剪)线条　c) 在底面上绘制后侧面形状　d) 复制后侧面形状并补充(修剪)线条

图 6-1.3　斜二等测图的绘图步骤图解

1）绘制正等轴测图：参考图 6-1.2 所示做法步骤图解。

准备步骤：打开［等轴测草图］状态（ISODRAFT），系统会自动设置 30° 增量极轴追踪。

步骤 1：用捕捉追踪轴测轴方法在 $x'y'$ 平面绘制底板轮廓轴测图形。

步骤 2：沿 z' 方向复制底板轮廓线，补充沿 z' 轴方向竖线后完成底板轴测图。

步骤 3：在底板上表面，用追踪法在 $x'z'$ 平面绘制立板后轮廓面轴测图。

步骤 4：沿 y' 方向复制立板轮廓线，补线后完成立板轴测图。

步骤 5：标注尺寸，完成后如图 6-1.1a 所示。

做法：①各线性尺寸以［对齐］方式标注，各角度标注必须标注实际角度。②修改调整尺寸值，尺寸线方向对齐轴测轴方向，用［DIMED］命令［O］选项修改尺寸线方向。

2）绘制斜二等轴测图：参考图 6-1.3 所示做法步骤图解。

步骤 1：关闭［等轴侧草图］状态，另外需要设置 45° 增量角极轴追踪，在 $x'y'$ 平面绘制底板轮廓轴测图形。

步骤 2：沿 z' 方向复制底板轮廓线，用捕捉端点法补竖线后完成底板轴测图。

步骤 3：在底板上表面，用追踪法在 $x'z'$ 平面绘制立板后轮廓面轴测图。

步骤 4：沿 y' 方向复制立板轮廓线（轴向伸缩系数为 0.5），用捕捉端点法补线后完成立板轴测图。

步骤 5：标注尺寸，完成后如图 6-1.1b 所示。

做法：①各线性尺寸用［对齐］方式标注，y' 方向尺寸必须乘以 2。②修改调整尺寸值，尺寸线方向对齐轴测轴方向，用［DIMED］命令［O］选项修改尺寸线方向。

任务 6-2　垫块的正等轴测图的绘制与标注

（1）训练目的　练习绘制具有多个方向轴测圆的正等轴测图。

（2）训练要求　绘制如图 6-2. 1 所示垫块的正等轴测图。

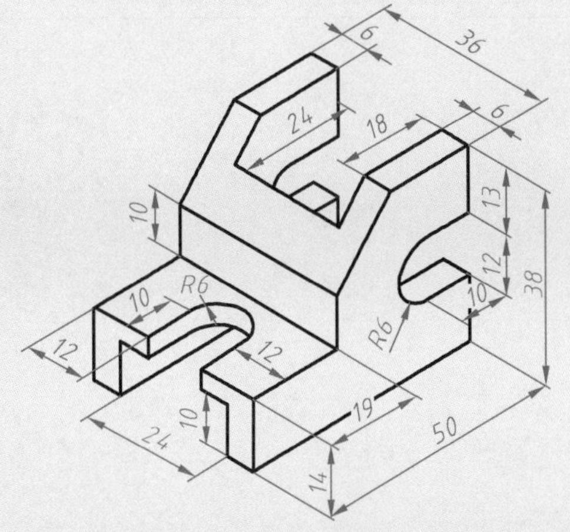

绘图要点：
①先绘制后侧面轮廓轴测图形。
②复制后侧面全部（或部分）图形到平行位置，补画前后方向轮廓平行线，形成轮廓形状。
③绘制左侧 T 形槽及圆弧槽轴测图。

图 6-2. 1　垫块的正等轴测图及标注

（3）形体分析　如图 6-2. 1 所示垫块的结构可以看作由立方体切割形成。难点是绘制分布在不同侧面上的三处椭圆弧，其余直线段用追踪方法绘制，平行截面中的相似图形用［复制］命令绘制较为方便快捷。因图中互相垂直的侧面上都有轴测圆，轴测圆用［EL］命令的［I］选项绘制，不能用［EL］命令［圆心］选项绘制。轴测图一般需要先绘制一个轮廓面图形，然后复制平行轮廓面，再补充中间的连线。

（4）做法步骤　参考图 6-2. 2 所示做法步骤图解进行。

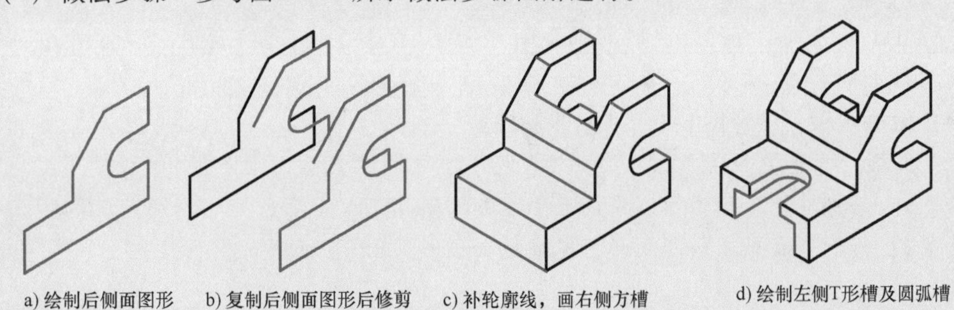

a）绘制后侧面图形　b）复制后侧面图形后修剪　c）补轮廓线，画右侧方槽　d）绘制左侧T形槽及圆弧槽

图 6-2. 2　垫块的正等轴测图做法步骤图解

准备步骤：打开状态栏中的［等轴测草图］状态，系统会自动启用 30°极轴追踪。

步骤 1：绘制后轮廓面轴测图形，如图 6-2. 2a 所示。

步骤 2：沿另一轴测轴方向复制后轮廓面三处，删掉多余线条，补全轮廓线，如图 6-2. 2b 所示。

步骤 3：绘制右侧方槽轴测图，如图 6-2. 2c 所示。

步骤 4：绘制左侧 T 形槽及圆头长孔轴测图，如图 6-2. 2d 所示。

步骤 5：标注尺寸，完成后如图 6-2.1 所示。

做法：①各线性尺寸用［对齐］方式标注，标注轴测圆。②修改调整尺寸值，尺寸线方向对齐轴测轴方向，用［DIMED］命令［O］选项修改尺寸线。

任务 6-3　轴座的正等轴测图的绘制与标注

（1）训练目的　练习轴座正等轴测图的绘制方法。

（2）训练要求　绘制如图 6-3.1 所示轴座的正等轴测图。

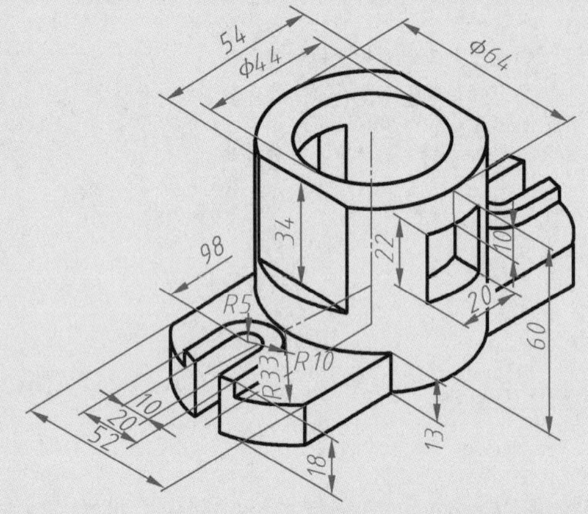

绘图要点：
①先绘制底板轴测图，注意不能用[镜像]命令。
②绘制圆柱体轴测图，用[EL]命令[I]选项。
③绘制圆柱体上的平面和方孔。

图 6-3.1　轴座的正等轴测图及标注

（3）形体分析　如图 6-3.1 所示轴座可分解为水平底板与竖直轴套两部分。两个坐标方向的圆及圆弧需要用［轴测圆］命令（EL）［I］选项绘制。其他直线段绘制用 30°增量角极轴追踪方法容易绘制。

轴座的实际空间结构为左右、前后对称结构，但在轴测图中不再关于原对称轴线对称，因此不能用［镜像］命令绘制！轴测圆要用［EL］命令［I］选项绘制，不能用［EL］命令［圆心］选项绘制！

（4）做法步骤　参考图 6-3.1 所示步骤图解：

准备步骤：打开状态栏中的［等轴测草图］状态，系统会自动启用 30°极轴追踪。

步骤 1：绘制底板轴测图形，完成后如图 6-3.2a 所示。

步骤 2：绘制竖直轴套轴测图形，完成后如图 6-3.2b 所示。

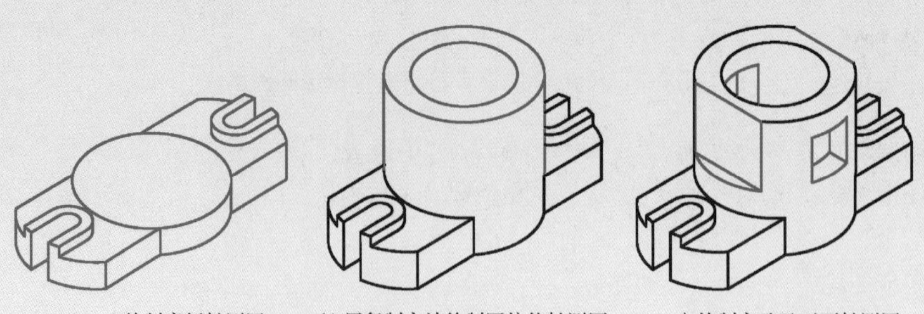

a) 绘制底板轴测图　b) 用复制方法绘制圆柱体轴测图　c) 绘制方孔及平面轴测图

图 6-3.2　轴座的正等轴测图步骤图解

步骤3：绘制方孔及切平面轴测图，其中方孔口上、下边可复制圆柱体的孔口轮廓线后修剪，完成后如图6-3.2c所示。

步骤4：标注尺寸，完成后如图6-3.1所示。

做法：①各线性尺寸用［对齐］方式标注。②修改调整尺寸值与尺寸线方向对齐轴测轴方向，用［DIMED］命令［O］选项对齐尺寸线方向。

☆经验1：零件实际结构的对称性在轴测图中发生改变。本任务中底板部分不再左右对称，因此不能用［镜像］命令来绘制底板部分。

☆经验2：等轴测图中的所有圆或圆弧用［椭圆］命令（EL）的［轴测圆（I）］选项绘，不能用［EL］命令［圆心］选项绘制。

★技巧1：用极轴追踪法绘制轴测图方便快捷，输入尺寸时要注意观察追踪线方向是否平行于轴测轴，因为测量距离必须平行于轴测轴测量才正确。另外轴测图中的角度不是实际角度值。

★技巧2：轴测图中相互平行截面的图形相同但位置不同时，用［复制］命令更方便快捷，但要注意复制方向和距离必须追踪到相应轴测轴方向后输入才正确。

★技巧3：轴测图的绘制过程采用从下到上、先画确定部分后画过渡连接部分的顺序，边绘制边剪裁，逐步成形，以免线条太过凌乱而干扰观察图形。

★技巧4：圆柱体或空心圆柱体上开槽或切割平面后的部分，截交线仍然是与孔口相似的椭圆弧线，用［复制］命令更方便快捷。

★技巧5：轴测图的尺寸用［对齐］方式标注，标注后一定要再次修订尺寸值为实际值。尺寸数字在标注样式中选用［水平］方式，经多次编辑修改后字体不会颠倒方向，便于读图。

任务6-4 直角滑架的正等轴测图的绘制与标注

（1）训练目的　练习正等轴测图的绘制方法及尺寸标注。

（2）训练要求　绘制如图6-4.1所示直角滑架的正等轴测图并标注尺寸。

（3）形体分析　如图6-4.1所示直角滑架可分解为水平底板、L形支撑板、肋板、圆柱滑座四部分。圆及圆弧需要用［轴测圆］命令绘制，其他直线段用30°增量角极轴追踪方法容易绘制。

（4）做法步骤　参考图6-4.2所示做法步骤图解进行。

准备：打开状态栏中的［等轴测草图］状态，系统会自动启用30°极轴追踪。

步骤1：绘制底板及圆柱滑座轴测图形，如图6-4.2a所示。

步骤2：绘制支撑板轴测图形，如图6-4.2b所示。

步骤3：绘制肋板轴测图，其中肋板边线可复制支撑板边线来绘制，如图6-4.2c所示。

步骤4：标注尺寸，完成后如图6-4.1所示。

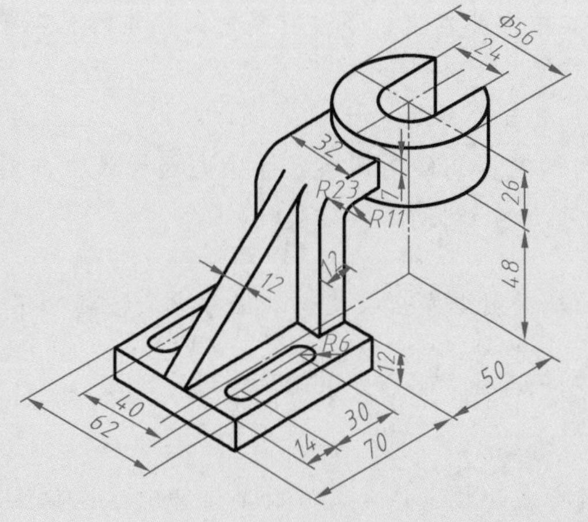

绘图要点：
①先绘制底板与圆柱滑座轴测图。
②绘制直角支撑板轴测图，剪裁多余线条。
③绘制肋板轴测图，注意要找到切点位置，最后剪裁成形。

图 6-4.1　直角滑架正等轴测图及标注

a) 绘制底板和圆柱滑座轴测图　　b) 绘制支撑板轴测图　　c) 绘制肋板轴测图

图 6-4.2　直角滑架正等轴测图步骤图解

做法：①各线性尺寸用［对齐］方式标注。②修改调整尺寸值与尺寸线方向对齐轴测轴方向，用［DIMED］命令［O］选项修改尺寸线方向。

要点：先将支撑板外轮廓线复制到位后，再捕捉肋板与支撑板之间的切点位置。

任务 6-5　滑动轴承座的正等轴测图的绘制与标注

（1）训练目的　练习滑动轴承座正等轴测图的绘制。

（2）训练要求　绘制如图 6-5.1 所示滑动轴承座的正等轴测图。

（3）形体分析　如图 6-5.1 所示滑动轴承座由水平底板与轴座构成。两个侧面的圆及圆弧要用［轴测圆］命令绘制，其他直线段绘制用 30°增量角极轴追踪方法及［复制］命令容易绘制。

（4）做法步骤　参考图 6-5.2 所示做法步骤图解进行。

准备：打开状态栏中的［等轴测草图］状态，系统会自动启用 30°极轴追踪。

步骤 1：追踪轴测轴方向绘制轴承座整体轴测图形，如图 6-5.2a 所示。

步骤 2：绘制圆柱孔内方槽的轴测图形，如图 6-5.2b 所示。

步骤 3：绘制两侧圆孔轴测图，如图 6-5.2c 所示。

步骤 4：标注尺寸，如图 6-5.1 所示。

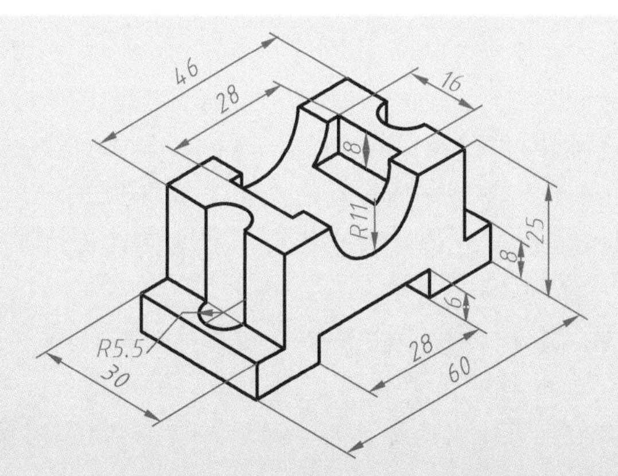

绘图要点：
①绘制前轮廓面图形后复制到后轮廓表面，形成整体立体外形。
②复制圆弧线，绘制圆柱孔内方槽的轴测图。
③绘制R5.5孔的轴测图。

图 6-5.1　滑动轴承座的正等轴测图及标注

做法：①各线性尺寸用［对齐］方式标注。②修改调整尺寸值与尺寸线方向对齐轴测轴方向，用［DIMED］命令［O］选项对齐尺寸线方向。

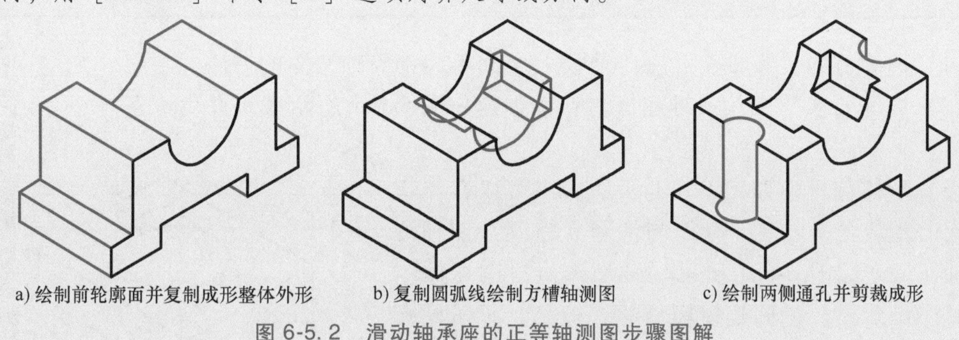

a) 绘制前轮廓面并复制成形整体外形　b) 复制圆弧线绘制方槽轴测图　c) 绘制两侧通孔并剪裁成形

图 6-5.2　滑动轴承座的正等轴测图步骤图解

6.4　三维模型转换为正等轴测图训练

简单的轴测图在［草图与注释］空间绘制比较方便，但复杂的曲面立体轴测图在［草图与注释］空间绘制则有比较大的难度。而用［三维建模］空间创建三维曲面立体却相对容易一点，三维实体模型具有立体的所有信息，因此将实体模型中的部分线条及信息删除掉，就能变换为平面轴测图。实际上三维模型的线框视觉样式（西南等轴测或东南等轴测视角）与正等轴测图的最为相似，用三维线框模型转换为轴测图更加方便。

由于在［三维建模］空间绘制圆、圆弧、曲线方便，因此可以先在三维空间建好立体模型，再将模型的线框模式转换为轴测图。［三维建模］空间生成轴测图的流程如图 6.3 所示。

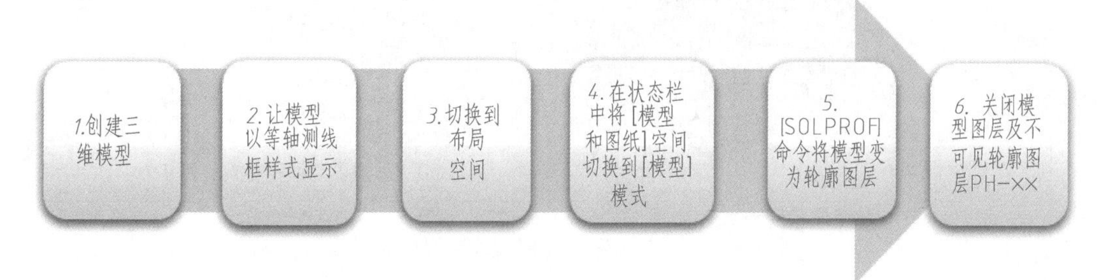

图 6.3　［三维建模］空间生成正等轴测图的流程

※知识点1：三维模型的等轴测线框模型与平面轴测图虽然相似，但是三维模型的可见轮廓与不可见轮廓分别处于不同的图层和不同的平面中。因此将三维模型的线框样式投射到一个平面上，去掉不可见轮廓线后才与轴测图相同。

※知识点2：将三维模型投射到一个平面并改变轮廓线型的命令是［SOLPROF］。

☆经验1：［SOLPROF］命令的使用必须在布局空间的［模型］模式下才有效，模型空间及布局空间的［图纸］模式均无效。

☆经验2：使用［SOLPROF］命令后，会在图层管理器中自动生成可见轮廓线图层"PV-xxx"及不可见轮廓线图层"PH-xxx"，转换时必须关闭"PH-xxx"图层。

☆经验3：在［三维建模］空间转换生成的轴测图标注尺寸比较烦琐和不便。

任务6-6　在［三维建模］空间生成轴测图

（1）训练目的　练习在［三维建模］空间生成正等轴测图的方法。

（2）训练要求　在［三维建模］空间创建如图6-6.1所示底座并生成正等轴测图。

（3）形体分析　如图6-6.1所示底座可以看作切割形成的复杂立体。在［草图与注释］空间绘制轴测图并标注尺寸如图6-6.1所示。轴测图对应的立体结构在［三维建模］空间建模模型的［概念］显示模式如图6-6.2a所示，而三维模型的［线框］显示模式如图6-6.2b所示。然后将模型转换生成轴测图，如图6-6.3所示。

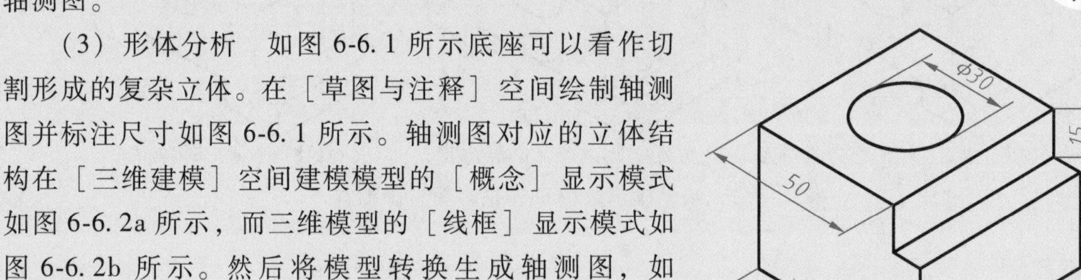

图6-6.1　［草图与注释］空间绘制的底座轴测图

本任务中需要三维建模，但为了突出绘制轴测图的方法体系，所以将该内容放在这里一并讲述。本任务三维建模比较简单。

（4）做法步骤　参考图6-6.2a、b、图6-6.3所示做法步骤图解进行。

a) 底座三维模型的[概念]显示模式

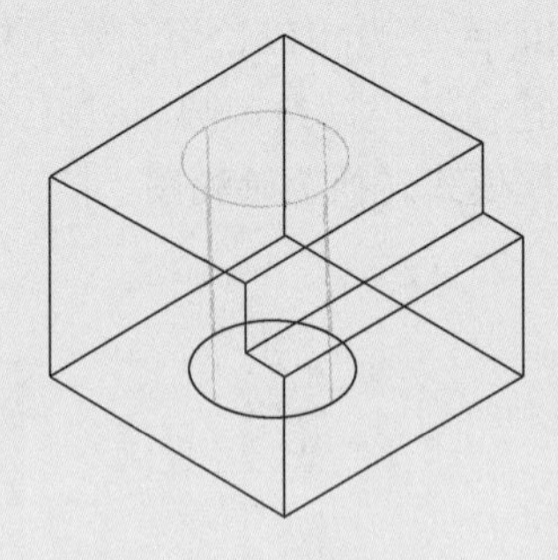

b) 底座三维模型的[线框]显示模式

图6-6.2　［三维建模］空间绘制的底座模型

步骤1：三维建模底座实体模型如图6-6.2a所示（假设用粗实线线型建模）。

做法：参阅三维建模章节操作说明创建模型。

步骤2：模型以［西南等轴测］视角及［线框］模式显示。

做法：在三维建模绘图区，选择左上角的视角为［西南等轴测］，选择模型显示样式为［二维线框］。结构如图6-6.2b所示。

步骤3：将绘图区域切换到布局空间。

做法：单击模型与布局栏中的［布局1］，在［布局1］空间映射出与图6-6.2b所示相同的线框图形。

步骤4：将［布局1］切换为［模型］模式。

做法：［布局1］中默认的是［图纸］模式，单击状态栏中的［图纸］就改变为［模型］模式。

步骤5：将模型轮廓图投影在平面并设置投影模式。

做法：［SOLPROF］↙是否在单独图层中显示轮廓线？是↙是否将轮廓线投影到平面？是↙是否删除相切的边？是↙。

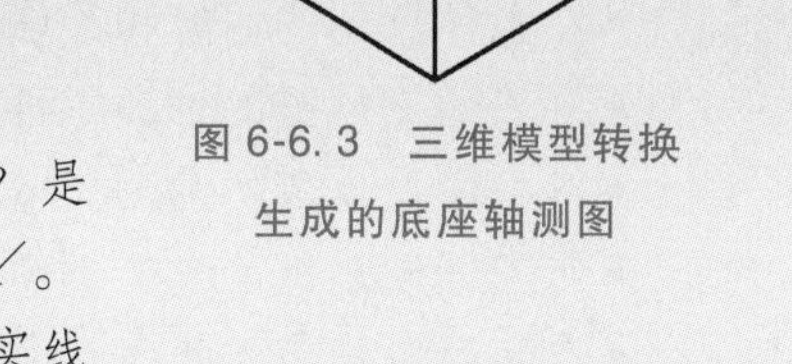

图6-6.3　三维模型转换生成的底座轴测图

步骤6：关闭绘制实体的线型所在图层（本任务为粗实线层）及不可见轮廓层“PH-xxx”（xxx是生成的随机编号）。

做法：打开［图层特性管理器］选项板，单击关闭粗实线图层及“PH-xxx”图层。此时［布局1］中的三维模型就转换为轴测图了，如图6-6.3所示。

复习与课后练习

一、思考题

1. 轴测图绘制及标注的要点有哪些？
2. 简述轴测图的绘制流程。
3. 轴测图的轴测尺寸如何标注？
4. 简述三维模型转换生成轴测图的步骤。

二、练习题（典型题型，多练必然熟能生巧）

请重复绘制任务6-1～6-6。

第 7 章

典型零件及零件图绘制

目标任务

- 熟悉零件图的内容和绘图规范
- 练习绘制规范的轴类零件图
- 练习绘制规范的盘套类零件图
- 练习绘制规范的支架类零件图
- 练习绘制规范的箱体类零件图

零件图绘制口诀

制造单元是零件，轴套盘盖回转件，支架箱体支撑件，键销螺钉标准件。
视图用于表结构，尺寸用于定长短，技术要求注解全，制造信息标题栏。
轴类主视加断面，盘套主视剖旋转，支架箱体多视图，剖切孔台壁厚显。
零件图样为制造，正确规范最重要，尺寸标注要齐全，方案表达要优选。

7.1 零件图绘制要点

零件图四要素：完整的零件图包括：①一组完整清晰地表达零件结构特征的视图；②表达零件形位尺寸与表面结构的完整尺寸标注；③其他必要的技术要求与说明；④标注设计单位、制造数量、材料、图号、比例等内容的标题栏。零件图四要素如图 7.1 所示。

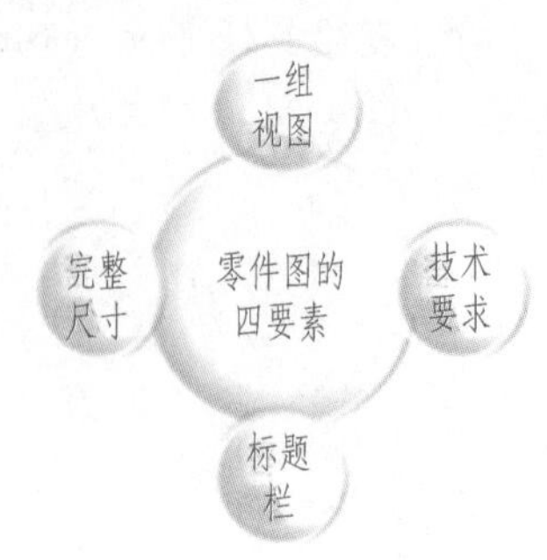

图 7.1 零件图四要素

零件分类：机械零件按照结构形状一般分为轴类、盘套类、支架类、箱体类、钣金类和标准件六大类，如图 7.2 所示。

轴类零件：指直径小于长度的一类回转体。轴类零件的主要表达视图是一个水平放置的主视图和若干断面图，辅助表达视图有表达局部孔槽细节结构的局部放大图。

盘套类零件：指直径大于长度的一类回转体。主要表达视图为一个旋转剖视图作为主视图和一个左视图或右视图，辅助表达视图有局部视图或局部剖视图。

支架类零件：支架类零件结构一般由底座、支撑板、肋板、承载盘套四部分组成。一般要绘制多个基本视图或其剖视图，再辅以局部视图或局部剖视图、局部放大图、断面图等表达视图。支架类零件的形状复杂且多样。

图 7.2　零件的六大类

箱体类零件：箱体类零件既是支撑件也是安装定位件，既有复杂的外形也有复杂的内腔。一般以多个基本视图及阶梯剖视图为主要表达视图，辅助表达视图则用局部剖视图、局部放大图、断面图表达其局部结构特征。

钣金类零件：钣金类零件一般由薄金属板冲裁或剪切、冲压或弯卷成形，一般需要绘制零件的展开图。本教程将钣金零件图与焊接装配图合并放在第8章讲述。

标准件：形状、材料、尺寸符合国家标准件规定的零件称为标准件，一般由标准件厂制造，常用标准件如螺钉、螺母、键、销和轴承等。标准件一般不需要绘制零件图，但在装配图中要画出标准件的连接形式。

零件图绘制要点：零件图绘制不单纯是绘图，实际上零件图的绘制过程就是零件设计的一部分。要根据零件的功用和要求确定零件结构形式与材料，然后核定零件的强度、刚度等性能指标，同时要考虑加工制造工艺、材料热处理等技术环节，才能绘制出正确、规范且实用的零件图。

对于初学者，零件图绘制从临摹规范零件图开始是条捷径。本章分别列出了各类典型零件的技术特征表，以供绘制零件图时参考选择尺寸公差、几何公差、表面结构要求。

7.2　轴类零件绘制实例

典型轴类零件的技术特征见表 7.1。

表 7.1　典型轴类零件的技术特征表

项　　目	结构与技术特征
功用	传递转矩和转速，用途广泛。一般轴上安装齿轮、涡轮或带轮等
结构特征	呈多段圆柱状。较小的轴一般实心，较大的轴空心，外圆面一般有键槽
支撑结构形式	两点或多点轴承支撑，轴承形式有滚动轴承、滑动轴承、动压轴承等
使用安装方向	一般水平安装使用，少数大型轴竖直安装使用，如水轮机轴
材料及热处理	常用45钢或40Cr调质处理，或20G渗碳淬火，或球墨铸铁QT600-3
尺寸精度等级	安装轴承及齿轮的圆柱段径向尺寸精度IT5~IT8级
表面结构要求	安装轴承及齿轮的轴段表面粗糙度 Ra 值为0.8~1.6μm
形位尺寸基准	径向：选两端中心孔或轴承支撑段的公共轴线为设计、加工、检验的基准
几何公差	安装轴承及齿轮的圆柱段都有较高圆柱度或对基准的圆跳动度等要求

任务 7-1 传动轴的零件图绘制

（1）训练目的 练习典型传动轴零件图绘制、尺寸标注、技术要求与标题栏的填写。

（2）训练要求 练习绘制如图 7-1.1 所示传动轴的零件图，并综合标注完整。

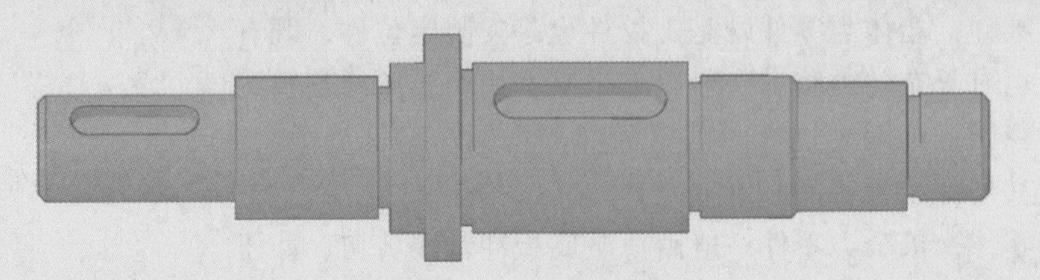

图 7-1.1 传动轴三维模型

（3）零件分析 图 7-1.1 所示是由八段圆柱同轴叠加的实心传动轴，一般取正对键槽方向为主视图投射方向，用断面图表达键槽深度和宽度。两端的中心孔只标注其标准代号即可。绘制的零件图如图 7-1.2 所示。轴承颈及键槽尺寸必须按标准规范选取。

（4）绘图步骤要点 参考图 7-1.2 所示零件图。

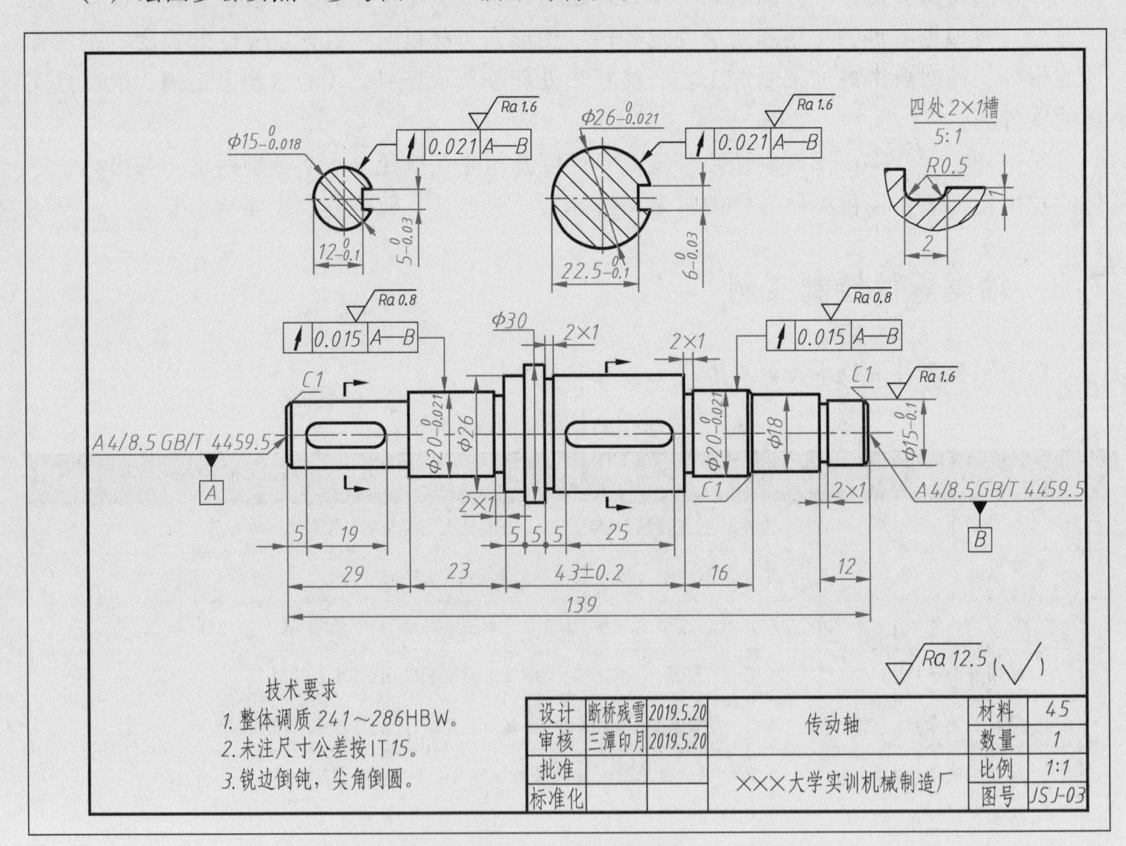

图 7-1.2 传动轴零件图

步骤 1：绘制一组表达结构特征的视图。

做法：①选取传动轴横放且正对键槽的视图作为主视图。②用移出断面图表达键槽宽度及深度尺寸。③退刀槽处绘制局部放大图，表达槽形结构尺寸。④按照完整、正确、清晰、优选的原则检查图形。

步骤2：标注尺寸及公差、几何公差、表面结构要求。

做法：①先标注所有直径尺寸及其公差，直径优先标注在断面图中，若标注在主视图上就必须将中心线打断以清晰显示尺寸数值。②标注所有长度尺寸及公差。③标注所有几何公差。④标注所有表面结构要求。⑤按照完整、合理、清晰的原则检查调整尺寸标注。

步骤3：插入图框并填写技术要求及标题栏。绘制完成的零件图如图7-1.2所示。

※知识点1：轴两端中心孔结构不用绘制，用标准代号标注其大小规格即可。

※知识点2：键槽移出断面图若与断面位置上下对齐放置时，可省略断面图名称，其他位置放置的断面图则要标注视图名称。

※知识点3：键槽宽度、深度、安装轴承的轴径及台肩要按标准尺寸选用。

★技巧1：正对键槽方向的视图作为主视图，既能表达总体形状也能表达键槽形状，用断面图表达键槽宽度、深度，用局部放大视图表达特殊沟槽形状。

★技巧2：直径尽量标注在断面图上，标注在主视图上要打断中心线标注。

★技巧3：传动力矩大的轴或高速轴都要热处理强化，热处理要求在技术要求中注解。

任务7-2 齿轮轴的零件图绘制

（1）训练目的 练习齿轮轴的齿轮及螺纹绘制、尺寸标注、齿轮参数表的绘制。

（2）训练要求 练习绘制如图7-2.1所示小齿轮轴的零件图。

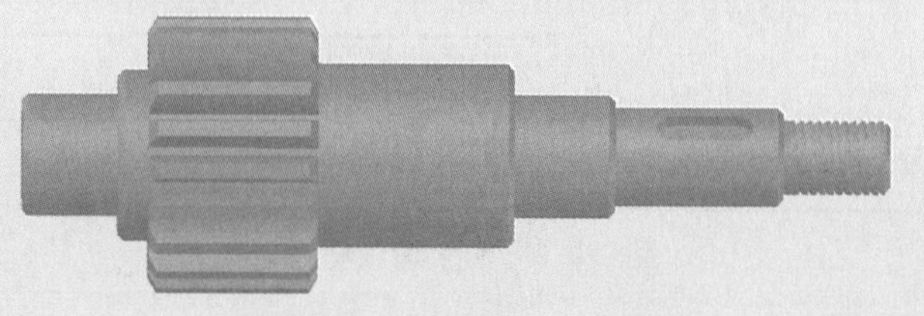

图7-2.1 小齿轮轴三维模型

（3）形体分析 图7-2.1所示为小齿轮轴模型，其结构特点是具有与轴一体化的一段齿轮及紧固螺纹。齿轮的绘制一般用简化画法，齿形几何参数及检验项目必须以表格的形式给出，表格放置在图样的右上角。设径向基准为安装轴承轴颈的公共轴线。零件图中所有尺寸由三维模型测绘得到，几何公差、表面结构要求、技术要求参考技术特征表选择。

（4）绘图步骤要点 参考图7-2.2所示零件图。

步骤1：绘制一组表达结构特征的视图。

做法：①选取正对键槽方向视图为主视图。②移出断面图用于表达键槽宽度及深度尺寸。

③齿轮、螺纹按照国家标准规范画法绘制。④按照完整、正确、清晰、优选的原则检查图形及线条。

步骤2：标注尺寸及公差要求、几何公差、表面结构要求符号。

做法：①先标注所有直径尺寸及其公差。②标注需要的长度尺寸及公差。③标注需要的几何公差。④标注所有表面结构要求。⑤按照完整、合理、清晰的原则检查调整尺寸标注。

步骤3：填写齿轮参数表。

做法：齿轮参数表一般置于图样的右上角，内容包括齿形结构参数及公差、检验项目及公差等，应参照标准手册根据齿轮的精度等级制定。

步骤4：填写技术要求。

做法：应注明整体轴及齿轮轮齿的硬度及热处理工艺，未注结构与尺寸要求。

步骤5：填写完整标题栏。完成后小齿轮轴零件图如图7-2.2所示。

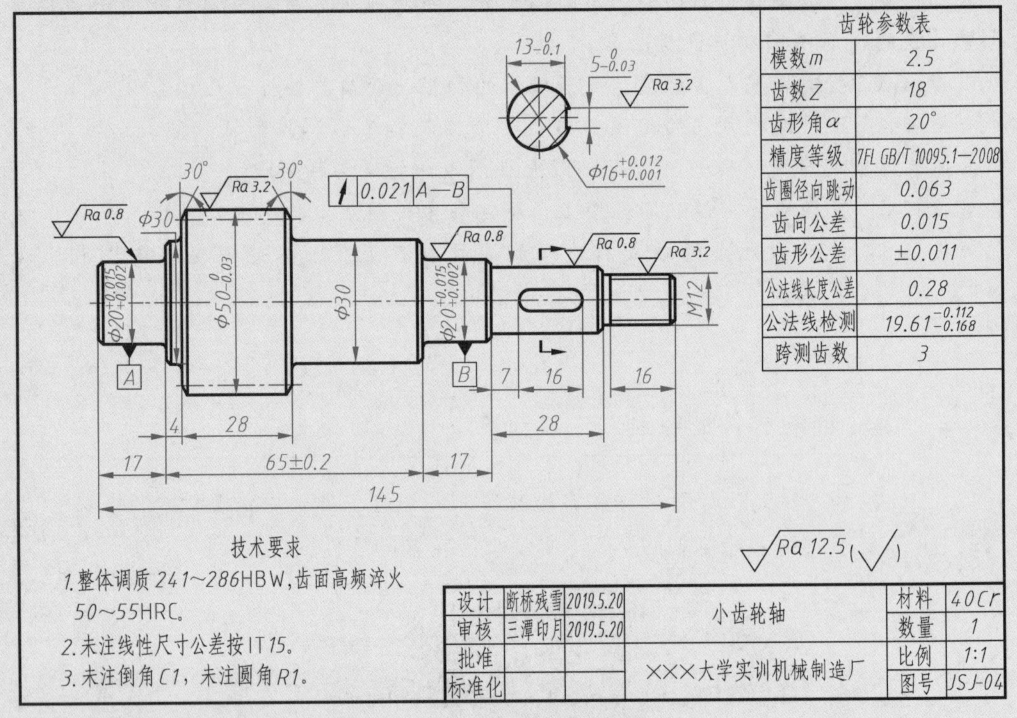

图7-2.2　小齿轮轴零件图

★技巧1：直径较小的齿轮一般与轴一体化设计制造，以降低制造成本。直径较大的齿轮单独制造，通过平键或花键与传动轴连接。

★技巧2：齿轮的简化画法：单个齿轮用粗实线画齿顶圆、细点画线画分度圆，非剖视图中齿根圆可以省略不画。齿轮副中的齿根圆要用细实线绘制出来。

★技巧3：齿轮的齿形参数及检验项目参数根据齿轮的精度等级参照齿轮标准规范选用，以表格形式置于图样右上角。

★技巧4：齿轮的键槽尺寸按照所配合的键类型及标准尺寸确定。

★技巧5：齿轮齿形精度按照标准系列值选用。

齿轮结构参数与精度指标、检验项目及其指标用表格形式给出，表格应放置在零件图的右上角。齿轮属于常用件，齿形参数必须查阅相关国家标准确定。

7.3 盘套类零件图绘制训练

盘套类零件的技术特征见表7.2。

表7.2 盘套类零件的技术特征表

项目	结构与技术特征
功用	端盖常用于轴向定位和密封，连接盘或法兰盘用于轴间传动和连接
结构特征	直径大于长度的回转体，结构大多呈中心对称，径向均布若干螺栓孔
结构表达	选择旋转剖主视图及左、右视图表达结构特征，直径优先标注在剖视图上
使用方向方法	盘套类零件一般与轴或轴承孔同轴连接使用，如压盖、法兰盘、齿轮等
材料及热处理	一般件选结构钢Q235或灰铸铁HT250或铸铝等，重要件选用45钢或合金钢并热处理
尺寸精度等级	安装定位圆柱段尺寸及几何公差IT5~IT8
表面结构要求	安装定位圆柱段表面粗糙度 *Ra* 值为1.6~3.2μm，其余为3.2~12.5μm
几何公差	安装定位圆柱段一般都有圆跳动、圆柱度要求
尺寸基准	一般选安装定位圆柱段中心线为径向基准，安装侧面为轴向基准

盘套类零件绘制口诀

盘套零件回转件，旋转剖切主视图，左右视图可简半，特别槽形放大观。
链轮齿轮简化画，齿形参数表格化，端盖零件多通孔，均匀分布在圆周。
轴向基准安装面，径向同轴圆柱度，直径优先标剖视，剖视符号莫忘记。

任务7-3 带轮的零件图绘制

（1）训练目的 练习绘制带轮图、尺寸标注、技术要求与标题栏的填写。

（2）训练内容 练习绘制如图7-3.1所示带轮零件图。

（3）零件分析 如图7-3.1所示的带轮是一种广泛使用的典型盘套类零件。其上有三处带槽，因V带属于标准件，与之配合的带槽的形状尺寸也必须按国家标准设计规范绘图。几何公差、表面结构要求、技术要求项目参考技术特征表拟定。

（4）绘图步骤要点 参考图7-3.2所示零件图。

步骤1：绘制一组表达结构特征的视图。

做法：①选取沿中心线纵向全剖的视图为主视图。②因带轮外形结构在主视图中已经表达清楚，左视图按照简化规则只绘制键槽部分形状即可。③按照完整、正确、清晰、标准的原则检查图形及线条。

图7-3.1 带轮三维模型（剖视）

步骤 2：标注尺寸及公差要求、几何公差、表面结构要求。

做法：①先标注所有直径尺寸及其公差。②标注所有长度尺寸及公差。③标注所有几何公差。④标注所有表面结构要求。⑤按照完整、合理、清晰的原则检查调整尺寸标注。

步骤 3：填写技术要求。

做法：应注明毛坯的铸造质量要求，未注毛坯结构与尺寸要求。

步骤 4：填写标题栏。完成后的带轮零件图如图 7-3. 2 所示。

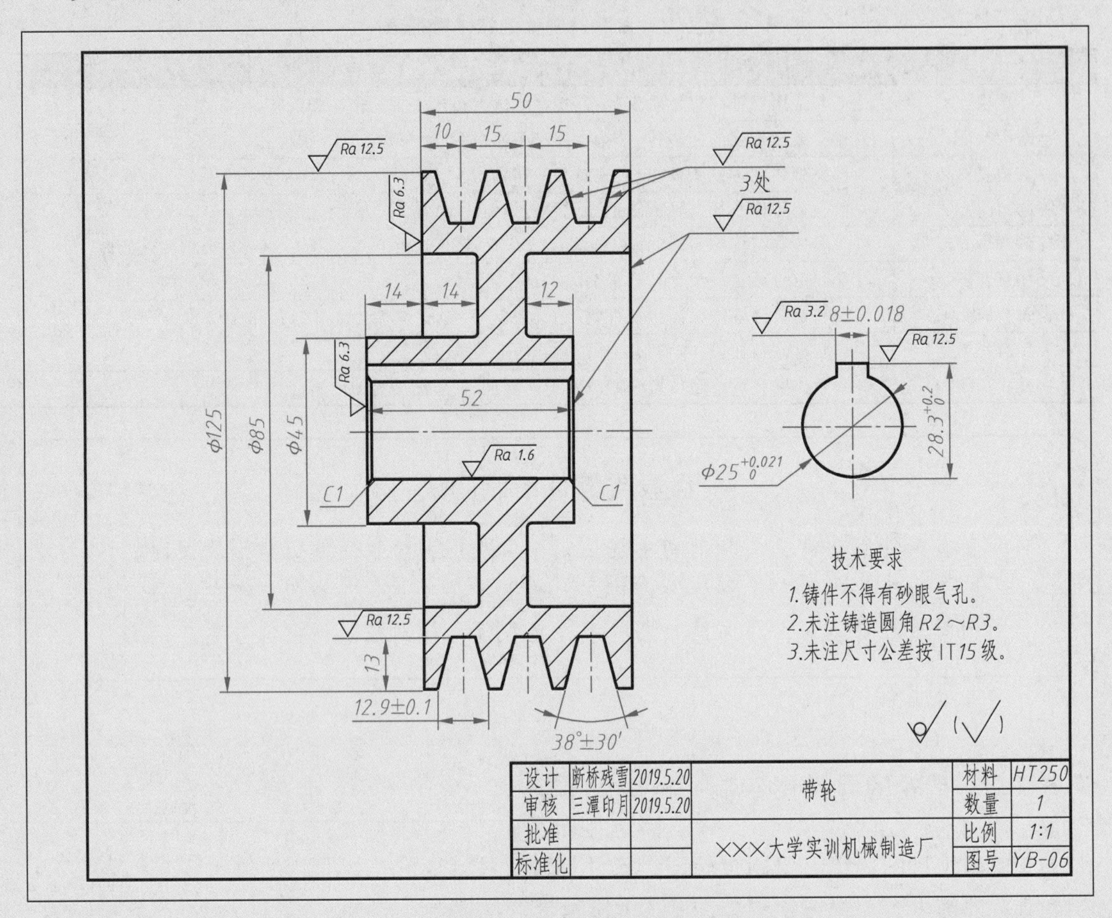

图 7-3. 2　带轮零件图

※知识点：带轮 V 带槽的形状及尺寸应按 V 带槽形标准尺寸规范绘制。

☆经验 1：因主视图中除键槽以外的结构形状已经表达清楚，所以左视图只绘制键槽轮廓形状简化图，不必绘制整个带轮的左视图。

☆经验 2：带轮槽形角度及槽宽度对 V 带的接触面积及 V 带松紧程度影响最大，因此槽形角度及槽宽度应有公差要求，以确保三根 V 带受力相当。

☆经验 3：带轮槽形侧面的表面粗糙度值不宜太小，*Ra* 值一般选 6. 3～12. 5μm。

☆经验 4：为了减小转动惯量及质量，一般带轮的腹板比较薄且一般在腹板上开有若干减重孔。

任务 7-4　油泵端盖的零件图绘制

（1）训练目的　练习绘制油泵端盖零件图、尺寸标注、技术要求与标题栏的填写。

（2）训练内容　绘制如图 7-4.1 所示油泵端盖零件图。

（3）零件分析　如图 7-4.1 所示的油泵端盖是一种典型盘套类零件，左端面有三个均布螺纹孔，台肩侧面有六个均布螺栓沉孔，外圆柱面沿径向有锥管螺纹孔与水平油孔相通。中心圆柱孔用于安装转子，孔精度要求比较高。

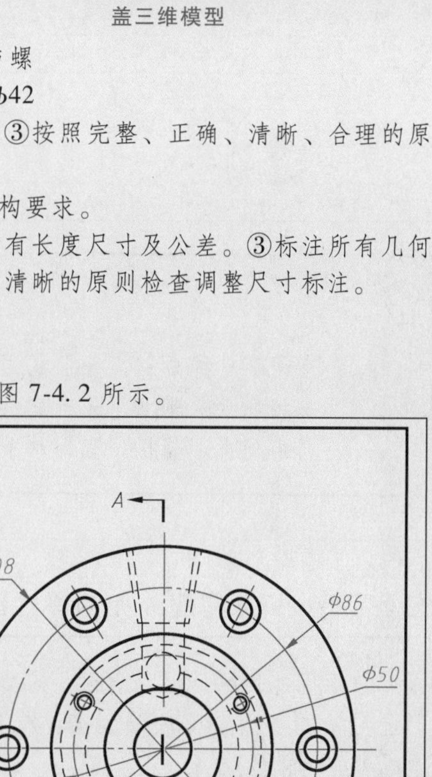

图 7-4.1　油泵端盖三维模型

（4）绘图步骤要点　参考图 7-4.2 所示零件图。

步骤 1：绘制一组表达结构特征的视图。

做法：①选取旋转剖视图为主视图，以表达油孔与螺孔结构。②因圆锥螺纹孔及油孔，右端的 ϕ56 凸缘及 ϕ42 沉孔在剖视图中已表达清楚，左视图中可以省略不画。③按照完整、正确、清晰、合理的原则检查图形及线条。

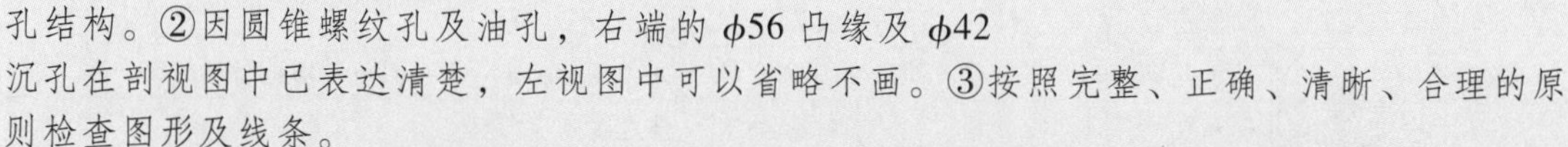

步骤 2：标注尺寸及公差要求、几何公差、表面结构要求。

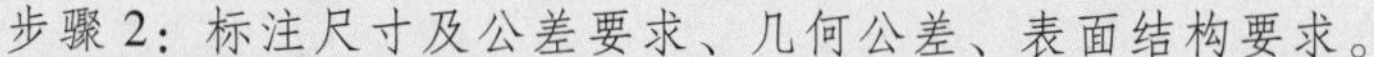

做法：①先标注所有直径尺寸及其公差。②标注所有长度尺寸及公差。③标注所有几何公差。④标注所有表面结构要求。⑤按照完整、合理、清晰的原则检查调整尺寸标注。

步骤 3：填写技术要求。

做法：应注明未注结构与尺寸要求。

步骤 4：填写标题栏。完成后的油泵端盖零件图如图 7-4.2 所示。

技术要求
1. 未注尺寸公差按IT15。
2. 锐边倒圆角R0.3。

设计	断桥残雪	2019.5.20	油泵端盖	材料	45
审核	三潭印月	2019.5.20		数量	1
批准			×××大学实训机械制造厂	比例	1:1
标准化				图号	YB-05

图 7-4.2　油泵端盖零件图

7.4 支架类零件绘制实例

用来支撑运动零件或用于多个零件之间支撑连接的一类零件称为支架类零件。支架类零件的结构形状复杂且多样，机器越精密，其中的支架类零件越复杂。支架类零件的结构形状大体上可分为四部分：支撑孔台、支撑板、肋板、底板。支架类零件的技术特征见表 7.3。

表 7.3 支架类零件的技术特征表

项目	结构与技术特征
功用	支架常用于定位连接轴或用于其他零件之间的定位连接
结构特征	一般由底板、支撑板、肋板、支撑孔台四部分组成，空间结构较为复杂
结构表达	多方向的外观及内形结构都要表达，一般由多个基本视图及其剖视图组成
安装使用方向	使用方法灵活多样，安装底板用于与基座连接，多数情况底板水平安装
材料及热处理	灰铸铁 HT250、球墨铸铁、结构钢、铸铝等，一般需要进行去应力时效处理
尺寸精度等级	轴承孔、支撑面、安装定位面等重要面尺寸及几何公差为 IT5~IT8
表面结构要求	轴承孔、支撑面、安装定位面表面粗糙度 *Ra* 值为 1.6~6.3μm，其余面可不切除材料成形
几何公差	轴承孔、支撑面、安装定位面一般都有平行度、垂直度要求
尺寸基准	三个方向的定位基准一般都选相应方向的安装定位面

支架类零件绘制口诀

支架零件承力件，轻便稳固加肋板，上下左右六个面，视图少了表达难。
安装底板是基准，先画底板与座孔，肋板纵剖不剖画，不对称可对称画。
向视局视加剖视，里外细节都展示，形位基准安装面，几何公差要标全。

任务 7-5 机床尾座外壳的零件图绘制

（1）训练目的 练习绘制支架类零件图、尺寸标注、技术要求与标题栏的填写。

（2）训练内容 绘制如图 7-5.1 所示机床尾座外壳的零件图。

（3）零件分析 如图 7-5.1 所示的机床尾座外壳是机床尾座部件的支撑壳体，承受较大的工作载荷。主要结构由安装底板、连接板、加强肋板、承重筒构成。承重筒内孔对底板安装基准有高度尺寸公差及平行度要求，安装底板上有四个螺栓孔。承重筒及底座的尺寸及形位精度比较高。材料多选用铸铁 HT250，因为其结构复杂，所以采用成本较低的铸造工艺，且铸铁比钢能更有效地吸收高频交变振动和噪声。

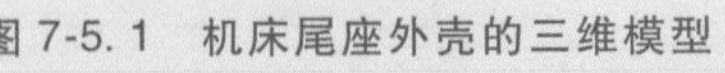
图 7-5.1 机床尾座外壳的三维模型

（4）绘图步骤要点 参考图 7-5.2 所示零件图。

步骤 1：绘制一组表达结构特征的视图。

做法：①因内孔是主要工作承载面，选取全剖视图为主视图，注意纵向剖切肋板按照不剖画。②局部剖视左视图表达整体结构。③局部剖视俯视图表达底板结构形状。④按照完整、正确、清晰、标准的原则检查图形及线条。

步骤 2：标注尺寸及公差要求、几何公差、表面结构要求。

做法：①先标注所有直径尺寸及其公差。②标注所有长度尺寸及公差。③标注所有几何公差。④标注所有表面结构要求。⑤按照完整、合理、清晰的原则检查尺寸标注。

步骤 3：填写技术要求。

做法：应注明毛坯的铸造质量要求，未注毛坯结构与尺寸要求。

步骤 4：填写标题栏。完成后的机床尾座外壳的零件图如图 7-5.2 所示。

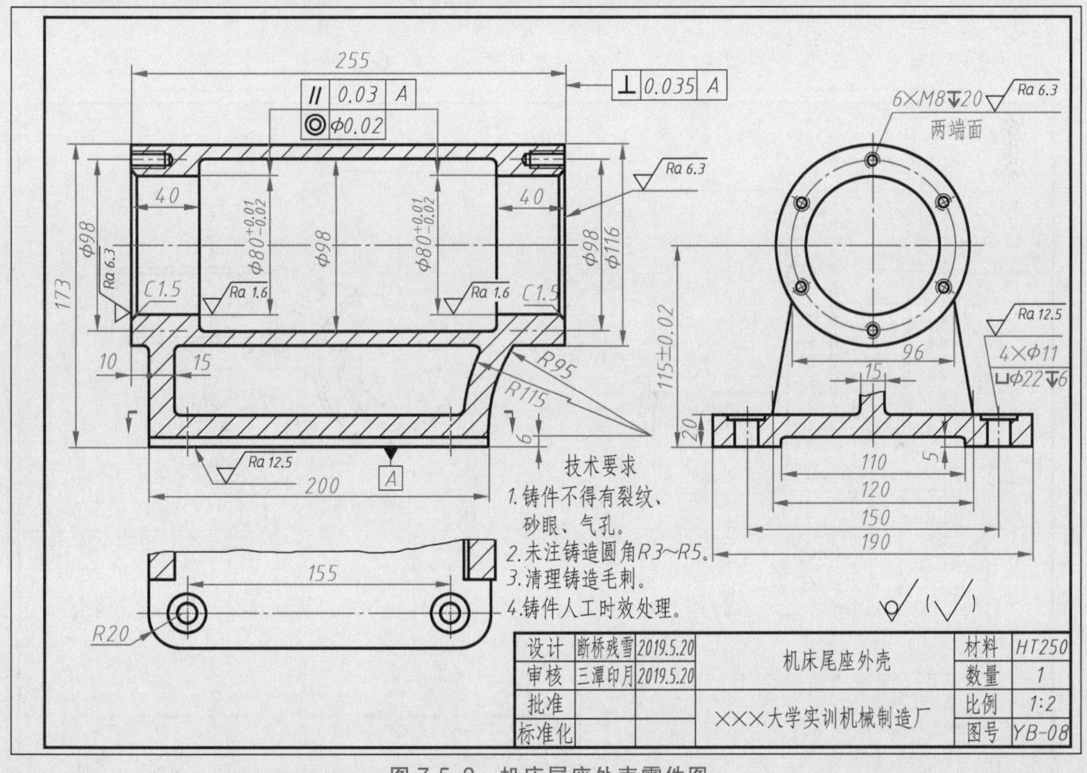

图 7-5.2 机床尾座外壳零件图

任务 7-6 三轴摇臂的零件图绘制

（1）训练目的 练习绘制三轴摇臂的零件图、尺寸标注、技术要求与标题栏的填写。

（2）训练内容 绘制如图 7-6.1 所示三轴摇臂零件图。

（3）零件分析 如图 7-6.1 所示的三轴摇臂是一种典型的支架类零件，用于连接交叉轴组。其结构特点是有相互交叉的三组轴座孔，支架通过方形座固定安装在基础上，整体形状结构较复杂。轴座孔间具有平行度及垂直度几何公差要求，尺寸及几何精度比较高。

（4）绘图步骤要点　参考图 7-6.2 所示零件图。

步骤 1：绘制一组表达结构特征的视图。

做法：①选取局部剖视图为主视图。②局部剖视图为左视图。③按照完整、正确、清晰、标准的原则检查图形及线条。

步骤 2：标注尺寸及公差要求、几何公差、表面结构要求。

做法：①先标注所有直径尺寸及其公差。②标注所有长度尺寸及公差。③标注所有几何公差。④标注所有表面结构要求。⑤按照完整、合理、清晰的原则检查调整尺寸标注。

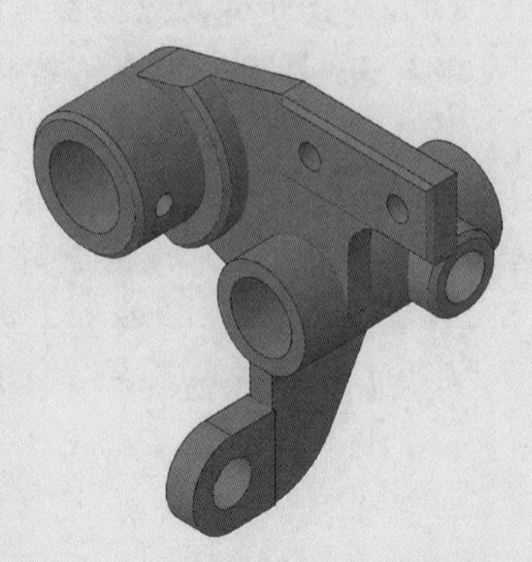

图 7-6.1　三轴摇臂的三维模型

步骤 3：填写技术要求。

做法：应注明毛坯的铸造质量要求，未注毛坯结构与尺寸要求。

步骤 4：填写标题栏。完成后的三轴摇臂零件图如图 7-6.2 所示。

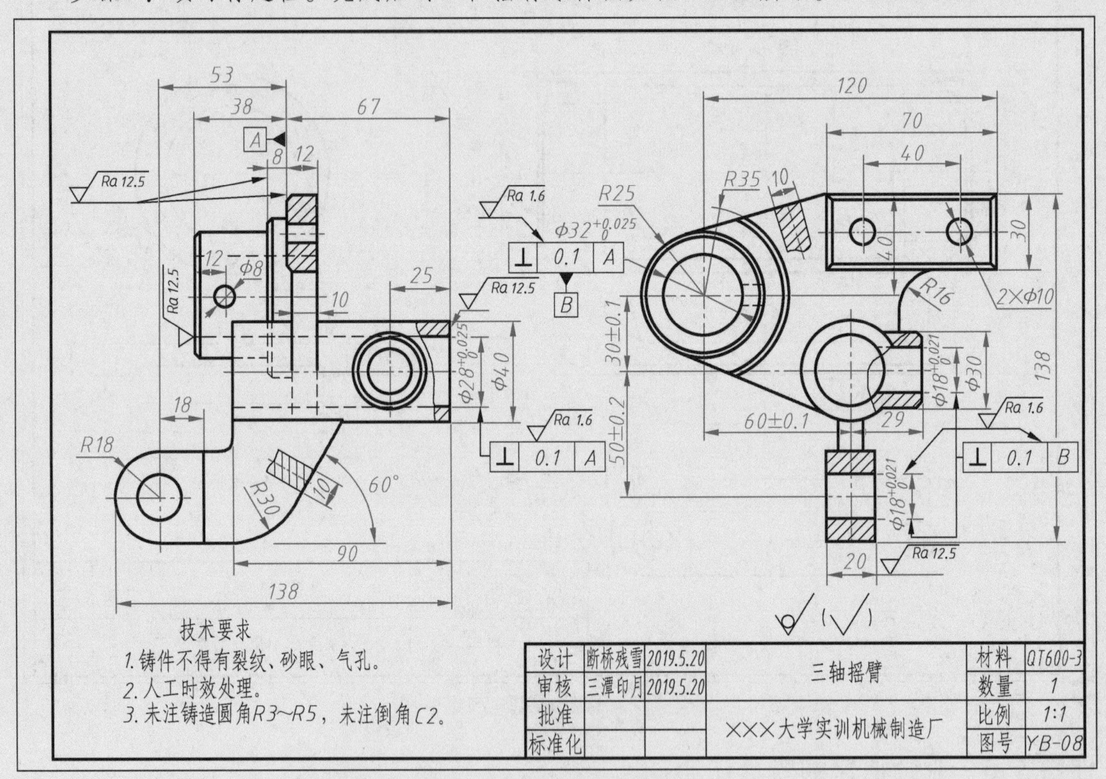

图 7-6.2　三轴摇臂零件图

※知识点：多轴摇臂类零件受力结构均比较复杂，用于轴组之间的连接。批量加工多采用铸铁或铸钢、铸铝等铸造毛坯，少量加工也可采用焊接毛坯。

★技巧 1：结构特征最明显的视图选为主视图，本任务就是垂直于摇臂侧面的视图。

★技巧 2：交叉孔之间的距离与形位必须表达清楚，安装定位面应选为基准之一。

★技巧3：多轴摇臂的平行孔之间一般有距离和平行度要求，交叉孔之间有距离和垂直度要求，所有孔都对安装定位面有几何公差要求。

★技巧4：除非有特殊要求，孔尺寸尽量选基孔制公差带，以便加工。

任务7-7　十字联轴器的零件图绘制

(1) 训练目的　练习绘制十字联轴器图形、尺寸标注、技术要求与标题栏的填写。

(2) 训练内容　绘制如图7-7.1所示十字联轴器零件图。

(3) 零件分析　如图7-7.1所示的是一种小型联轴器类零件，结构特点为左右对称，相互交叉的一对轴孔用于安装交叉轴。因零件左右对称，故适宜用半剖视图作为主视图，左视图表达联轴器外部结构特征。

图7-7.1　十字联轴器三维模型

(4) 绘图步骤要点　参考图7-7.2所示零件图。

步骤1：绘制一组表达结构特征的视图。

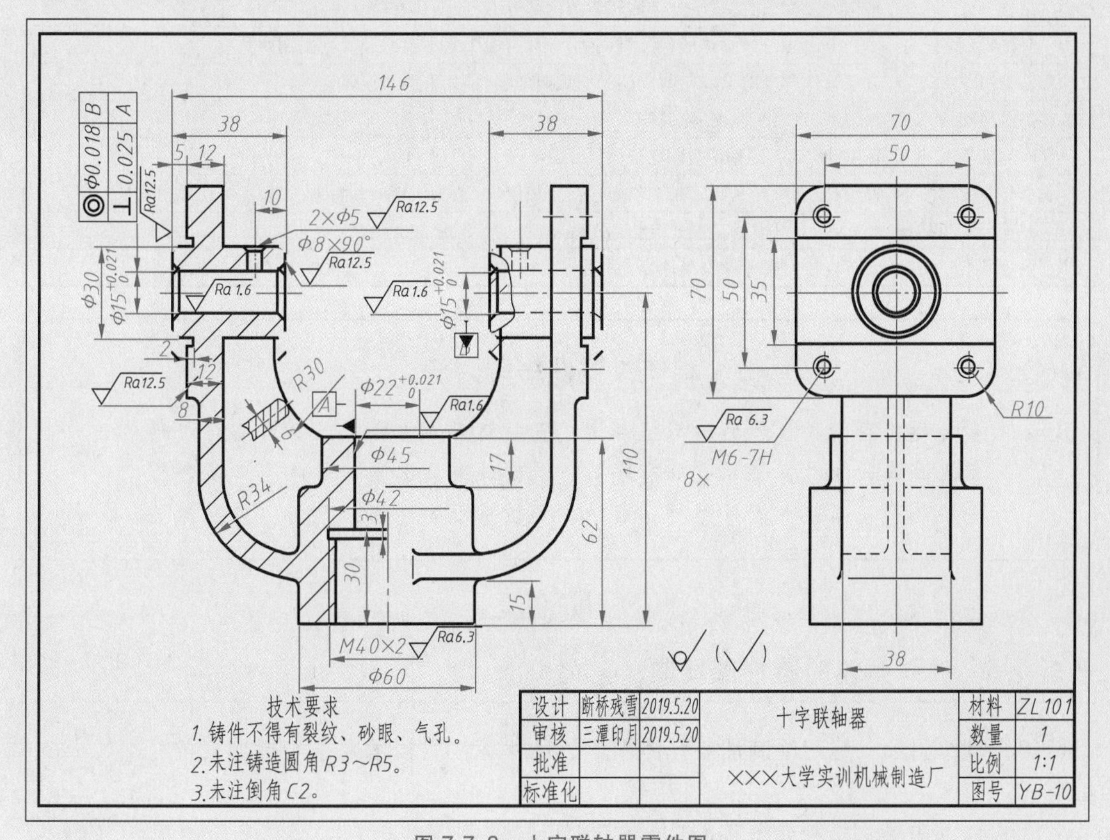

图7-7.2　十字联轴器零件图

做法：①十字联轴器左右对称，选取半剖视为主视图。②整个外形的侧面形状为左视图。③按照完整、正确、清晰、标准的原则检查图形及线条。

步骤2：标注尺寸及公差要求、几何公差、表面结构要求。

做法：①先标注所有直径尺寸及其公差，注意直径数字要打断中心线。②标注所有长度尺寸及公差。③标注所有几何公差。④标注所有表面结构要求。⑤按照完整、合理、清晰的原则检查调整尺寸标注。

步骤3：填写技术要求。

做法：应注明毛坯的铸造质量要求，未注毛坯结构与尺寸要求。

步骤4：填写标题栏。完成后的十字联轴器零件图如图7-7.2所示。

7.5 箱体类零件绘制实例

箱体类零件是指其内部安装有运动零部件的一类薄壁空心零件，外形大体呈方箱形或圆柱箱形两类。主要结构与技术特征见表7.4。

表7.4 箱体类零件特征参数表

项目	结构与技术特征
功用	箱体既是受力支撑件也是轴组传动的定位连接件
结构特征	结构一般为空心箱形，分箱体和箱盖两部分，一般侧面有轴承座孔
画法特点	多个方向的内外结构形状都要表达，一般由多个基本视图及其剖视图表达
安装使用方向	一般箱体开口向上或向前以便于安装内部零件，如减速器箱体
材料及热处理	灰铸铁 HT250、铸钢、铸铝等
尺寸精度等级	轴承孔、支撑面及其安装定位面尺寸及几何公差 IT5~IT8
表面结构要求	轴承孔、支撑面及其安装定位面表面粗糙度 *Ra* 值为 1.6~12.5μm，其余可不切除材料成形
几何公差	轴承孔、支撑面及其安装定位面一般都有平行度、垂直度要求
尺寸基准	安装定位面底面及安装侧面为基准

箱体类零件绘制口诀

箱体零件空心件，旋转轴组装里边，安装支撑承力件，密封滑油有飞溅。
侧面多有轴承孔，轴承孔周有螺孔，既要轻便又稳固，轴承孔口多外凸。
向视剖视基本视，里外结构都展示，形位基准安装面，几何公差要标全。

任务7-8 油泵壳体的零件图绘制

（1）训练目的 练习绘制油泵壳体图形、尺寸标注、技术要求与标题栏的填写。

（2）训练内容 绘制如图7-8.1所示油泵壳体零件图。

图 7-8.1 油泵壳体模型

（3）零件分析　如图 7-8.1 所示的油泵壳体是一种小型圆柱箱体类零件，总体结构呈圆柱筒状，内孔中需要安装转子，因而精度要求较高，还有三处孔与水平内孔相通。另外壳体右端为连接底座。

（4）绘图步骤要点　参考如图 7-8.2 所示的零件图。

步骤 1：绘制一组表达结构特征的视图。

做法：①因油泵壳体前后对称且内腔复杂，故选取全剖视图为主视图。②选取半剖视图为左视图。③选取一个完整俯视图。按照完整、正确、清晰、优选的原则检查图形及线条。

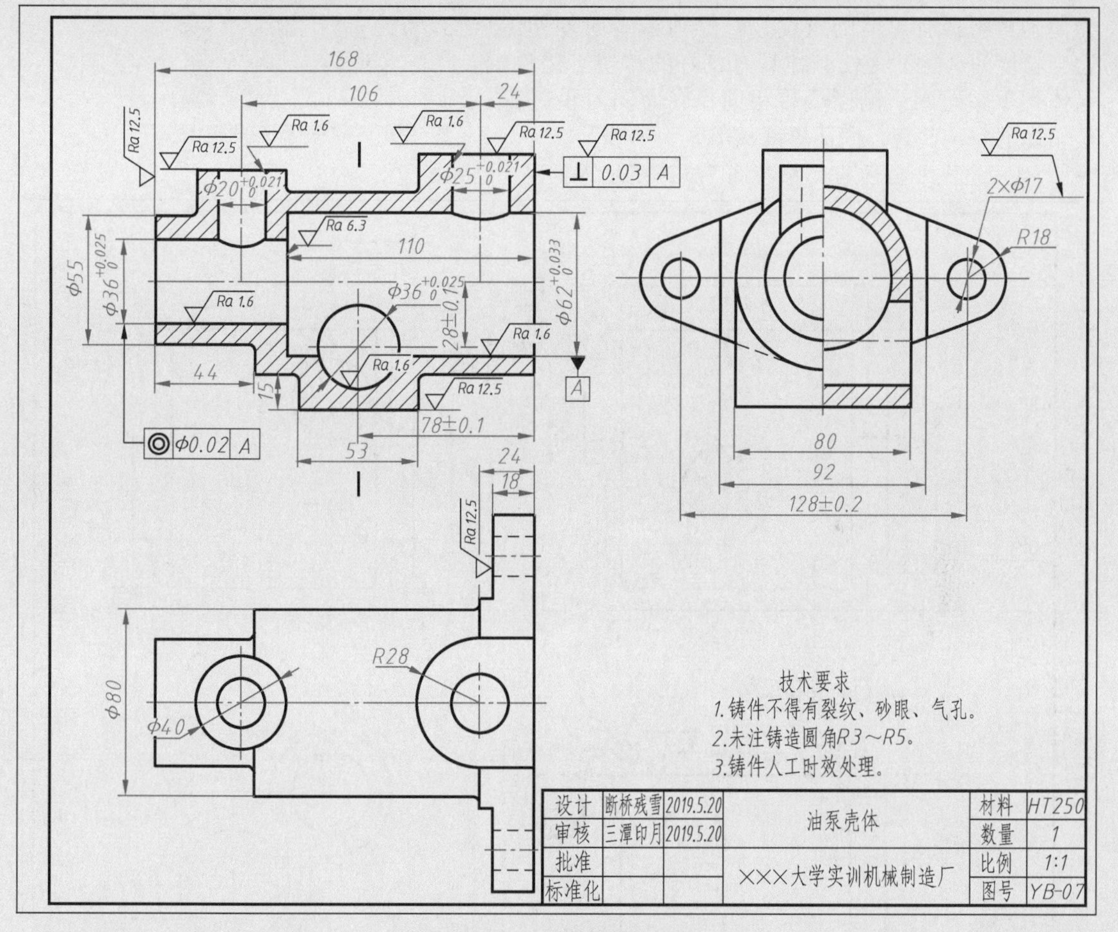

图 7-8.2 油泵壳体零件图

步骤 2：标注尺寸及公差要求、几何公差、表面结构要求。

做法：①先标注所有直径尺寸及公差，注意直径数字要打断中心线。②标注所有长度尺寸及公差。③标注需要的几何公差。④标注所有表面结构要求。⑤按照完整、合理、清晰的原则检查调整尺寸标注。

步骤 3：填写技术要求。

做法：应注明毛坯的铸造质量要求，未注毛坯结构与尺寸要求。

步骤 4：填写标题栏。完成后的油泵壳体零件图如图 7-8.2 所示。

任务 7-9 减速器箱体的零件图绘制

（1）训练目的 练习绘制减速器箱体图形、尺寸标注、技术要求与标题栏的填写。

（2）训练内容 绘制如图 7-9.1 所示减速器箱体零件图。

（3）零件分析 如图 7-9.1 所示的是一种典型箱体类零件，空心外壳侧壁有轴承孔座，轴承座孔之间有垂直度要求及对安装基准底面的平行度要求。为使轴承座孔有足够的宽度，一般轴承座向外伸出适当长度的凸缘。为使箱体具有良好的铸造工艺性，箱体类零件的四个侧面壁厚相同，底面同时也是整个箱体的安装底板，因而厚度一般要大一些。

图 7-9.1 减速器箱体模型

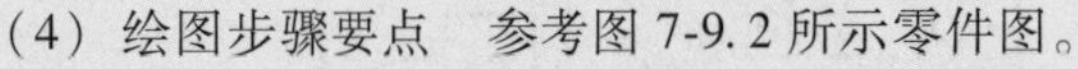

（4）绘图步骤要点 参考图 7-9.2 所示零件图。

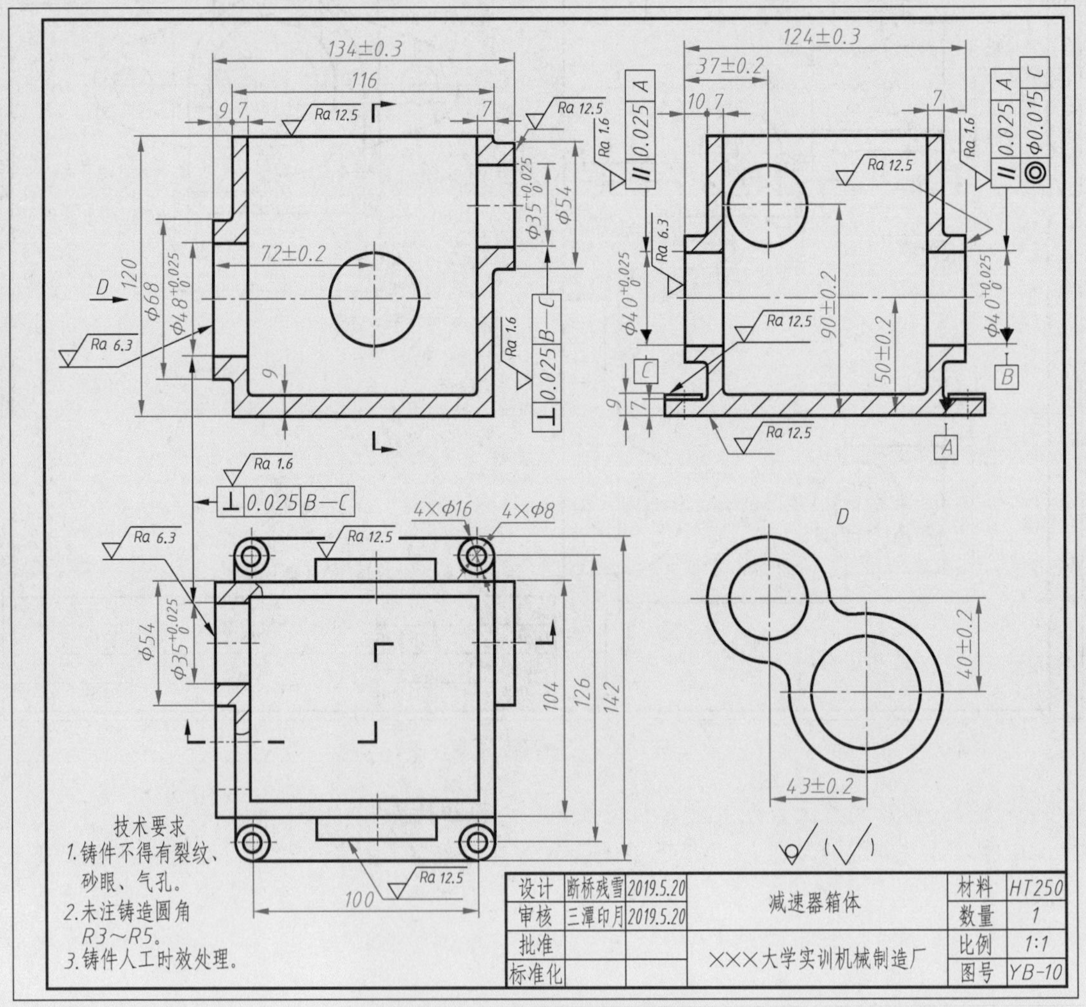

图 7-9.2 减速器箱体零件图

步骤1：绘制一组表达结构特征的视图。

做法：①选取阶梯剖视图为主视图。②全剖左视图。③局部剖视俯视图。④一个局部视图表达孔凸缘形状。按照完整、正确、清晰、优选的原则检查图形及线条。

步骤2：标注尺寸及公差要求、几何公差、表面结构要求。

做法：①先标注所有直径尺寸及其公差。②标注所有长度尺寸及公差。③标注所有几何公差。④标注所有表面结构要求。⑤按照完整、合理、清晰的原则检查调整尺寸标注。

步骤3：填写技术要求。

做法：应注明毛坯的铸造质量要求，未注毛坯结构与尺寸要求。箱体内腔中一般都要存储一定的润滑油，对于有密封性能要求的也一并在技术要求中注明。

步骤4：填写标题栏。完成后的减速器箱体零件图如图7-9.2所示。

任务7-10　行程阀体的零件图绘制

（1）训练目的　练习绘制行程阀体图形、尺寸标注、技术要求与标题栏的填写。

（2）训练内容　绘制如图7-10.1所示行程阀体零件图。

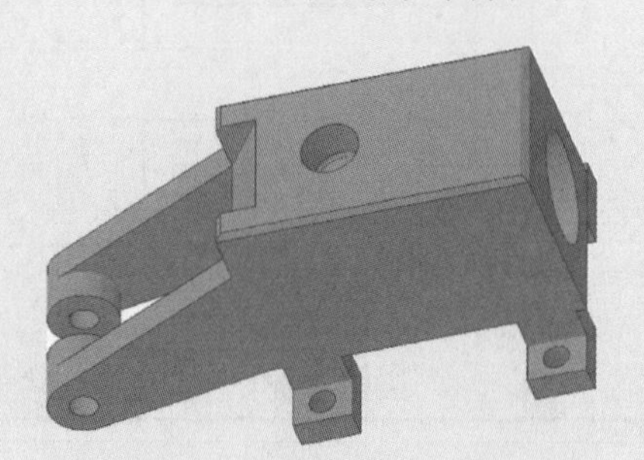

图7-10.1　行程阀体模型

（3）零件分析　如图7-10.1所示的行程阀体是一种小型综合箱体零件，结构特点是左侧呈外伸的支架部分，右侧是一空心箱体，箱体内孔用于安装阀芯，阀芯孔是滑动配合表面，因而孔精度及表面结构要求比较高。整体结构前后对称，因此适宜采用全剖视图作为主视图。

（4）绘图步骤要点　参考图7-10.2所示零件图。

步骤1：绘制一组表达结构特征的视图。

做法：①阀体前后对称，选取沿对称面的纵向全剖视图为主视图可充分表达阀芯孔。②整个外形左视图及局部放大图放置在主视图右侧。③完整的俯视图表达四个底座及前伸的支架部分结构形状。按照完整、正确、清晰的原则检查图形及表达方案。

步骤2：标注尺寸及公差要求、几何公差、表面结构要求。

做法：①先标注所有直径尺寸及其公差，注意要打断中心线标注直径尺寸数值。②标注所有长度尺寸及公差，长度为小间隔尺寸，适宜采用坐标法标注。③标注所有几何公差。④标注所有表面结构要求。⑤按照完整、合理、清晰的原则检查调整尺寸标注。

步骤3：填写技术要求。

做法：按技术要求规范注明技术要求项目，包括毛坯的热处理及实验要求等。

步骤4：填写标题栏。完成后的行程阀体零件图如图7-10.2所示。

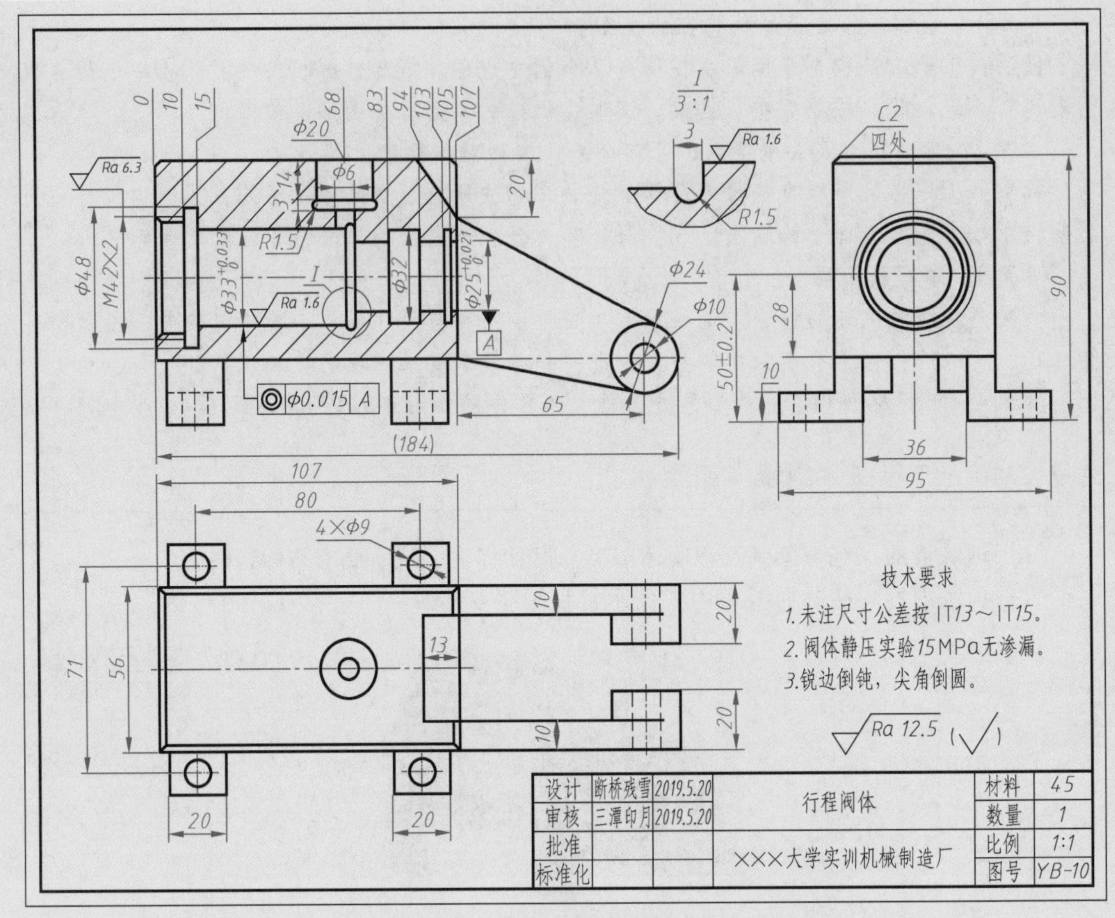

图 7-10.2　行程阀体零件图

复习与课后练习

一、思考题

1. 一份完整的零件图包含哪几项内容？
2. 常见的机械零件分哪几类？
3. 零件图的绘制要点是什么？如何快速学会绘制零件图？
4. 轴类零件的绘制要点是什么？
5. 盘套类零件的绘制要点是什么？
6. 支架类零件的绘制要点是什么？
7. 箱体类零件的绘制要点是什么？

二、练习题（典型题型，多练必然熟能生巧）

请重复绘制任务 7-1～7-10，尽量采用与教程不同的表达方案绘制。

第 8 章

装配图与焊接装配图绘制

目 标 任 务

- 熟悉并掌握紧固件的连接规范画法
- 熟悉装配图的绘制流程及绘制方法
- 两种设计思路绘制装配图训练
- 焊接装配图及钣金展开图绘制训练

装配图绘制口诀

产品设计方案始，方案设计原理始，工作原理与结构，连接关系装配图。
紧固连接标准件，规格数量要标全，零件明细要填表，装配要求写旁边。
简装图上拆零件，拆绘设计非标件，标准零件外购件，装配图上简化绘。
装配简图定零件，零件画完画装配，总体细节都明白，方便快速成装配。

8.1 装配图绘制要点

装配图的五要素：①一组表达装配体结构原理与配合关系的视图。②表达装配体总体尺寸与零件之间配合关系的尺寸标注。③记录零件编号、图号、名称、数量、材料等内容的零件明细表。④说明装配体的总体技术参数及加工实验要求的装配技术要求。⑤标明设计单位、制造数量、质量、图号、比例等内容的装配标题栏。装配图五要素如图 8.1 所示。

装配图绘制五要点：①机器或部件的装配图要重点表达零件间的运动原理、连接位置关系、配合关系、零件编号数量等内容，每个零件的具体结构细节允许简化绘制，如零件的倒角、圆角、起模斜度等可以省略。②装配图中也可以包含二级部件，但二级部件的图号与零件的图号应有区别。③装配图上的零件分为两类：一类是标准件或外购与定制零部件（如电动机、油泵等），这类零部件要注明规格型号及数量；另一类是非标准零部件，应标明零件数量及零件图号。④装配图的技术要求应注明机器或部件的总体技术参数，如载重、功率、运动范围、加工检验要求、实验要求、表面涂装等要求。⑤装配图的标题栏与零件图的标题栏不同，装配图标题栏的正上方绘制零件明细表。装配图五要点如

图 8.2 所示。

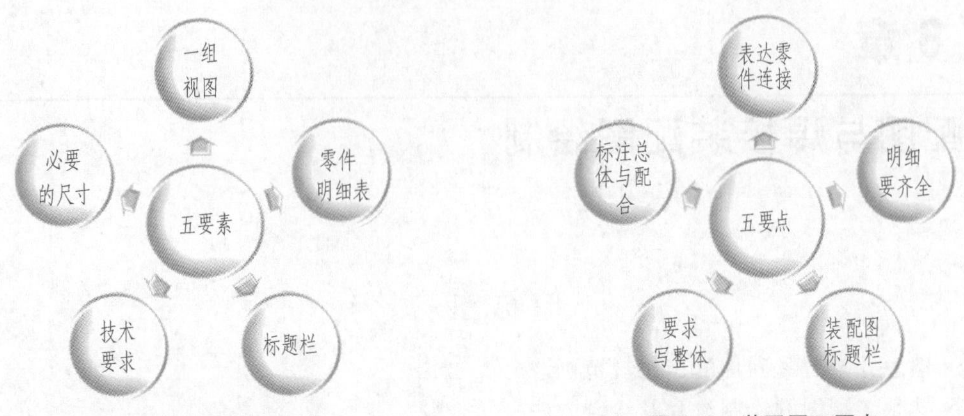

图 8.1　装配图五要素　　　图 8.2　装配图五要点

机械装配图与零件图：装配图与零件图相辅相成，参照装配图可绘制零件图，而若零件结构形状不确定则装配图不能按比例规范绘制。工程经验表明，按照先绘制装配简图（或原理结构图），再绘制零件图，最后完善装配图的过程比较合理。一般零件绘制过程必须考虑零件的强度、刚度、硬度、耐蚀性、安全性等性能指标，而这些指标决定了零件的形状、尺寸大小、材料选用。先绘制一个装配简图，提出总体技术参数要求，然后根据装配简图进行零件设计并绘制详细零件图，最后根据零件图绘制装配图。绘制机械装配图的一般流程如图 8.3 所示。

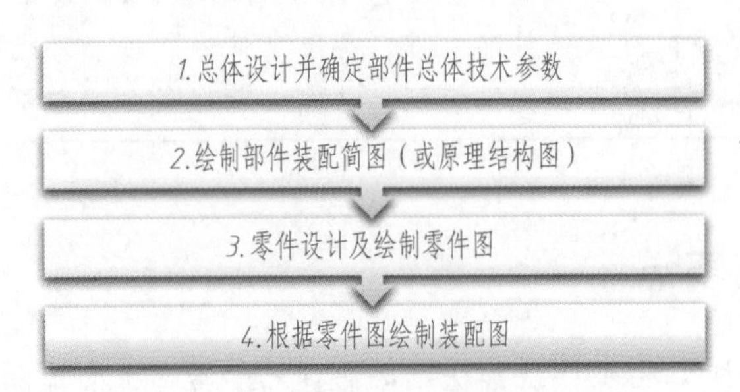

图 8.3　装配图绘制流程

按上述四个步骤绘制装配图，不仅体现了正向工程设计思想，同时也保证了装配图的绘制质量。另外，因可以复制零件图形到装配图中，所以装配图绘制也变得更加简便。

8.2　从装配简图到装配图的绘制实例

装配图：是用于表达机器或部件整体结构的图样，表达一台完整机器的图样称为总装配图，表达一个部件的图样称为部件装配图。装配图主要表达机器或部件的工作原理、装配关系、结构形状和技术要求，用于指导机器或部件的装配、检验、调试、操作或维修等工作。

一般的机械装置设计流程：①方案设计、总体技术参数制定。②绘制原理结构图或装配简图。③零件设计与绘制。④装配图绘制。

※知识点1：绘制装配图不仅要考虑整个机器或部件的功用、总体结构和尺寸，也必须考虑每个零件的结构和尺寸。因此，零件图和装配图互相依存、互相参照。

※知识点2：装配图的内容包括一组视图、必要的尺寸、技术要求、零件序号明细表和标题栏。图形必须按零件的实际结构形式（可适当简化）及比例绘制。

☆经验：小型产品的设计按照绘制原理结构图或装配简图→绘制零件图→绘制装配图流程进行比较科学合理，也更加有效率。

★技巧1：装配图中零件细节结构允许不画，如倒角、圆角、起模斜度等。

★技巧2：标准件按规定连接画法绘制，实心轴及标准紧固件纵剖按不剖画。

★技巧3：两零件的接触面只画一条线，非接触面即使间隙很小也要画两条线。

★技巧4：相邻零件的剖面线必须方向不同或间距不相等。

★技巧5：零件的极限位置用假想画法，薄皮零件、细丝弹簧、微小间隙可用夸大画法。

任务8-1　从装配简图开始的装配图绘制

（1）训练目的　练习从装配简图→零件图→装配图的完整绘制流程。

（2）训练要求　绘制如图8-1.1所示螺旋千斤顶装配图及零件图，并标注齐全。

（3）装配体结构分析　图8-1.1所示是一个手动螺旋千斤顶三维模型图，由五个非标准零件组成。千斤顶的功能是将手臂的力矩通过螺旋放大机构变换成向上的推力，从而能顶起较重的物体。

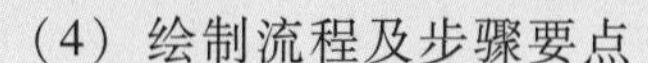

（4）绘制流程及步骤要点

流程一：总体方案设计。

方案设计的目的在于确定千斤顶的总体技术参数，如顶起的总质量、螺旋副的升限、螺旋增力放大比例等技术参数。本任务确定的总体技术参数见装配简图（图8-1.2）技术要求项目。

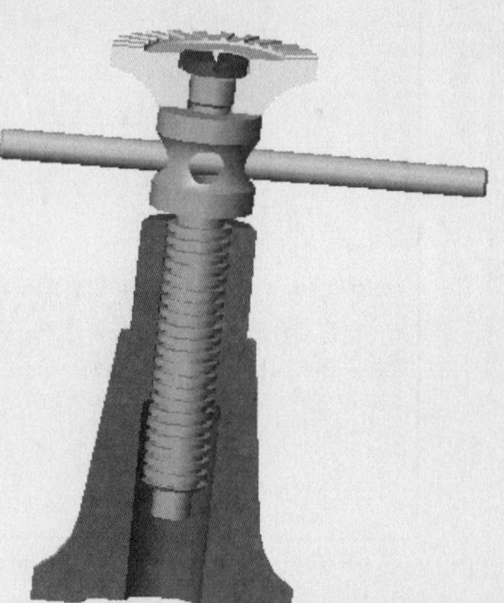

图8-1.1　螺旋千斤顶三维模型

流程二：根据总体方案绘制装配简图。

总体方案和技术参数确定后，整个部件或机器的结构和零件数量、种类就基本能确定了，然后用简单概略的图样（可不按比例和实际结构）将部件的结构、零件数量、连接关系表达出来，就是装配简图，螺旋千斤顶的装配简图如图8-1.2所示。

在零件设计未完成前，准确地按比例绘制的装配图也难以确定，因此先绘制一个装配简图比较适宜。

流程三：从装配简图绘制零件图。

一般小型零件零件图的绘制过程就是零件的设计过程。零件设计必须考虑强度、刚度、可靠性、使用寿命等使用要求，根据使用要求进而确定零件的材质、结构形式、热处理方式和零件的尺寸等。

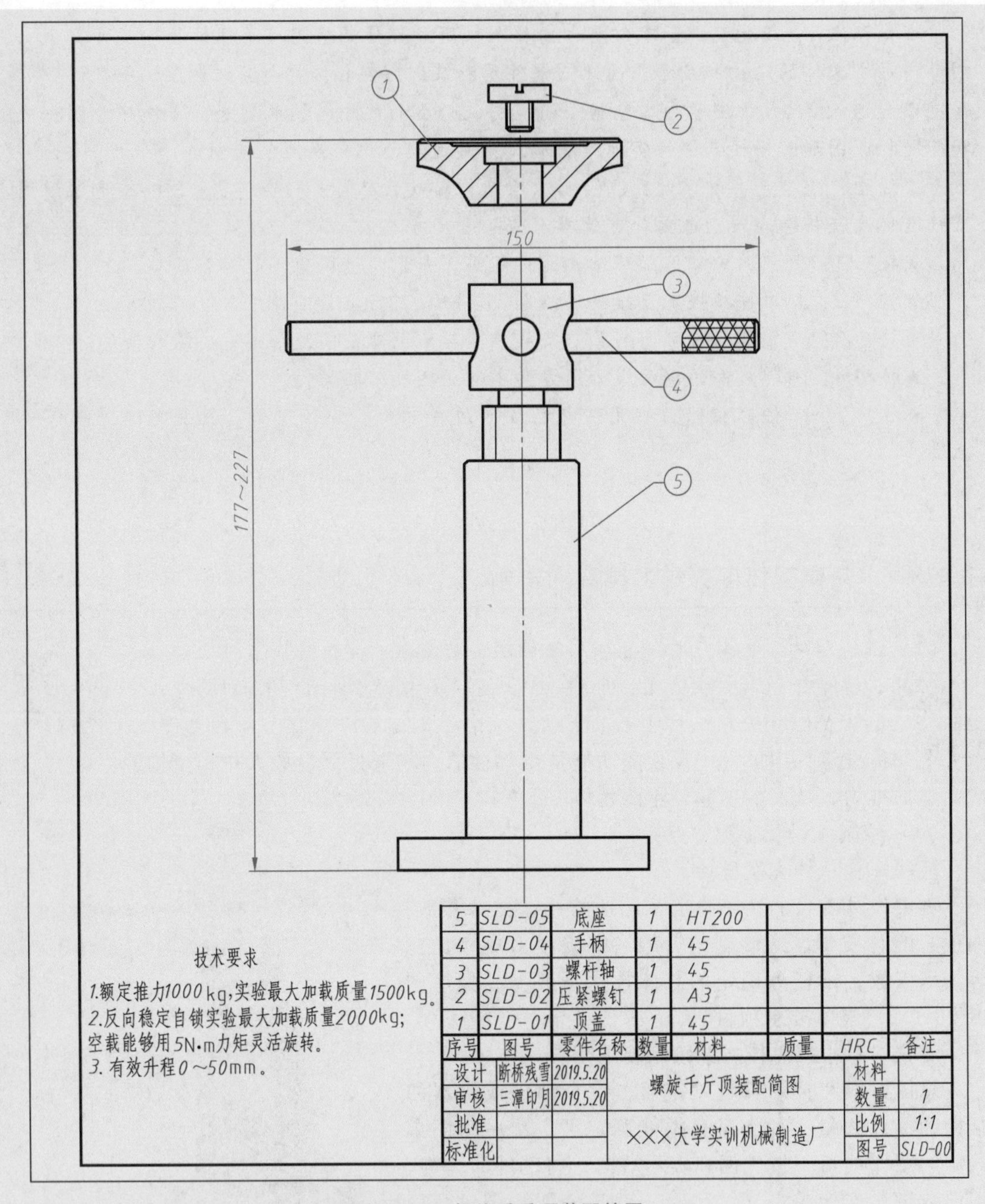

图 8-1.2　螺旋千斤顶装配简图

零件功能分析与绘制零件图过程简要说明如下：

零件 1 是顶盖。顶盖需要承载并传导全部载荷，因此必须有一定的强度，经过计算分析后再乘以较大的安全系数。材料必须用钢材而不能用铸铁，顶面为了防滑而刻有防滑浅槽。绘制完成的零件如图 8-1.3 所示。

零件 2 是压紧螺钉。由于结构限制不能采用标准螺钉，因此采用非标螺钉，螺钉材料一般用碳素结构钢，绘制完成的零件图如图 8-1.4 所示。

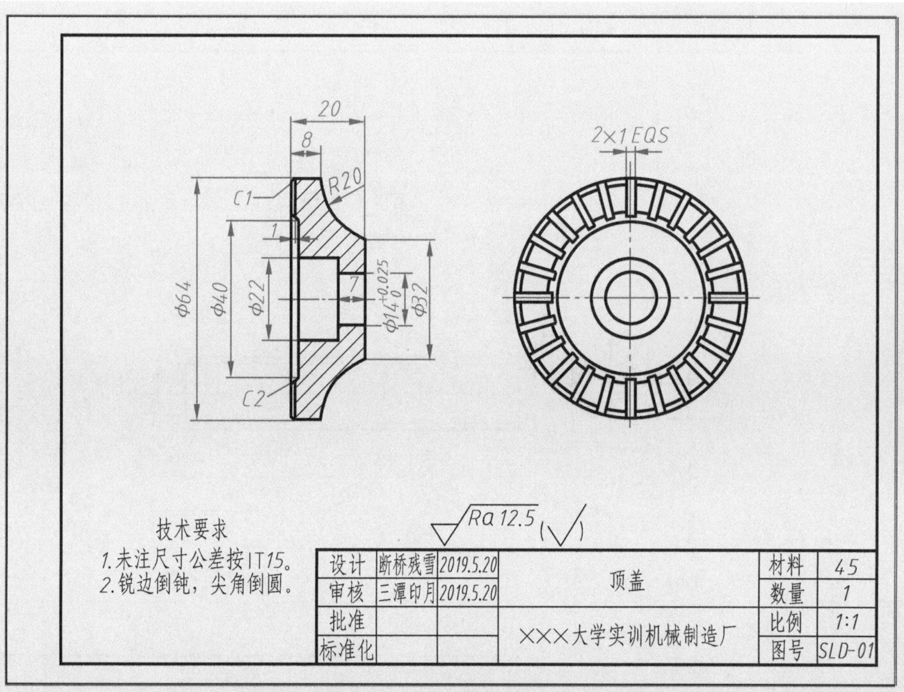

图 8-1.3　顶盖零件图

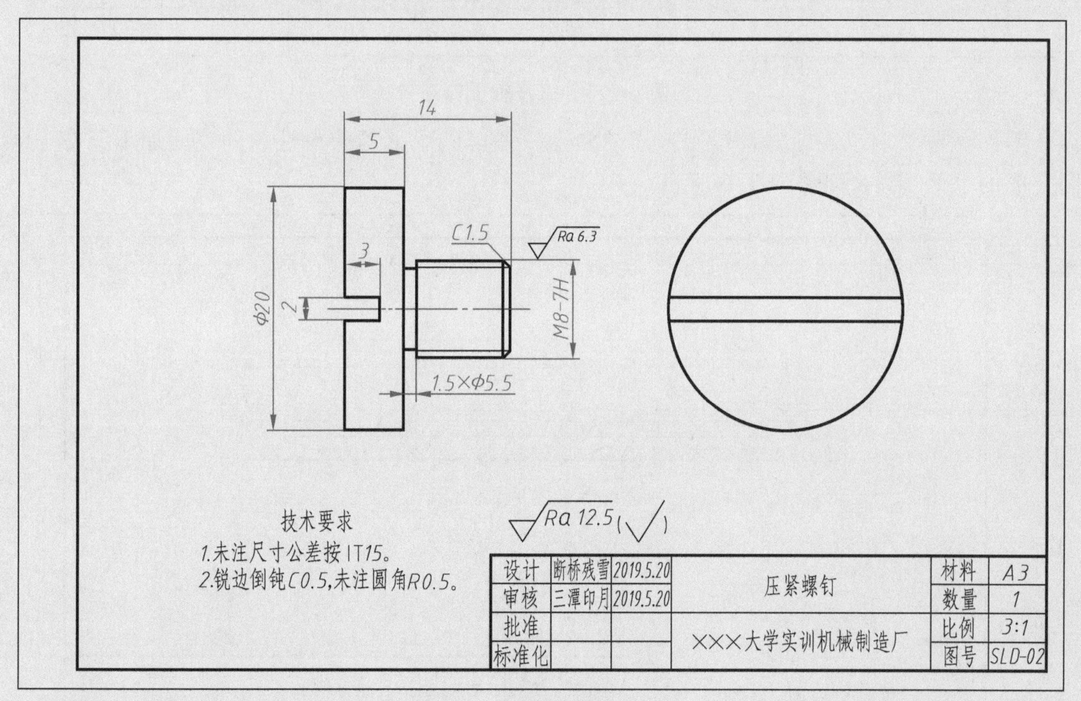

图 8-1.4　压紧螺钉零件图

零件 3 是螺杆轴。螺杆轴是螺旋千斤顶的核心零件，需要承受较大的载荷，必须综合考虑其强度、刚度、耐磨性。材料必须使用优质碳素结构钢或合金钢，且材料需要调质处理以提高其综合性能。绘制完成的螺杆轴零件图如图 8-1.5 所示。

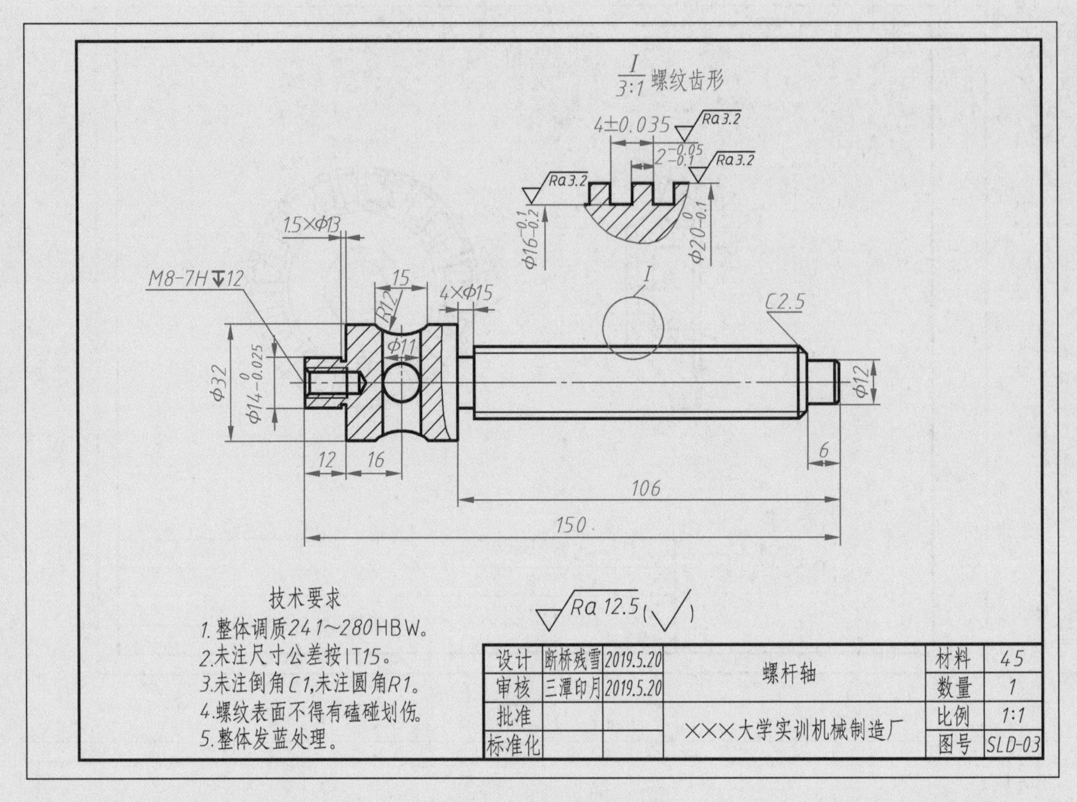

图 8-1.5 螺杆轴零件图

零件 4 是手柄。手柄材料选用普通结构钢，考虑到手柄的防滑性，外表面加工滚花。绘制完成的手柄零件图如图 8-1.6 所示。

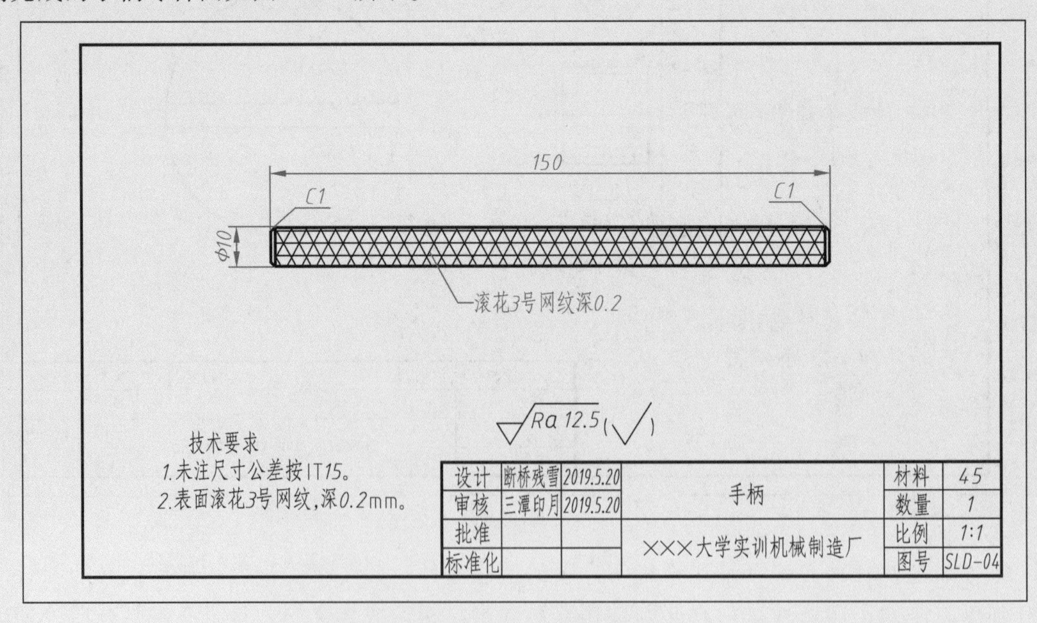

图 8-1.6 手柄零件图

零件 5 是底座。底座采用铸铁铸造毛坯，为减重故采用肋板强化结构。绘制完成的底座零件图如图 8-1.7 所示。

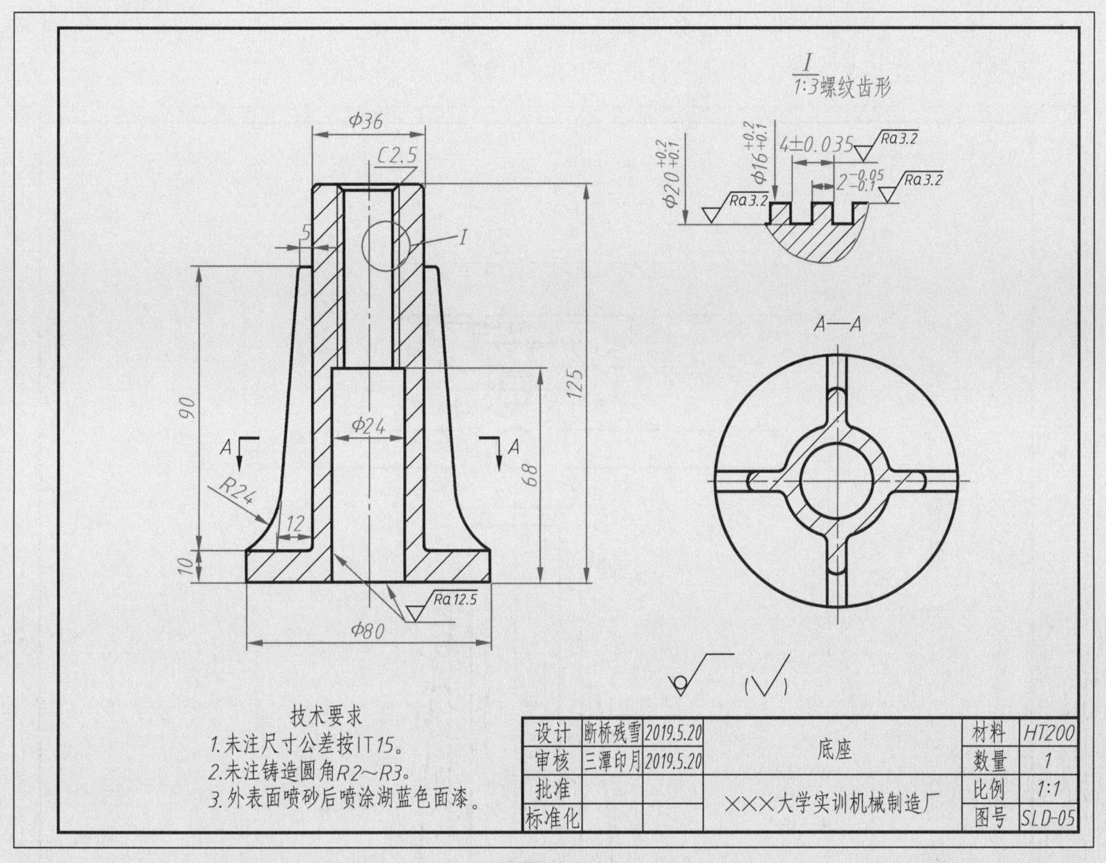

图 8-1.7　螺纹底座零件图

流程四：由零件图绘制规范的装配图。

绘制步骤要点：

步骤 1：插入正式装配图图框及标题栏。

做法：一般情况下装配图标题栏与零件图不同，装配图标题栏应与零件明细表相适应。

步骤 2：参照装配简图，复制零件图并做相应修改以适应装配图的需要。

做法：按顺序复制零件图到装配图中。按照零件之间的连接关系和配合关系依次绘制（复制）五个零件图，根据总体需要对各零件图进行适当修改。

步骤 3：标注装配图相关尺寸。

做法：先标注零件之间的配合关系，然后标注装配图的总体尺寸，最后标注运动范围参数及运动极限位置，如千斤顶升限范围等参数。

步骤 4：标注零件序号及零件明细表。

做法：一般按照零件序号从小到大的顺序沿顺时针（或逆时针）方向依次标注零件序号。编制零件明细表，填写明细表中各零件的序号、图号、名称、数量、材料、标准件代号等内容。

步骤 5：填写技术要求项目及标题栏。

做法：技术要求应注明千斤顶的功能、有效载荷、有效升程、实验检验方法、表面涂装等要求。按标题栏规定的内容填写完整标题栏。

步骤 6：检查定稿。本任务绘制的螺旋千斤顶装配图如图 8-1.8 所示。

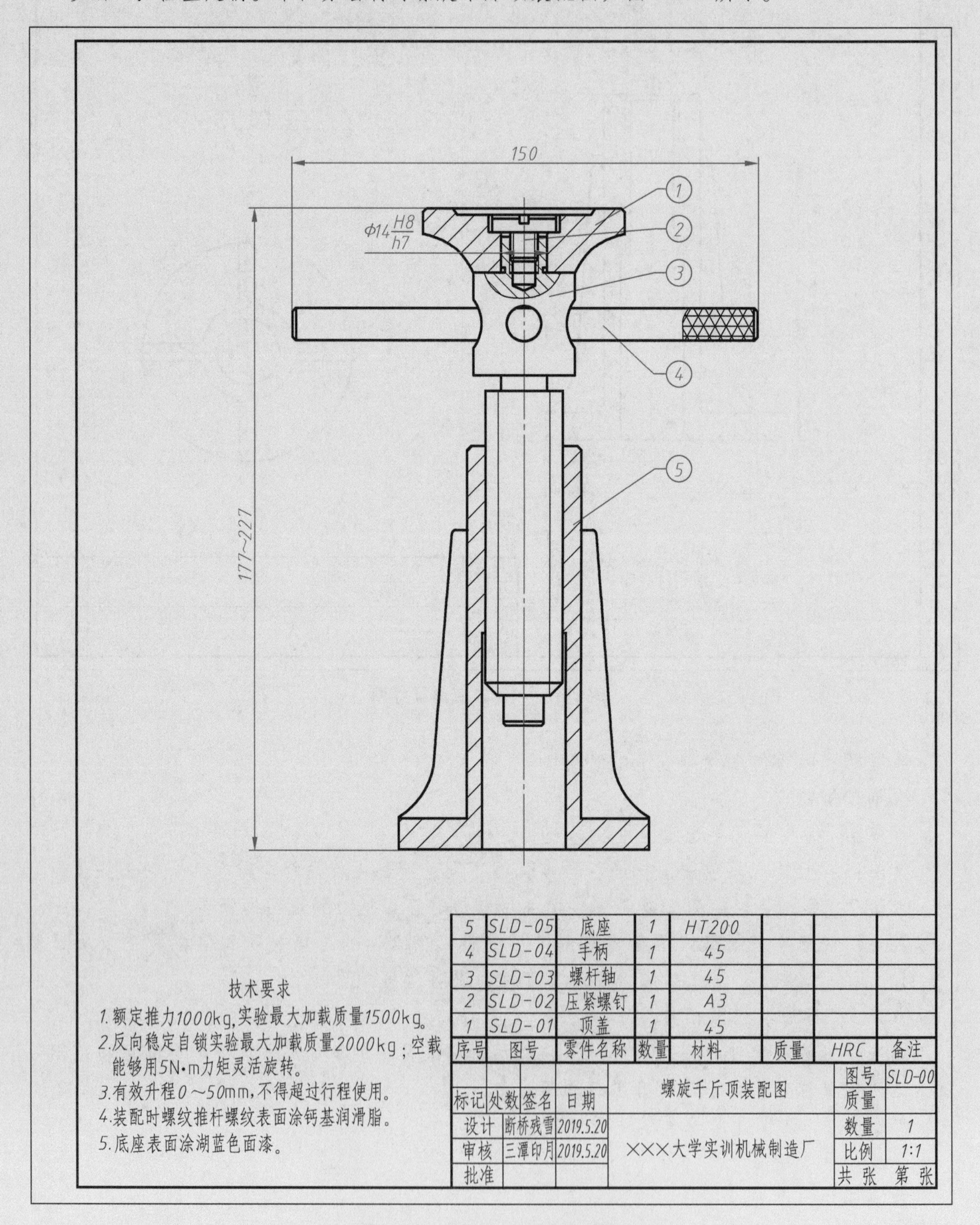

序号	图号	零件名称	数量	材料	质量	HRC	备注
5	SLD-05	底座	1	HT200			
4	SLD-04	手柄	1	45			
3	SLD-03	螺杆轴	1	45			
2	SLD-02	压紧螺钉	1	A3			
1	SLD-01	顶盖	1	45			

图 8-1.8　螺旋千斤顶装配图

8.3　从原理结构图到装配图的绘制实例

任务 8-2　从原理结构图开始的装配图绘制

（1）训练目的　练习从原理结构图开始绘制装配图的完整流程。

（2）训练要求　从原理结构图直接绘制齿轮油泵装配图，并标注完整。

（3）绘制要点　平面设计流程可以先画部件的装配简图，然后设计零件图，最后绘制装配图。当然一个结构比较简单的部件或机具也可以从原理结构图开始直接绘制装配图。设计过程：总体参数设计→原理图设计→将原理图细化为结构图→将结构图扩展为装配图。

（4）绘制步骤要点

步骤 1：确定齿轮油泵总体方案设计与技术参数（由用途确定）。

步骤 2：根据总体方案绘制齿轮油泵的原理图（参考《机械工程设计手册》等相关资料）。

做法：根据齿轮油泵的技术参数，如额定压力、流量、体积和质量、功率等参数，确定油泵中啮合齿轮模数、齿数、转速等基本参数和尺寸。原理参数的确定过程如下：

1）确定齿轮副模数：这里假定模数为 $m=2.5$mm 满足要求。

2）确定齿数：假定齿数 $z=18$ 满足要求。

3）确定功率及密封方法。

4）确定传动齿轮参数和传动轴尺寸，这里假定传动齿轮 $m=2.5$mm、$z=20$ 满足要求。

根据上述参数绘制齿轮油泵原理图，如图 8-2.1 所示。

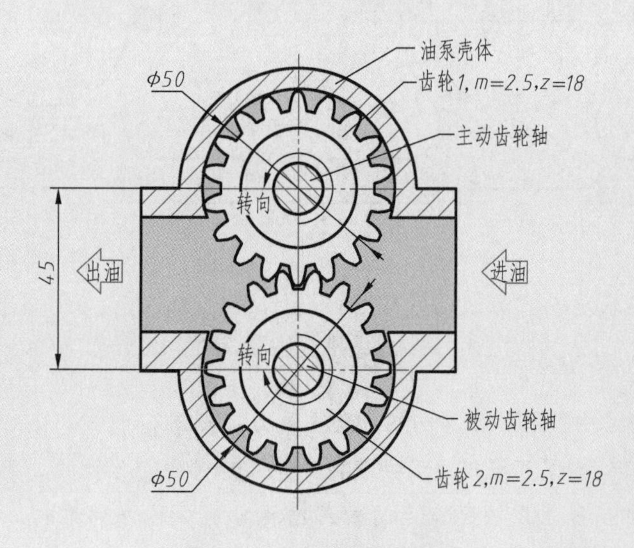

图 8-2.1　齿轮油泵原理图

步骤 3：根据原理图绘制齿轮油泵内部结构图与外部结构图。

做法：根据齿轮油泵的原理图确定油泵齿轮副的几何参数，另外还要考虑总体尺寸、质量、密封性要求等技术要求，最终确定齿轮油泵内外结构形状及尺寸。

内外结构形状与尺寸的确定依据参考如下：

1）根据啮合齿轮副几何尺寸确定齿轮泵内腔结构尺寸。

2）根据齿轮油泵的工作压力参数确定油泵壳体的材料、厚度、密封形式。

3）根据油泵加工制造工艺性及安装使用形式确定外壳的外形结构与安装形式。

4）根据功率确定外部传动齿轮轴及传动齿轮的几何参数。

5）根据齿轮轴的尺寸及支撑形式确定左、右端盖轴承座的形状尺寸。

6）根据油泵总体质量、功率确定油泵壳体壁厚度及材料选用。

7）根据油泵额定流量确定进、出油孔的大小和连接形式。

8）根据油泵的使用环境和方式确定油泵的表面涂装颜色及涂装方法。

根据以上结构参数绘制结构图如图 8-2.2 所示。

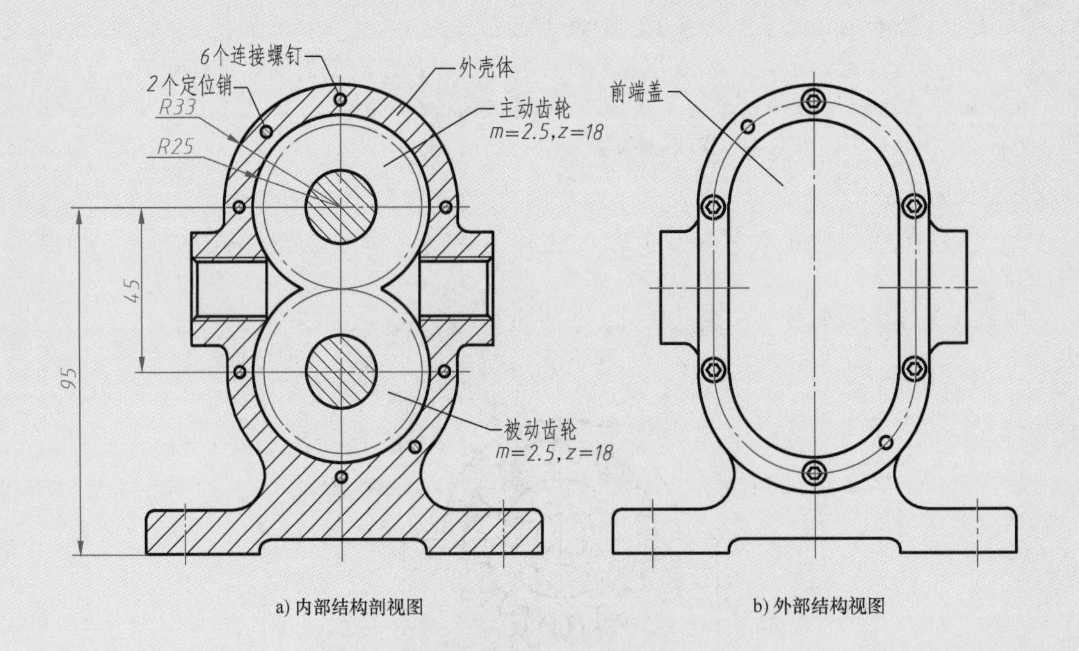

图 8-2.2　由原理图细化的内部与外形结构图

步骤 4：将内部结构图及外部结构图细化扩展为装配图。

做法：内、外部结构图已经表达了装配体的主要零部件与紧固件，装配图中选择旋转剖视图作为主视图，半剖视左视图既能表达内部结构也能表达外部结构。齿轮油泵装配图如图 8-2.3 所示。

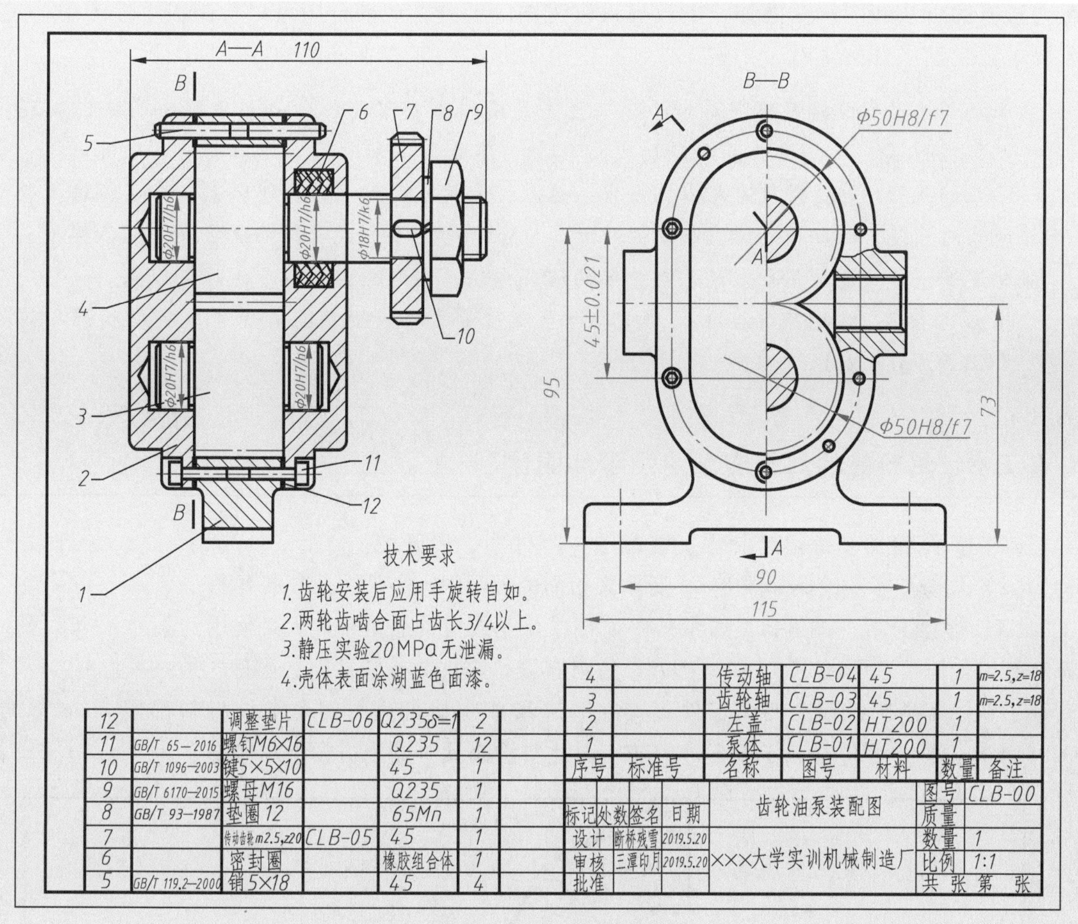

图 8-2.3 齿轮油泵装配图

8.4 焊接装配图及钣金零件图绘制

焊接装配图：在建筑、石油化工、汽车、航空航天、水电等领域内有大量的部件或组合件使用钢板焊接制造，这类焊接形成的部件或组合件的总体图样称为焊接装配图。焊接装配图中除了要表达整体结构形状，还要标注焊接部位、焊接顺序、焊缝的尺寸及焊接工艺要求。

钣金零件：通过钣金工艺加工出的零件称为钣金件。钣金是一种针对金属薄板（厚度通常在6mm以下）的综合冷加工工艺，包括剪切、冲裁、折弯、复合、焊接、铆接、拼接和成形等工艺过程，其显著的特征就是同一零件整体厚度一致。钣金零件一般要绘制平面展开图。

钣金焊接部件的制造流程：一般先要在金属板上画出零件的展开图，按展开图下料后再弯卷、整形、焊接形成零件，然后将各零件相互焊接形成焊接装配体，最后再次经过整形、热处理、表面涂装等后续工艺过程，才能得到完整的焊接部件。

展开图：将立体表面按实际形状摊平在同一平面上的过程，称为立体表面展开，展开所得的平面图称为展开图。凡是平面立体都是可以展开的，若曲面立体中相邻母线平行或相交于一点则可以展开，如圆柱面和圆锥面；否则不可展开，如球面和螺旋面。展开图的尺寸求解方法有解析法和图解法两种，本教程只讲述图解展开法。展开图可以绘制在零件图中，也可以单独绘制展开图。对于小型零件，一般将展开图绘制在零件图中并注明即可。

※知识点1：焊接装配图是指导焊接生产的图样，除了要标注一般装配图的内容，还要标明焊接位置、焊接要求、焊缝形式与尺寸、焊接顺序等内容。

※知识点2：电弧焊接是指以电弧作为热源，利用空气放电的物理现象，将电能转换为焊接所需的热能，从而达到连接金属的目的。电弧焊的主要方式有焊条电弧焊、埋弧焊、气体保护焊等，是目前应用最广泛、最重要的熔焊方法，占焊接生产总量的60%以上。

※知识点3：结构钢焊接方式、技术规范及质量检验应按照国家标准《钢结构焊接规范》（GB 50661—2011）执行。

任务8-3　集粉筒的焊接装配图及零件图绘制

（1）训练目的　练习绘制焊接装配图、零件图、展开图。

（2）训练要求　绘制如图8-3.1所示集粉筒的装配图、零件图及其展开图。

（3）焊接分析　图8-3.1所示是一种环保企业或粮食加工企业大量使用的集粉筒部件。焊接装配图中零件1是90°直角圆弯管，零件2是圆柱筒，零件3是右支管，零件4是圆锥筒。四个零件焊接在一起形成焊接部件。四个零件材料都用2mm厚的Q235结构钢板，零件都属于钣金件范畴，因此要绘制展开图以方便下料制造。

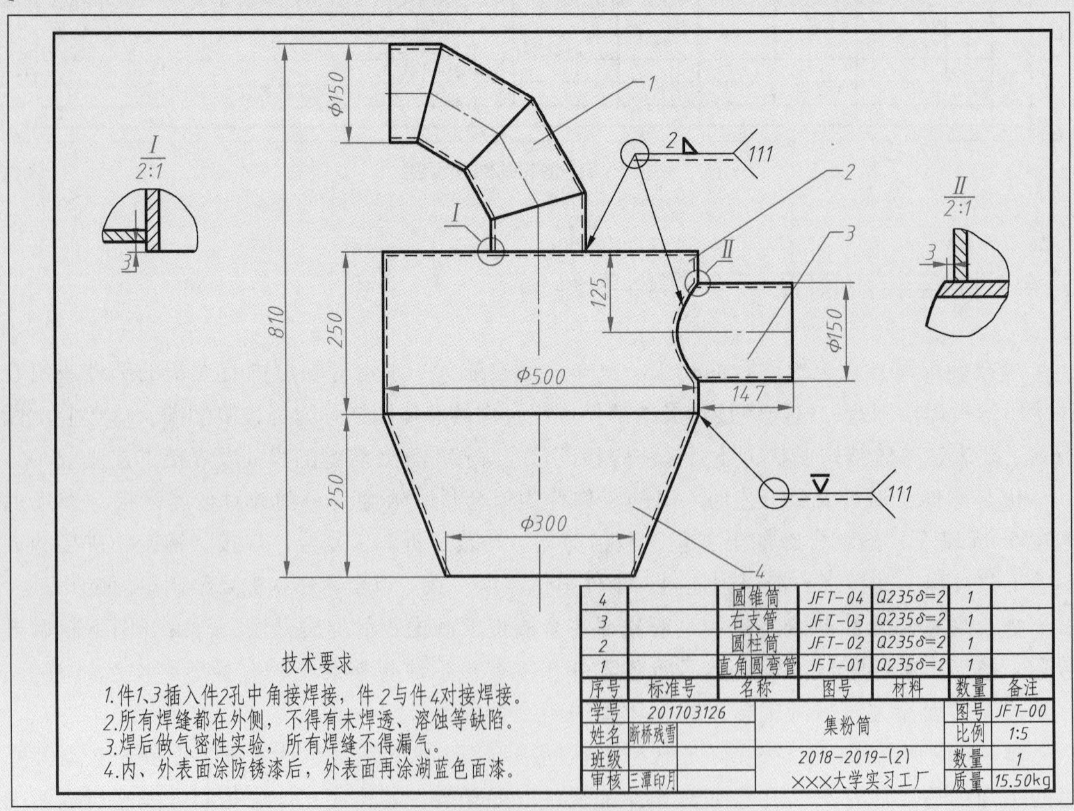

图8-3.1　集粉筒部件的焊接装配图

※知识点：展开图是一空间形体的表面在平面上摊平后得到的图形。展开图是画法几何研究的一项主要内容。对于用板材制作的零件，除了需要用投影图表示零件的立体结构形状，还要用平面展开图表示零件成形前板材的形状。可以将零件的视图与展开图绘制在同一零件图中，展开图也可以单独绘制一张图。

2mm 厚度的 Q235 结构钢板的焊接无论采用角焊接或平焊接的接头形式，都可以采用焊条电弧焊方式，且不开坡口也能保证焊缝质量。是采用自动埋弧焊还是手动电弧焊焊接方式要根据生产批量及设备条件决定，因为本任务是单件小批生成，所以采用手工电弧焊焊接所有焊缝比较合理。

（4）焊接装配图及零件图绘制步骤过程

步骤 1：绘制总体焊接装配图。

做法：按一般装配图的绘制内容和方法，要清楚表达集粉筒的整体结构与尺寸，各零件之间的位置关系，零件之间的焊接方式、焊接参数及要求。集粉筒焊接装配图绘制完成后如图 8-3.1 所示。

步骤 2：从装配图拆分零件图。

做法：如图 8-3.1 所示可知，焊接装配体由直角圆弯管 1、圆柱筒 2、右支管 3 和圆锥筒 4 四个零件通过焊接而成。每个零件都采用厚度为 2mm 的 Q235 结构钢加工，都属于钣金件。

根据装配图拆画的各零件图如下：

图 8-3.2 所示是直角圆弯管零件图及展开图。图 8-3.3 所示是圆柱筒零件图及展开图。图 8-3.4 所示是右支管零件图及展开图。图 8-3.5 所示是圆锥筒零件图及展开图。

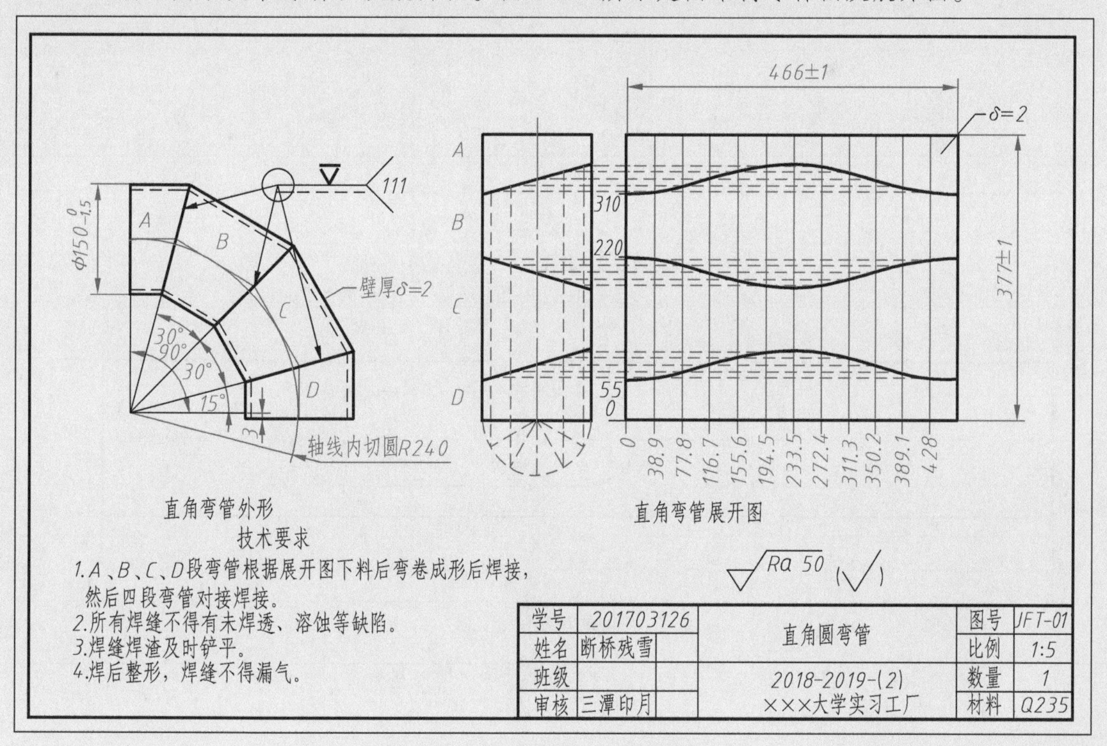

图 8-3.2　直角圆弯管零件图及展开图

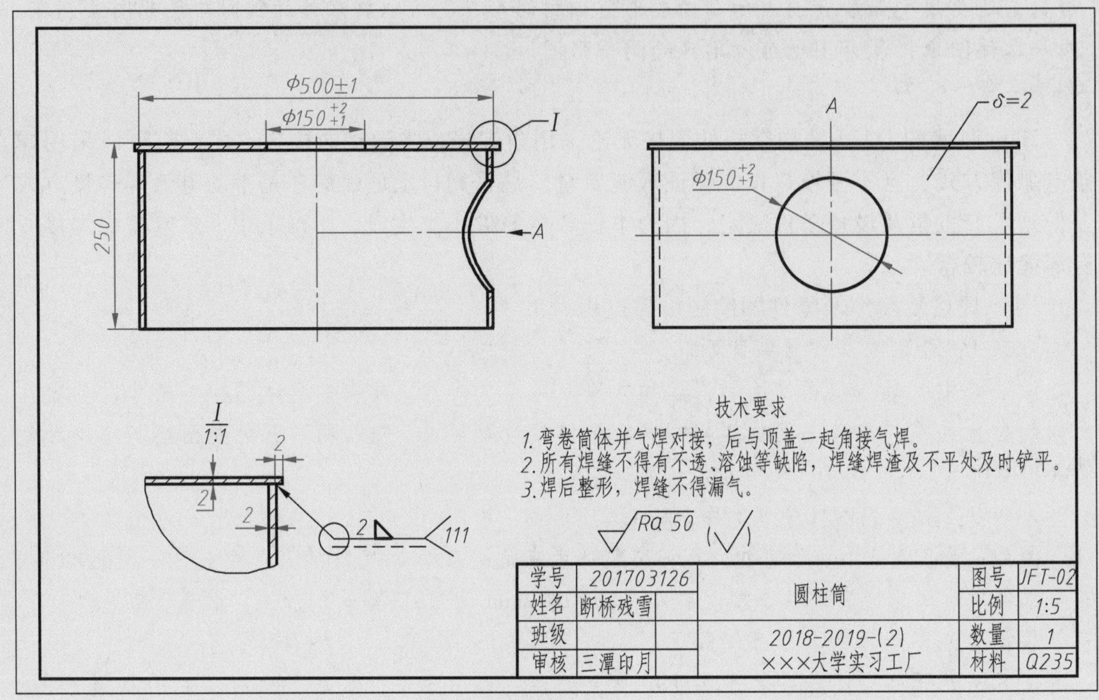

a) 零件图

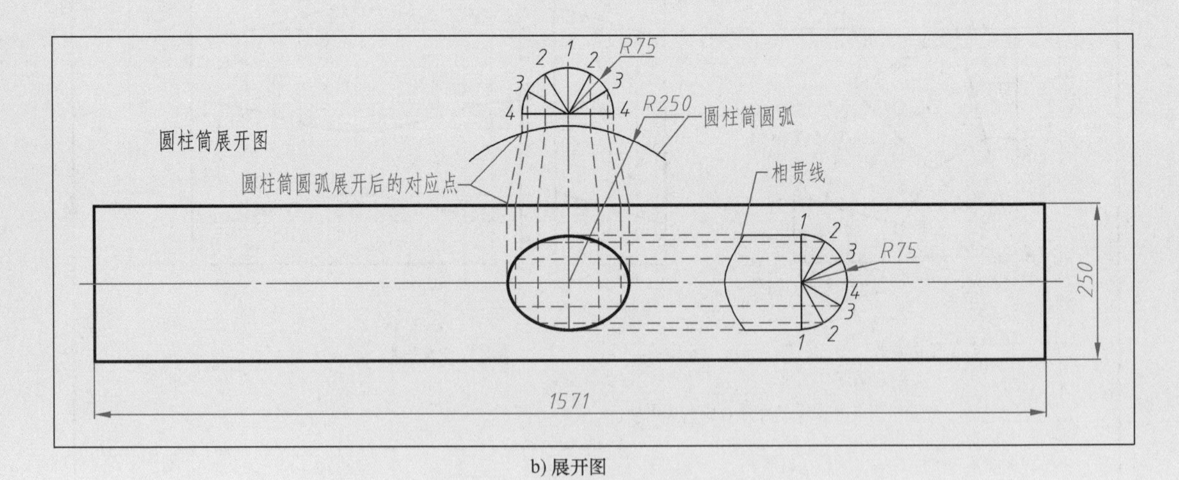

b) 展开图

图 8-3. 3 圆柱筒零件图及展开图

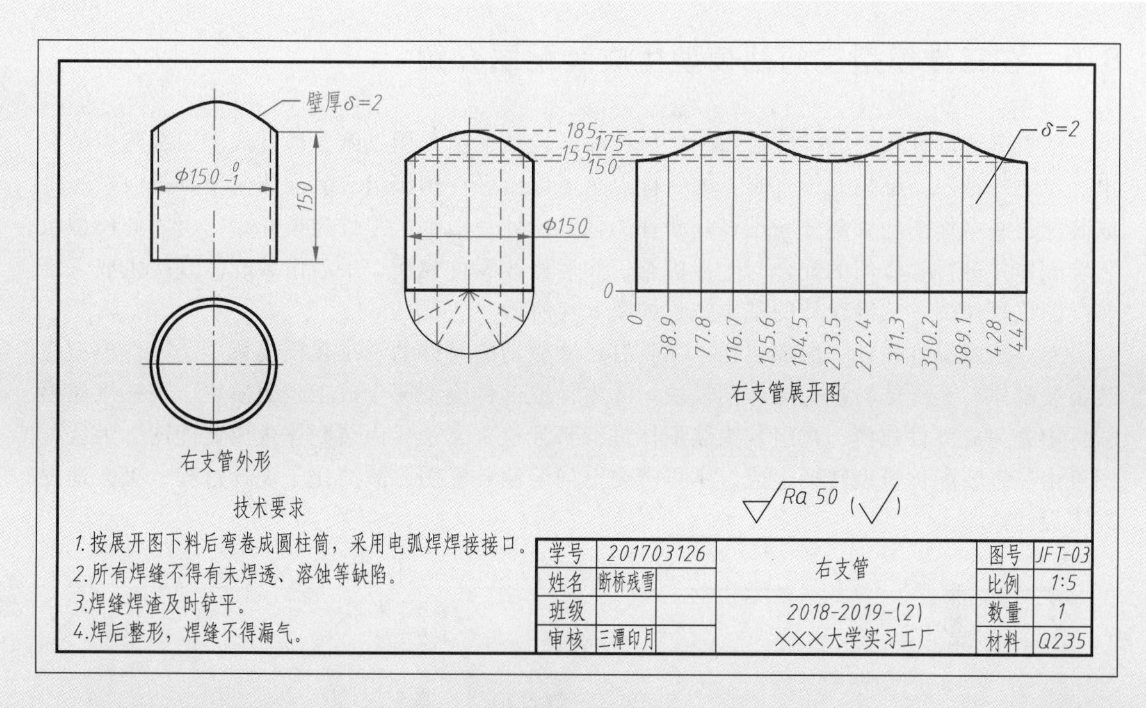

图 8-3.4 右支管零件图及展开图

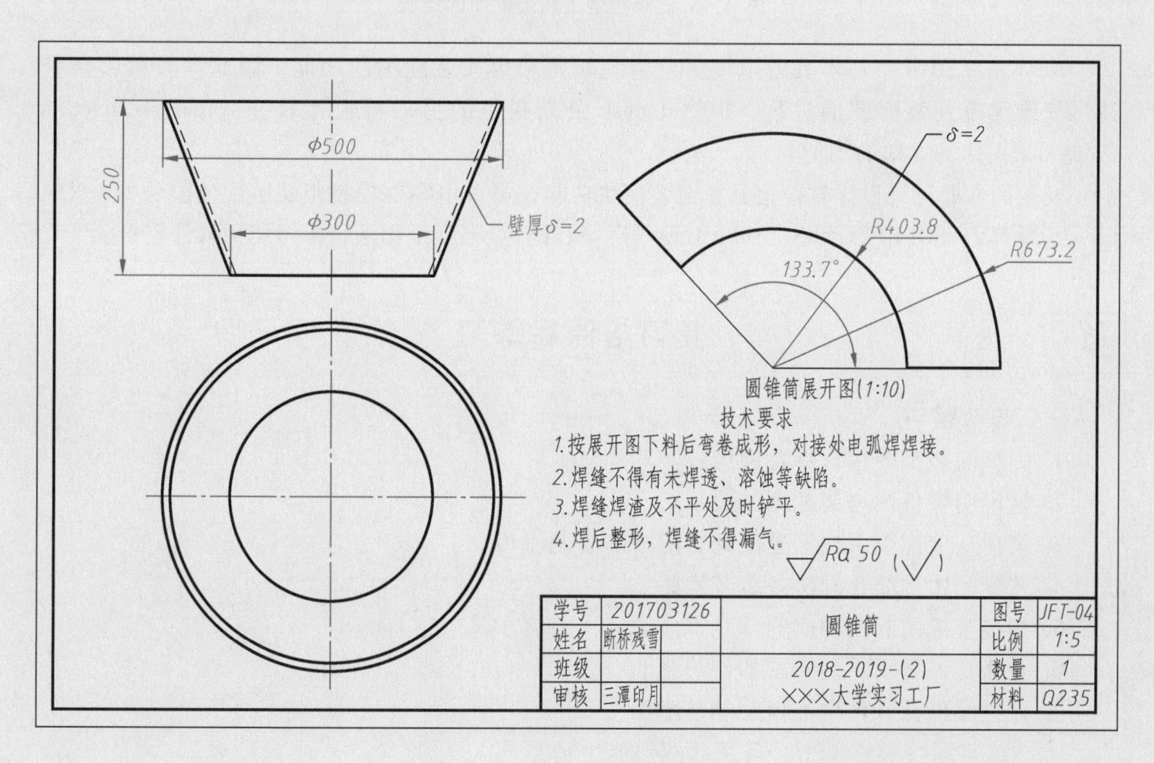

图 8-3.5 圆锥筒零件图及展开图

8.5 在三维模型空间从模型生成装配图介绍

随着三维设计软件的推广应用，机械产品的设计逐渐采用三维建模方式。三维建模的突出优点之一是零件结构立体直观，另一优点是可以由零件模型组装装配体模型，进而快速生成装配图或爆炸图。大部分三维设计软件的辅助设计一般都从零件建模开始，由零件模型组装装配体并进行零件间的配合与干涉检查，然后修改零件模型，最后由装配体直接生成二维装配图或爆炸图。三维设计的基本流程如图 8.4 所示。

专业三维设计软件一般都包括：①具有尺寸驱动的零件的三维建模模块。②零件模型组装为装配体、装配体转换为爆炸图模块。③零件或部件模型图生成工程图模块。在三维建模软件中先完成零件建模，再组装为装配体进行干涉检查，最后由装配体生成装配图。因装配图可由三维装配体模型转换生成，不再需要专门绘制装配图，故简化了设计过程，极大地提高了设计效率。

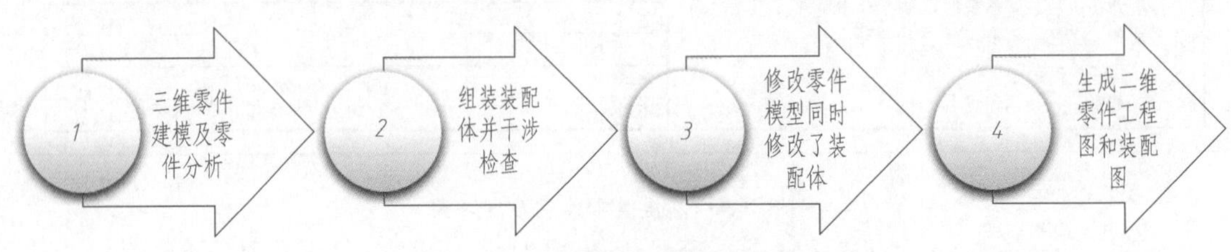

图 8.4　三维模型生成装配图的流程

AutoCAD 2016 中还不具备由模型组装装配体和生成装配图的功能，因此本教程不再赘述从三维建模到装配图的过程，但 Autodesk 公司提供的另一种设计软件 Autodesk Inventor Professional 具备这样的功能。

其他的专业三维设计软件也具备组装模块功能，可以由零件模型组装装配体。例如，NX、Creo、CATIA、SOLIDWORKS、Solid Edge 等，软件特点与详细用法请参考相关软件资料。

复习与课后练习

一、思考题

1. 完整的装配图包含哪几项内容？
2. 请说明零件图与装配图的关系。
3. 简述从装配简图或原理图到装配图的绘制流程。
4. 装配图中的简化画法规定有哪些？
5. 焊接装配图有何功能？
6. 什么是展开图？展开图如何绘制？
7. 在三维设计软件中如何绘制装配图？

二、练习题（典型题型，多练必然熟能生巧）

请重复绘制任务 8-1~8-3。

三维建模篇

三维建模很直观，实体模型信息全。

内容要点

1. 三维基本立体建模
2. 基本立体搭建组合立体
3. 非基本立体建模
4. 复杂组合体建模

第 9 章

三维实体建模及工程图转换

目标任务

- 熟悉面与体的 3D 编辑命令和操作
- 掌握基本立体搭建组合立体的方法
- 掌握拉伸、旋转、扫掠、放样建模方法
- 掌握较复杂三维立体的综合建模方法
- 熟悉三维实体转换成工程图样的方法

三维建模口诀

三维模型基本体，圆柱圆锥与球体，棱柱棱锥立方体，楔环共称基本体。
立体构建始端面，端面画在 xOy 面，立体颜色分两种，图层色与特性色。
拉伸旋转与扫掠，放样建模复杂体，基本立体可编辑，编辑也成复杂体。
若干立体堆叠起，布尔并集成一体，要出孔槽先成体，布尔差集切割去。

9.1 三维建模要点

三维几何模型分类：在 AutoCAD 中，用户可以创建并使用三种类型的三维模型：线框模型、表面模型、实体模型。这三种模型在计算机中以线面结构形式显示，用户可对后两种进行着色与渲染，使表面模型及实体模型具有丰富多彩的表现力。

线框模型（Wireframe Model）：线框模型是一种轮廓模型，是用三维空间的直线及曲线表达三维立体，不包含面及体的信息。由于不含体的数据，不能使该模型消隐或着色，用户也不能得到实体的质量、重心、体积、惯性矩等物理参数，也不能进行布尔运算。但线框模型的优点是易于捕捉点、线对象，故常常在需要三维捕捉建模时使用线框模型。

表面模型（Surface Model）：表面模型是用物体的表面表示物体。表面模型具有面及三维立体的边界信息，表面不透明，能遮挡光线，因而表面模型可以被渲染及消隐，但不能进行布尔运算。对于计算机辅助加工，可以根据零件的表面模型生成完整的加工信息。

实体模型（Solid Model）：实体模型具有线、面、体的全部信息。实体模型可以区分对象的内部及外部，可进行打孔、切槽和添加材料等布尔运算，可对实体装配进行干涉检查，分析模型的质量分布特性（如质心、体积和惯性矩），也可利用实体模型的数据生成数控加工代码。

模型颜色：实体模型由建模时的当前图层颜色确定的颜色称为图层色，由模型特性管理器颜色特性确定的颜色称为特性色。模型表面颜色也可用［面着色］命令工具染色。

单体建模方式：AutoCAD 2016 可以快速建模七种基本立体（也称为三维图元），即长方体、圆柱体、圆锥体、棱锥体、楔体、球体、圆环体，如图 9.1 所示。基本立体以外的其他单体称为非基本体，可通过拉伸、旋转、扫掠、放样及基本体再编辑五种方法建模，如图 9.2 所示。单体建模时底面草图必须绘制在 UCS 的 xOy 平面中，因此建模不同方向的单体，要借助旋转 UCS 坐标系或用捕捉追踪方法。

图 9.1　三维基本立体种类

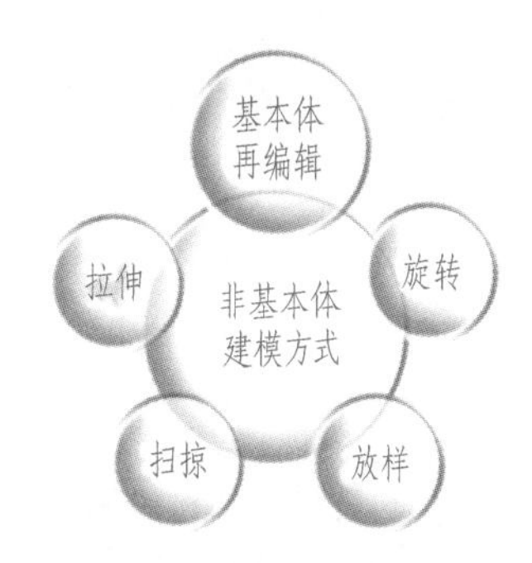

图 9.2　三维非基本体建模方式

三维坐标系：三维坐标系分为世界坐标系 WCS 与用户坐标系 UCS，UCS 由用户建立并可以任意移动和旋转。因 AutoCAD 默认在 xOy 平面上绘制草图及标注尺寸，而组合立体的建模过程中常常需要在已有立体表面上绘制草图，这就需要频繁移动或旋转 UCS 到需要的位置及方向，称为重新定位 UCS。

重新定位 UCS：AutoCAD 中 UCS 操作命令集中放置在［常用］选项卡下的［坐标］命令工具类中，利用三点法重定位 UCS，可将 UCS 定位到任意位置和任意方向。

实体编辑：AutoCAD 三维建模主要对象是三维实体，为此增加了实体操作及编辑工具，这些命令工具按类别分为生成实体的［实体］命令工具类；实体布尔运算的［布尔值］命令工具类；［剖切］［圆角］［加厚］［抽壳］［倾斜面］等实体编辑命令工具类；生成截面图的［截面］命令工具类；对象选择与编辑的［选择］命令工具类等。常用的实体编辑工具如图 9.3 所示。

曲面编辑：曲面编辑命令能快速生成曲面或改变曲面形状。AutoCAD 将曲面操作命令集中放置在［曲面］选项卡下，其中包含［创建］［编辑］［控制点］［曲线］［投影］等曲面操作命令工具，通过这些工具可实现曲面创建、曲面编辑、曲面投影等操作。

图形观察：为了显示实体模型三维尺寸与形状，AutoCAD 提供了两类三维视图的观察方式，其一是十种静态标准观察视角，其二是三种动态观察工具。

静态观察：十种静态标准观察视角是［前视］［左视］［右视］［俯视］［仰视］［后视］［东南等轴测］［西南等轴测］［东北等轴测］［西北等轴测］，如图 9.4 所示。这些标准视角观察到的模型是静止的，因此称为静态观察视角。

动态观察：视图控件下或建模区域右侧的导航控制盘下有三种动态观察工具：可用鼠标手动三维旋转观察的动态观察工具、只能沿水平或竖直方向用鼠标旋转的自由动态观察工具、可自动旋转连续观察的连续动态观察工具。

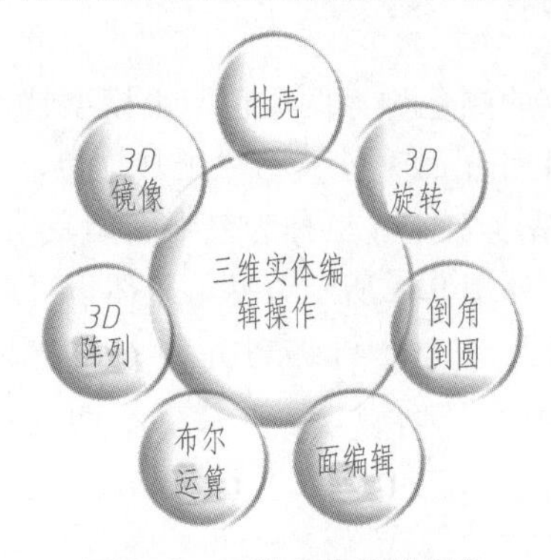

图 9.3 三维实体编辑操作

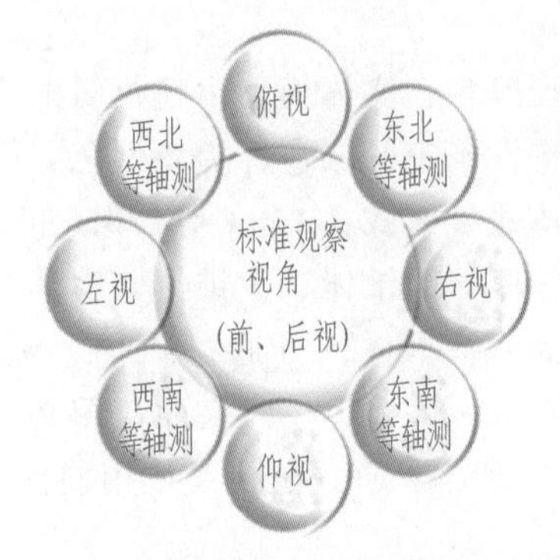

图 9.4 三维实体十种标准观察视角

组合立体建模方法：组合立体建模过程类似“搭积木”过程，即用若干单体在三维空间依次搭建出一个复杂的组合立体。这些单体可以单独建模后通过移动叠加在一起，也可以直接在一个立体的表面建模形成另一立体。搭建在一起的立体若要浑然一体，则必须经过实体［布尔运算］命令工具。要注意布尔运算的颜色变化规律。

※知识点 1：基本立体也称为三维图元，AutoCAD 提供了［长方体］［圆柱体］［圆锥体］［棱锥体］［球体］［楔体］［环体］七类命令工具快速建模七类基本立体。

※知识点 2：［棱锥体］命令默认建模为四棱锥，也可建模任意 n 个侧面棱锥和棱台体。棱台体建模方法是：［棱锥体］命令↙输入侧面数“n”↙ xOy 面上绘制底面↙选项［T］↙顶面外接圆（或内切圆）半径↙台体高度↙。建模后还可以调出特性管理器修改模型参数。

★技巧 1：楔体的长沿 x 轴方向，宽沿 y 轴方向，高度由底面先画的宽度边沿 z 轴方向生成。因此楔体的高度方向与底面边线的绘制顺序有关。

★技巧 2：立体的颜色：①由建模时绘制草图的图层颜色确定的模型颜色称为图层色。②建模后通过立体特性管理器修改得到的模型颜色称为特性色。

9.2 基本立体建模及实体编辑训练

任务 9-1 三维基本立体建模与 UCS 变换

（1）训练目的 练习长方体、球体、不同方向的圆柱体、棱柱体、圆锥体、棱锥体、环体、楔体等基本立体的快速建模方法及 UCS 变换方法；练习由图层颜色确定模型的颜色。

（2）训练要求 按 1∶1 的比例绘制如图 9-1.1 所示 12 种基本立体。

（3）要点分析 如图 9-1.1 所示的 12 种基本立体，通过基本建模命令就能够完成基本立体的建模。重点是练习重定位 UCS 与确定立体的图层色。

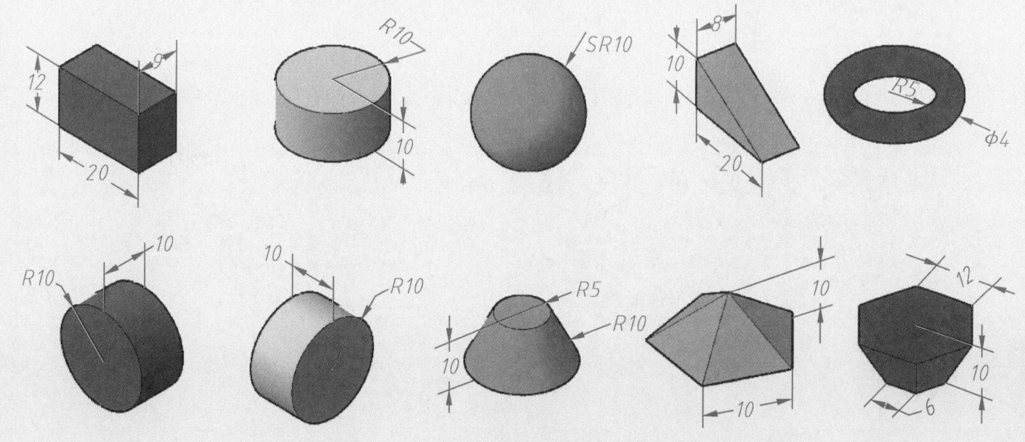

图 9-1.1　12 种基本立体三维模型

（4）做法步骤

步骤 1：进入［三维建模］空间，选取［西南等轴测］视图方向。

步骤 2：先根据颜色选定图层，再旋转 UCS 到需要的方向，依次输入对应命令按命令提示建模各基本立体。以六棱台为例：选虚线层（青色）↙［棱锥体］命令↙侧面数为 6↙［E］（选边）↙追踪 x 方向画边长 12 的边↙［T］↙输入顶面外接圆半径“6”↙输入高度“-10”。

※知识点 1：AutoCAD 三维建模的操作对象是点、线、面、体，因此增加了许多面与体的操作命令，通过面、体的编辑操作可实现三维立体的变形与渲染。

※知识点 2：［SOLIDEDIT］命令是一大类三维实体编辑命令，二级选项面操作［FACE］的三级选项［E］［C］［R］［T］［L］可分别实现面的删除、复制、旋转、倾斜、着色操作。三维实体编辑命令图标集中放在［实体］及［常用］选项卡中。

※知识点 3：三维曲面的操作比较复杂，命令也比较多，包括曲面创建、编辑、曲线编辑、投影等命令。三维曲面编辑命令集中放入［曲面］选项卡中。

★技巧 1：三维建模时打开［三维捕捉］状态，并选择［二维线框］视觉样式，有利于准确捕捉三维点、线对象。

★技巧 2：［布尔并集］命令可实现将多个单体组合成一个组合体，［布尔差集］命令可实现实体切割。布尔运算命令对面和实体同样有效。

★技巧 3：所有实体模型表面颜色都可以通过［面着色］命令改变颜色。

任务 9-2　基本立体组合建模与实体面编辑

（1）训练目的　由三个基本立体组合建模，练习面复制、面删除、面倾斜、面着色等面操作命令，练习用标准视角观察三维模型。

（2）训练要求　按 1∶1 的比例绘制如图 9-2.1 所示斜面垫块，并用十种静态标准视角观察模型。

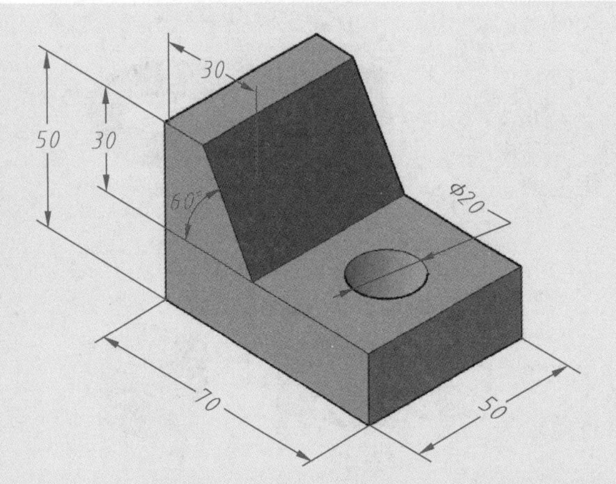

图 9-2.1　斜面垫块三维模型及建模要点

（3）形体分析　如图 9-2.1 所示斜面垫块可看作由两个长方体叠加后切除一个圆柱体，再将小长方体的前表面经过倾斜并着色后形成。为了练习三维面操作命令，可按照图 9-2.2 所示步骤建模。也可以采用拉伸的方法一次成形斜面垫块。本任务着重练习通过改变模型特性设置特性色及通过［面着色］命令改变表面颜色两种上色操作方法。

（4）做法步骤　参考图 9-2.2 所示做法步骤图解进行。

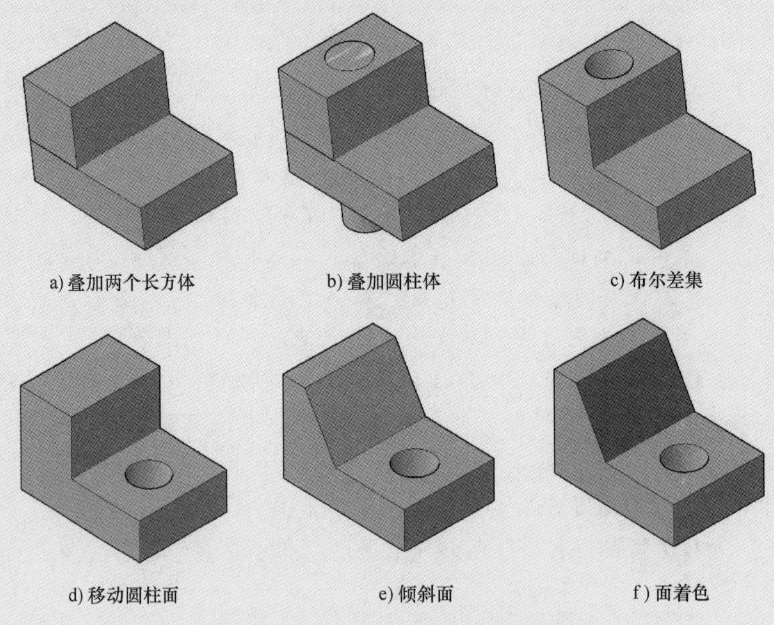

图 9-2.2　斜面垫块建模步骤图解

步骤 1：搭建两个长方体，如图 9-2.2a 所示。

做法：进入［三维建模］空间，选取［西南等轴测］，［长方体］↙选起点后输入坐标“@75，50，20”↙↙捕捉起点↙输入长方体对顶角相对坐标↙选中两个立体后单击鼠标右键↙选［特性］↙调整颜色特性色为绿色↙。

步骤 2：叠加一个圆柱体，如图 9-2.2b 所示。

做法：[圆柱体]↙选小长方体上表面中点为圆柱底面圆心↙向下拉伸长度≥50↙选[黄色]特性色↙。

步骤3：布尔差集形成组合体，如图9-2.2c所示。

做法：[布尔差集]↙选两个长方体↙选圆柱体↙。

步骤4：移动圆柱面，如图9-2.2d所示。

做法：[SOLIDEDIT]↙[FACE]↙[MOVE]↙选中圆柱面↙指定基点↙捕捉目标点↙。

步骤5：倾斜面，如图9-2.2e所示。

做法：[SOLIDEDIT]↙[FACE]↙[T]↙选中小长方体的前表面↙选倾斜面的一个边的不旋转点为基点↙指定旋转边上另一点↙输入倾斜角度“30°”。

步骤6：倾斜面着色红色，如图9-2.2f所示。

做法：[SOLIDEDIT]↙[FACE]↙[L]↙选中斜面↙选红色↙。

步骤7：标准视觉观察实体练习。

做法：[视角]↙分别选[前视][后视][左视][右视][俯视][仰视][东南等轴测][西南等轴测][东北等轴测][西北等轴测]视角观察模型。

步骤8：动态观察三维模型练习。

做法：导航控制盘中分别选[动态观察][实时动态观察][连续动态观察]三种方式，用鼠标拖动连续观察三维模型。

※知识点：[3D旋转]命令（ROTATE3D）是将对象沿某轴线旋转0°~360°实现立体的准确方位调整。旋转轴选择灵活方便，可以指定一条直线的两个端点[2点]选项确定旋转轴，可以选任意坐标轴作为旋转轴。

★技巧1：实体的圆角及倒角操作一般放在实体建模后，[实体圆角]命令（FILLETEDEG）可对实体倒圆（立体的倒圆角不同于平面[倒角]命令）。倒圆操作方法：[FILLETED]↙[R]↙输入半径↙选多个边↙确认半径值↙。倒角方法类似。

★技巧2：立体的旋转、移动、复制要用三维实体命令，利用捕捉追踪方法移动、复制立体时，一定要注意捕捉点的准确三维位置，否则容易出错。

★技巧3：布尔差集运算中减立体和被减立体都可以选择多个对象，被减的多个对象默认先并集运算后再差集运算。

★技巧4：在立体表面绘制平面草图前将UCS的xOy平面移动到该平面上，可以准确绘制复杂的平面草图，用捕捉法绘制草图时容易捕捉出错而绘制成不封闭的三维草图。

任务9-3 立方体与球的组合建模与实体三维旋转

（1）训练目的　练习用立方体与球体建模组合体、定位UCS、布尔差集、三维旋转、实体复制、实体圆角和表面着色等命令的操作。

（2）训练要求　按1∶1的比例建模如图9-3.1所示骰子三维模型。

建模目的：练习基本立体搭建组合立体、三维旋转对象操作
建模要点：
①先建模边长60的立方体。
②在立方体可见的三个表面上分别建模球体，用[布尔差集]形成凹球面。
③整个模型三维旋转180°将其余三个面旋转到可见位置，依次建模形成所需数量的凹球面。
④最后用[实体圆角]命令倒圆角R3，并将圆角着色为红色。

图 9-3.1　骰子三维模型及建模要点

（3）要点分析　如图 9-3.1 所示的骰子由立方体和半球凹面组成。先绘制一个立方体，然后在表面建模球体，利用布尔差集运算形成半球凹面，再将各棱边倒圆角并着色。难点：立方体六个面都有大小颜色各不同的凹球面，因此建模过程中需要对立体进行翻转，翻转立体要用［实体旋转］命令（ROTATE3D）。球体颜色要选特性色差集形成的凹球面才能保持球颜色。

（4）做法步骤　参考图 9-3.2 所示做法步骤图解进行。

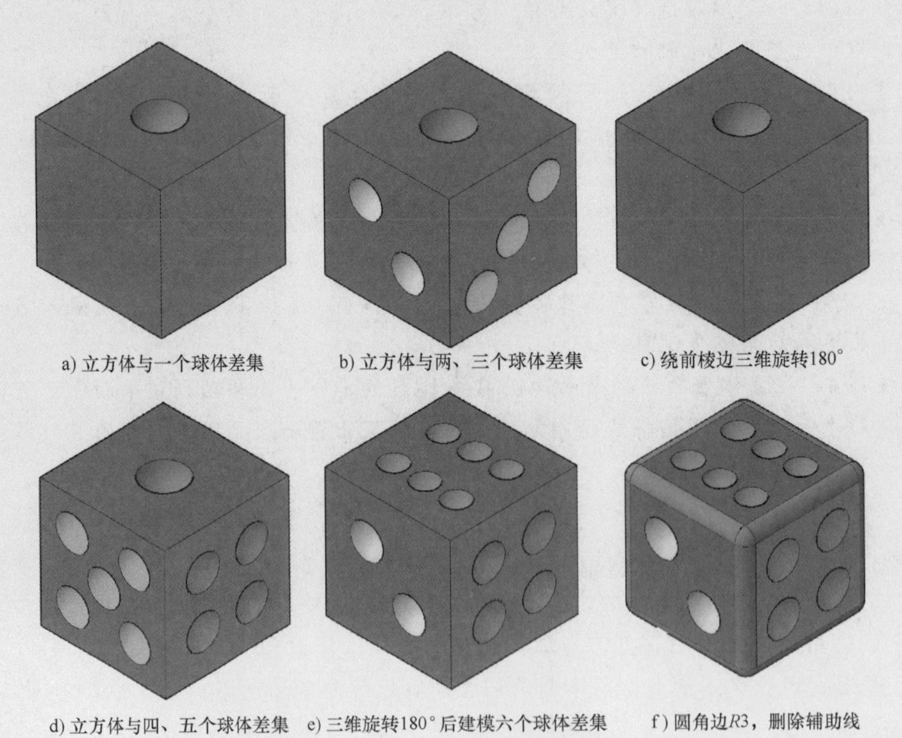

a) 立方体与一个球体差集　b) 立方体与两、三个球体差集　c) 绕前棱边三维旋转180°

d) 立方体与四、五个球体差集　e) 三维旋转180°后建模六个球体差集　f) 圆角边R3，删除辅助线

图 9-3.2　骰子建模步骤图解

步骤1：建模边长60mm的立方体及1点球面，如图9-3.2a所示。

做法：①立方体成形：蓝色图层↙［长方体］↙选基点↙选项［立方体C］↙边长60↙。②一个点球面成形：定位UCS的xOy平面位于立体上表面，输入“ucs”↙选上表面角点为原点↙选x轴沿一条边↙选y轴沿另一垂直边（练习变换坐标系，不移动UCS而用三维捕捉也可行）↙［球］↙捕捉球心位于上表面中心↙半径5↙球颜色选特性色红色↙［布尔差集］↙选立方体↙选球↙。

步骤2：2、3点球面建模成形，如图9-3.2b所示。

做法：①2点球面建模：定位UCS的xOy平面位于立方体左侧面↙画对角线↙三等分对角线↙［球］↙捕捉球心位于对角线等分点↙半径4↙球颜色选特性色黄色↙［实体复制］↙复制球到另一等分点↙［布尔差集］↙选立方体↙选两个球↙。②3点球面建模：定位UCS的xOy平面位于立方体前侧面↙画对角线↙四等分对角线↙［球］↙捕捉球心位于对角线等分点↙半径4↙球颜色选特性色绿色↙［复制］↙复制球到另两个等分点↙［布尔差集］↙选立方体↙选三个球↙。

步骤3：立方体绕前棱边旋转180°，如图9-3.2c所示。

做法：［3D旋转］（RATATE3D）↙选立方体↙选定前棱边为旋转轴线↙180°↙。

步骤4：4、5点球面建模成形，如图9-3.2d所示。

做法：参考步骤2做法。

步骤5：绕左上棱边旋转立方体180°后建模6点球面成形，如图9-3.2e所示。

做法：［3D旋转］（RATATE3D）↙选立方体↙选定在上棱边为旋转轴线↙180°↙。先绘制六个球心位置草图，在球心位置建模六个球，差集形成六个凹球面。

步骤6：删除辅助线，各棱边倒圆角并着色，如图9-3.2f所示。

做法：［二维线框］模式↙［实体编辑］↙［圆角］↙圆角半径3↙依次选所有边↙［面着色］↙选所有圆角为对象↙颜色选为红色↙，删除所有图线及辅助线，完成。

※知识点1：［3D阵列］（3DARRAY）、［3D旋转］（3DROTATE）、［3D镜像］（3DMIRROR）命令操作对象是实体，属于三维实体编辑命令。

※知识点2：［压印］命令（IMPRINT）是将二维图形压印在三维实体表面上，以创建更多的可见边或图形，压印所得图形属于面上固有的图形。

★技巧1：利用［压印］命令可将面与立体的截交线印在该面上，增加视觉效果，也可以将压印图形作为拉伸对象实现拉伸和缩进建模。

★技巧2：当模型为面模型或实体模型时，在模型表面绘制的草图会被立体表面覆盖而不能显示，压印图形则能显示。

★技巧3：［3DROTATE］命令可绕基点旋转形成立体，［ROTATE3D］命令则绕坐标轴或指定线旋转形成立体，注意区别应用。

★技巧4：［3DARRAY］命令阵列中需要输入行数、列数、层数、行距、列距、层距六个参数。行距、列距、层距为正值时沿x、y、z轴正方向，负值则沿反方向。

★技巧5：［3DARRAY］命令可实现整体三维模型的实体镜像。

任务 9-4 实体表面压印与 3D 实体编辑

（1）训练目的 练习压印操作及 3D 阵列、3D 旋转、3D 镜像等实体编辑命令的操作。

（2）训练要求 1∶1 绘制如图 9-4.1 所示环形孔带三维模型。

（3）要点分析 如图 9-4.1 所示的环形孔带表面共有两层圆孔。为了练习实体编辑命令，本任务中采用［拉伸］［压印］［3D 阵列］［3D 旋转］［3D 镜像］等命令组合建模。

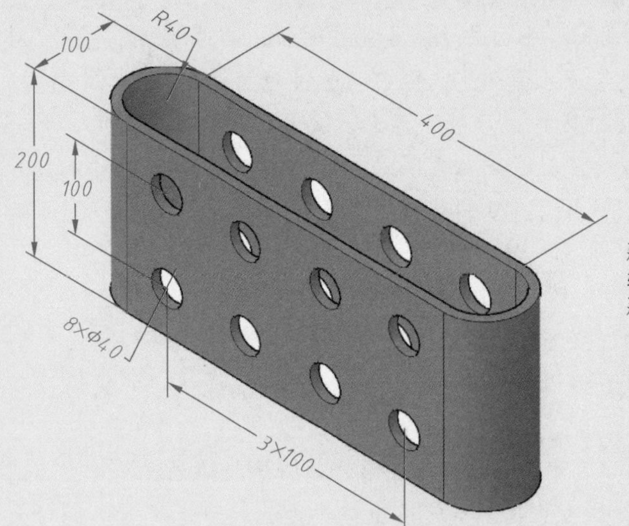

建模任务：[拉伸][压印][3D阵列][3D镜像][3D旋转]等实体编辑命令的操作。
建模要点：
① 先拉伸成形一半环形带基体。
② 在环形带上通过[压印][拉伸]出孔。
③ 一半环形带通过[3D镜像]成为一个整体环形带。
④ 环形带整体[3D旋转]90°。

图 9-4.1 环形孔带三维模型

（4）做法步骤 参考图 9-4.2 所示做法步骤图解进行。

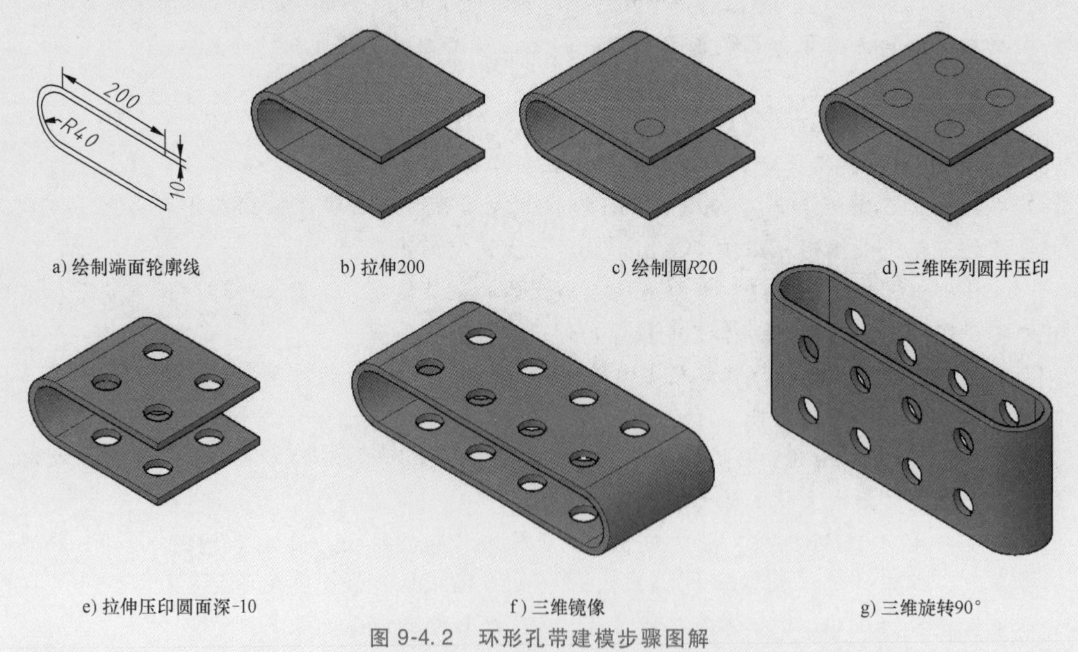

图 9-4.2 环形孔带建模步骤图解

步骤 1：绘制一半环形带的端面草图，如图 9-4.2a 所示。

做法：选取［西南等轴测］视角，黑色线型↙［多段线］↙绘制端面草图。

步骤 2：拉伸环形带至宽度 200，如图 9-4.2b 所示。

做法：拉伸↙选端面草图（或如果用线段连接成的草图要先生成面域）↙拉伸距离 200↙。

步骤 3：在环形带上表面绘制单个圆草图，如图 9-4.2c 所示。

做法：三点法定位 UCS 使得 xOy 平面位于上侧表面上↙黑色线型↙［圆］↙［追踪自］确定圆心位置↙ $R20$↙。

步骤 4：三维阵列圆（两层共八个）于环形带外侧表面并压印，如图 9-4.2d 所示。

做法：［3D 阵列］（3DARRAY）↙选对象圆↙行数 2↙列数 2↙层数 2↙行距 100↙列距 100↙层距离-100↙［压印］（IMPRINT）↙选实体环形带↙选其中一圆为对象↙删除源对象↙依次压印上表面所有四个圆↙。

步骤 5：拉伸压印圆形成孔，如图 9-4.2e 所示。

做法：［推拉面］（PRESSPULL）↙单击选择压印圆面内一点↙［拉穿］↙，拉伸四次共八个孔。

步骤 6：三维镜像（3DMIRROR）环形带并布尔并集，如图 9-4.2f 所示。

做法：［3DMIRROR］↙选对象环形带↙选环形带断面为镜像面↙［布尔并集］↙。

步骤 7：3D 旋转，如图 9-4.2g 所示。

做法：［3DROTATE］↙选环形带为对象↙选环形带侧边一点为基点↙ 90°↙。［3DROTATE］命令绕基点旋转，不同于［ROTALE3D］命令。

9.3 用基本立体搭建组合体训练

复杂立体可由基本立体经过切割形成，组合立体可由多个基本立体经过叠加形成。AutoCAD 中提供了七种基本立体（图元），通过多个基本立体可以叠加形成丰富的组合立体。AutoCAD 中切割法的实质就是多个立体的布尔差集运算，而叠加法的实质就是一种类似“搭积木”的组合体建模过程，然后用布尔并集运算合成一体。

※知识点：组合体可用三维单体搭建而成，复杂立体也可由立体经过切割形成。AutoCAD 中组合立体的建模过程实质就是搭建和切割的过程。

★技巧 1：基本立体搭建组合立体后必须进行布尔运算，否则不会形成一体化组合体，叠加面上仍保留过渡线。布尔并集也能使若干立体合为一个立体，布尔差集也能够实现立体切割、开孔、开槽等，布尔交集就是求多个立体的公共部分。

★技巧 2：多个特性色立体布尔运算后形成的组合体的表面颜色确定原则：①非平齐叠加的面仍保持原单体的颜色。②布尔差集后的孔槽表面保留减去的立体颜色。③平齐叠加形成的面颜色与并集对象的选取顺序有关，面颜色与最先选择的立体的颜色相同。

★技巧 3：多个图层色单体布尔并集后形成的组合体的表面颜色无论平齐与否，所有面的颜色均与并集时首先选择的立体颜色相同。差集时若减去的立体颜色是图层色则切割面与被减立体颜色相同。

任务 9-5　用基本立体搭建彩色亭台模型

（1）训练目的　练习用基本立体搭建组合立体彩色亭台，熟悉并集后颜色变化规律。

（2）训练要求　利用基本立体按 1∶1 的比例搭建如图 9-5.1 所示组合立体彩色亭台。

（3）形体分析　如图 9-5.1 所示彩色亭台由长方体底板、两个长方体侧板、四个楔体肋板、长方体盖板、圆柱体凸台、凸台中心放置一个圆环和圆球等基本立体叠加而成。建模过程就是从下向上依次搭建各基本立体，类似“搭积木”。搭建完成以后必须通过［布尔并集］命令将各个立体并成一个完整的组合立体，否则各单体之间会留有过渡面和过渡棱线。

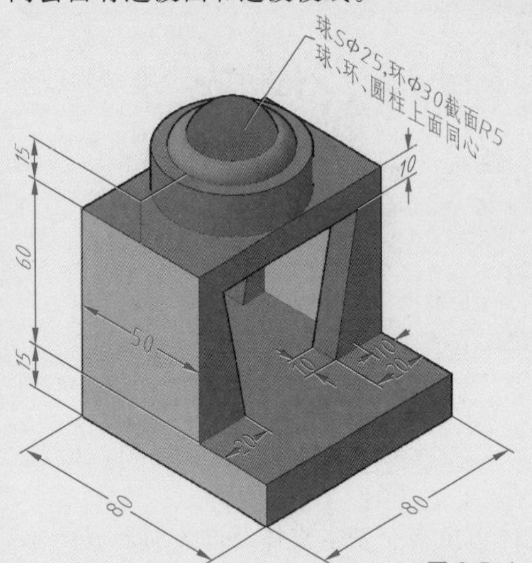

建模要点：

①用基本立体搭建组合体的顺序必须符合连接关系，各立体的位置用捕捉方法确定。

②楔体的高度方向由先画的宽度边沿z上升生成，注意底边的绘制次序。

③圆柱体、圆环体、球体与盖板上表面中心位置重合。

④尺寸标注的尺寸线均位于xOy平面，所以标注尺寸时应将UCS定位到标注平面，且要注意x、y轴方向与字体方向同向。

⑤单体的颜色选用特性色，布尔并集形成的组合体的表面颜色取决于各单体颜色和对象选择的先后顺序。本例中并集选择对象顺序是首先选绿色的侧板然后选红色楔体，其余顺序任意。

图 9-5.1　彩色亭台三维模型

（4）做法步骤　参考图 9-5.2 所示步骤图解：

步骤 1：建模立方体底板、侧板及两个肋板，如图 9-5.2a 所示。

做法：选择［东南等轴测］。①建模底板：［立方体］↙选基点位置↙输入坐标“@80，80，15”，特性色为黑色。②建模侧板：［立方体］↙捕捉底板上表面右后顶点为起点位置↙输入坐标“@50，-10，50”，特性色为绿色。③建模肋板并复制：［楔体］↙捕捉楔体的角点位置↙输入坐标“@10，-10，50”↙特性色为洋红↙复制第二处肋板。

步骤 2：三维镜像侧板及肋板，如图 9-5.2b 所示。

做法：［3D 镜像］（3DMIRROR）↙选侧板及两个肋板↙用三点法选对称面为镜像面↙。

步骤 3：搭建盖板，如图 9-5.2c 所示。

做法：［立方体］↙捕捉侧板顶点为盖板起点位置↙捕捉对角点位置，输入高度“10”↙设置特性色为黑色。

步骤 4：搭建圆柱体，如图 9-5.2d 所示。

做法：［圆柱体］↙捕捉盖板中心为圆柱体圆心位置↙输入半径“25”↙高度“15”，设置特性色为黑色。

步骤 5：搭建圆环体，如图 9-5.2e 所示。

做法：［圆环］↙捕捉圆柱体表面圆心为圆环中心↙输入圆环半径及截面半径，设置特性色为红色。

步骤6：搭建特性色蓝色球体后并集为一体，如图9-5.2f所示。

做法：球体↙选圆柱体上表面中心为球心↙。最后进行布尔并集运算，并集对象首选侧板次选楔体，其余顺序任意。

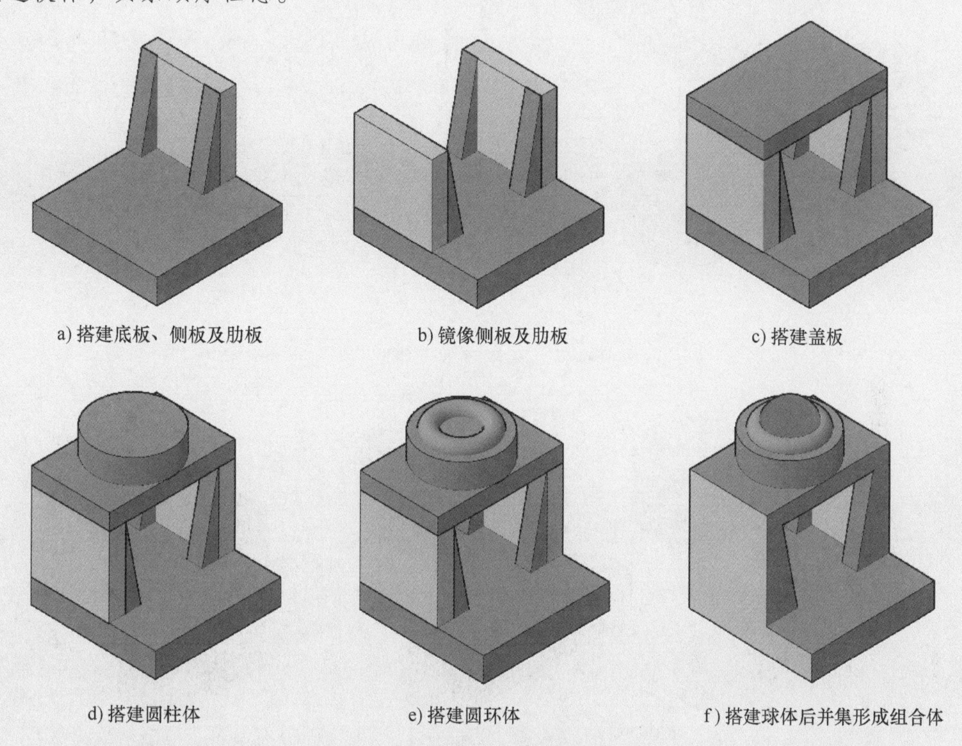

a) 搭建底板、侧板及肋板　　b) 镜像侧板及肋板　　c) 搭建盖板

d) 搭建圆柱体　　e) 搭建圆环体　　f) 搭建球体后并集形成组合体

图9-5.2　彩色亭台建模步骤图解

任务9-6　用基本立体搭建直角支架模型

（1）训练目的　练习利用不同的基本立体搭建组合立体。

（2）训练要求　利用基本立体按1∶1的比例搭建如图9-6.1所示直角支架模型。

（3）形体分析　如图9-6.1所示直角支架由圆头底板、直角支撑板、肋板、圆柱筒四个立体构成。这四个立体都可以用基本立体通过搭建和布尔运算完成。

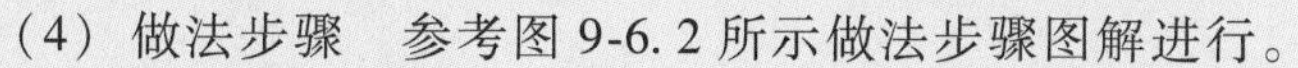

（4）做法步骤　参考图9-6.2所示做法步骤图解进行。

步骤1：搭建圆头底板及空心圆柱体并设置颜色，如图9-6.2a所示。

做法：①底板建模：［东南等轴测］，利用一个立方体、两个圆柱体搭建底板，搭建两个底板孔圆柱体并设置特性色为黄色。②同心圆柱体建模：画中心线确定圆柱体圆心位置，［圆柱体］↙捕捉中心位置↙ ϕ108及 ϕ64↙长度60↙，内外圆柱体特性色分别设置为黄色及红色。

步骤2：搭建直角支撑板后布尔差集为一体，如图9-6.2b所示。

做法：①支撑板建模：捕捉追踪底板长边中点↙两个长方体垂直形成支撑板↙设置颜色为蓝色↙。②差集为一体：［差集］↙底板长方体、底板圆柱体、大外圆柱体、两个支撑板↙内孔圆柱、两个底板孔圆柱体↙。

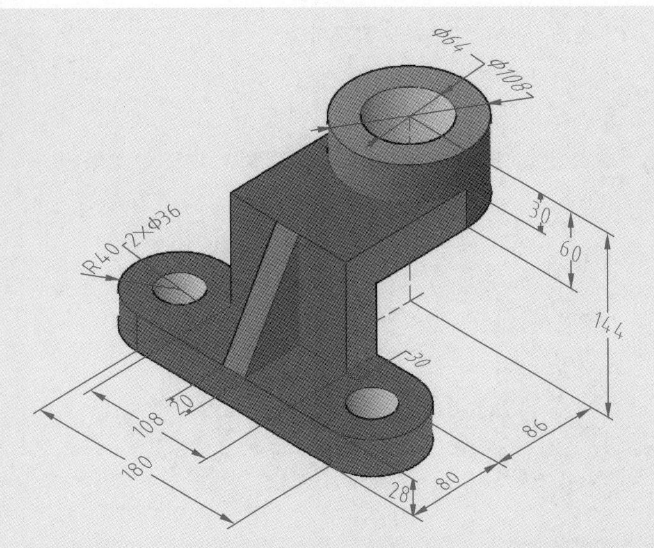

建模目的：多个基本立体组合建模。
建模要点：
①先建模底板与圆柱体外形与内孔，注意此时底板与圆柱体内孔先不用差集运算形成。
②建模直角支撑板后，差集运算形成底板与圆柱体内孔。
③建模肋板，然后并集运算成一体。
实际上本任务用拉伸体搭建模型更加方便，不过本任务主要为了练习基本体组合建模。

图 9-6.1　直角支架三维模型

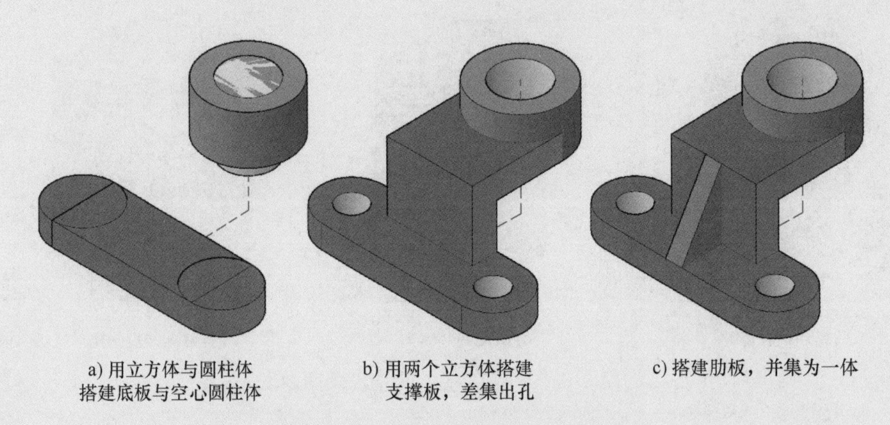

a) 用立方体与圆柱体搭建底板与空心圆柱体　b) 用两个立方体搭建支撑板，差集出孔　c) 搭建肋板，并集为一体

图 9-6.2　直角支架建模步骤图解

步骤 3：搭建肋板后布尔并集为一体，如图 9-6.2c 所示。

做法：①建模肋板：建模楔体并设置特性色为紫红色↙。②用［布尔并集］使其合为一体（选择顺序任意）。

9.4　非基本立体建模训练

除了七个基本立体外的单个立体称为非基本立体，非基本立体可由［拉伸］［旋转］［扫掠］［放样］等命令工具创建，也可用基本立体经过实体编辑形成。

※知识点 1：［拉伸］命令（EXTRUDE）可通过指定二维或三维曲线对象创建三维实体或曲面。当拉伸对象为封闭的单一图框或一个面时，拉伸出实体；当拉伸对象是不封闭的曲线或由连续直线绘制的图框时，则拉伸成形的是三维曲面或面组合体。

※知识点2：［拉伸］命令（EXTRUDE）的默认拉伸高度方向沿UCS的z轴方向，当用［P］选项拉伸时则可以实现沿路径拉伸，拉伸路径可以是曲线也可以是折线。

※知识点3：［拖拉］命令（PRESSPULL）可拖动一个曲线或有边界的区域沿移动方向创建三维曲面或三维立体。当选择一段曲线或线段时，则创建曲面或平面；当选择绘制在另一实体面上的有边界的区域内一点时，则可实现拉伸切除实体。

★技巧1：要在实体上形成直槽或直孔有两种方法：①先用［EXTRUDE］命令拉伸出与被切割槽或孔形状相同的实体后再用［布尔差集］切除。②先绘制孔槽断面图形后用［PRESSPULL］命令推拉出孔槽。在实体上形成阶梯孔槽只能在先成体后再差集形成。

★技巧2：拉伸对象及拉伸路径最好用多段线绘制，则可直接拉伸出实体。如果要拉伸出空心实体，则拉伸对象必须是一个空心面域。

任务9-7　多个拉伸体形成切割型复杂立体

（1）训练目的　利用多个简单拉伸体形成切割型复杂立体。

（2）训练要求　利用拉伸成形法按1∶1的比例建模如图9-7.1所示滑块三维模型。

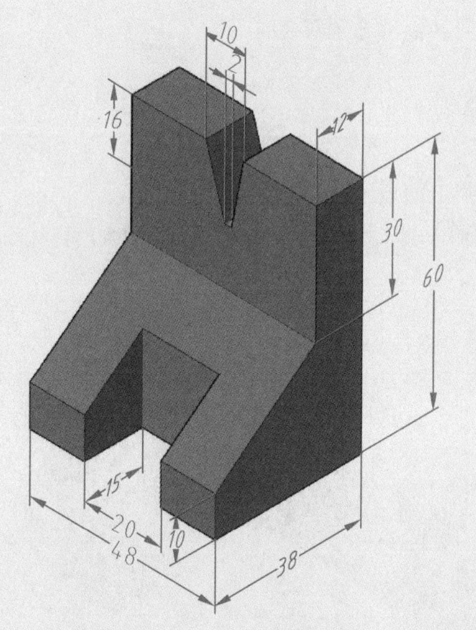

建模目的：多个拉伸体组成槽体。
建模要点：
①先拉伸出L形整体外形。
②拉伸出方槽体与V形槽体。
③布尔差集形成槽。

图9-7.1　滑块三维模型

（3）形体分析　如图9-7.1所示立体可以看作由立方体经过两次切割形成。成形方法是：先拉伸成形L形立体，再拉伸出一个长方体和一个V形体，再从L形立体中通过布尔差集运算减去长方体和V形体后形成方槽和V形槽。方槽及V形槽也可用［PRESSPULL］命令拉伸切除。

（4）做法步骤　参考图9-7.2所示做法建模步骤图解进行。

步骤1：拉伸出L形立体形状，如图9-7.2a所示。

做法：选［东南等轴测］，用多段线绘制侧面轮廓草图↙［拉伸］↙选草图↙拉伸高度48↙。

步骤 2：拉伸出一个 V 形立体及一个长方体，如图 9-7.2b 所示。

做法：①V 形立体建模：用多段线捕捉位置绘制 V 形体草图↙［拉伸］↙选草图↙高度≥12↙特性色为红色↙。②方槽体建模：用多段线捕捉位置绘制方槽体草图↙［拉伸］↙选草图↙高大于等于斜面高度↙设置特性色为红色↙。

步骤 3：布尔差集形成两处槽，如图 9-7.2c 所示。

做法：［布尔差集］↙选 L 形立方板↙选方槽体和 V 形体↙。

请读者练习将方槽及 V 形槽用［PRESSPULL］命令直接拉伸切除的方法。

a) 拉伸成形L形立板

b) 拉伸成形方槽体与V形槽体

c) 布尔差集运算形成槽形

图 9-7.2　滑块建模步骤图解

任务 9-8　直线拉伸与曲线路径拉伸建模

（1）训练目的　直线拉伸建模、面复制、曲线路径拉伸建模。

（2）训练要求　按 1：1 的比例建模如图 9-8.1 所示直线形工字钢和另一段 U 形工字钢的三维模型。

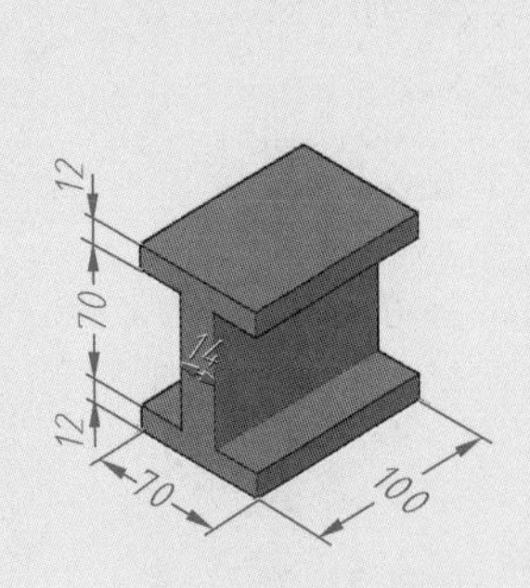

a) 直线形工字钢

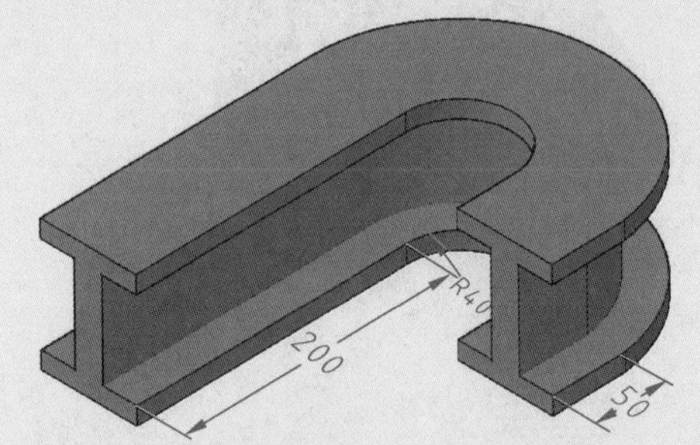

b) U形工字钢，截面尺寸同直线形工字钢

图 9-8.1　两种工字钢三维模型

（3）形体分析　图 9-8.1 所示为一段直线形工字钢（图 9-8.1a）和一段 U 形工字钢（图 9-8.1b）。两种工字钢横截面尺寸相同，先拉伸形成直线形工字钢，然后复制直线形工字钢端面并绘制 U 形拉伸路径，再沿路径拉伸形成 U 形工字钢。

（4）做法步骤　参考图 9-8.2 所示做法步骤图解进行。

步骤 1：拉伸形成直线形工字钢模型，如图 9-8.2a 所示。

做法：选［东南等轴测］，用多段线捕捉追踪绘制工字钢端面图↙［拉伸］↙100↙。

步骤2：复制端面作为拉伸对象，绘制U形拉伸路径，如图9-8.2b所示。

做法：①［面复制］(SOLIDEDIT/F/C) ↙选直线形工字钢端面↙复制到需要位置↙。②［多段线］(若用直线及圆弧绘制后要合并) ↙绘制U形拉伸路径草图↙。

步骤3：路径拉伸形成U形工字钢并着色，如图9-8.2c所示。

做法：①［拉伸］↙选工字钢端面↙［P］↙选拉伸路径草图↙。②［面着色］命令(SOLIDEDIT/F/L) ↙选面↙选颜色↙。

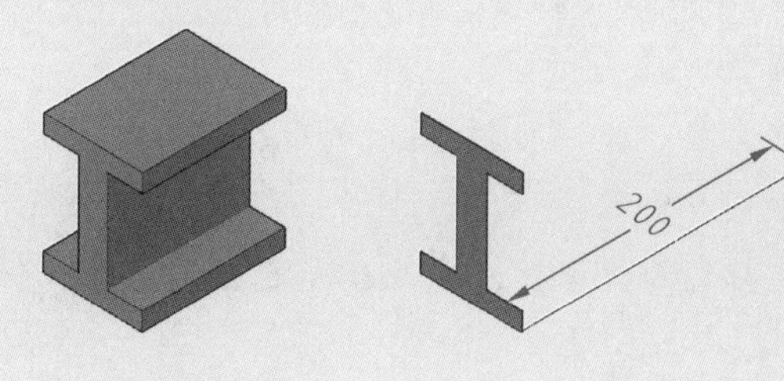

a) 直线拉伸成形直线形工字钢　　b) 复制端面并绘制拉伸路径

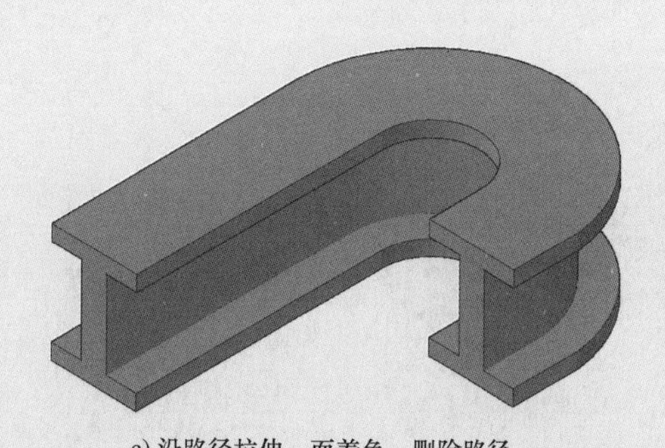

c) 沿路径拉伸、面着色、删除路径

图9-8.2　工字钢三维建模做法步骤图解

※知识点：［旋转］命令（RVOLVE）通过绕轴线扫掠二维曲线或三维曲线来创建三维实体或三维曲面。如果［实体］选项卡处于活动状态则创建实体；如［曲面］选项卡处于活动状态则创建曲面；如果对象是面域或单个封闭图框对象则创建实体。

★技巧1：旋转对象不能与轴线相交，但可以将对象的一条边选为旋转轴。

★技巧2：无论空心体或是实心回转体，回转体类零件一般都适宜用［旋转］命令建模。

★技巧3：旋转对象草图用多段线绘制比较快捷方便。

★技巧4：如果用［直线］命令绘制草图，则只能旋转生成曲面体而不能生成实体。

任务9-9　旋转成形法建模

（1）训练目的　练习［旋转］命令创建三维回转体。

（2）训练要求　利用［旋转］命令按1∶1的比例建模如图9-9.1所示带轮三维模型。

（3）形体分析　如图 9-9. 1 所示带轮是回转体类零件，回转体用旋转成形法比较简洁快速。旋转成形法第一步绘制断面轮廓草图及旋转轴线，第二步旋转成形。

（4）做法步骤　参考图 9-9. 2 所示步骤图解：

步骤 1：绘制断面形状及回转轴线，如图 9-9. 2a 所示。

做法：［模型视图］↙［东南等轴测］↙［直线］命令绘制轮廓后转换为面域（或用多段线绘制）↙，点画线层↙［直线］↙画轴线↙。

步骤 2：旋转成形，如图 9-9. 2b 所示。

做法：［旋转］↙选轮廓面域↙选回转轴线↙ 360°↙。

步骤 3：剖分成一半，如图 9-9. 2c 所示。

做法：［剖分］↙选整个带轮为对象↙三点法确定剖分面↙选择保留的实体部分↙。

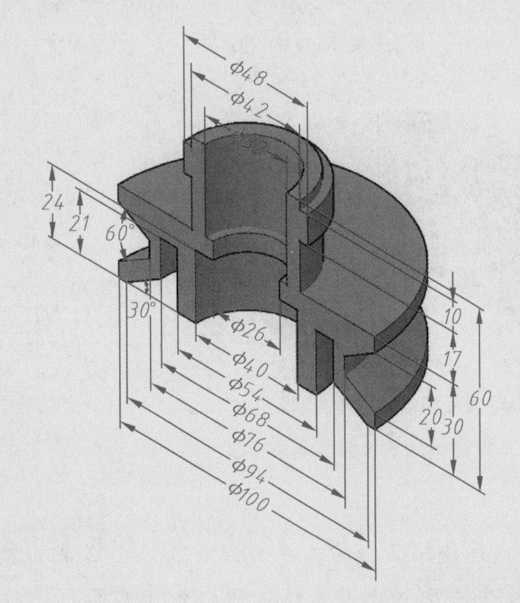

建模目的：旋转建模空心回转体。
建模要点：
①绘制截面轮廓形状图形及回转轴线，注意轮廓线用多段线绘制或用［直线］命令绘制后转换成面域。
②旋转360°成形（默认旋转360°，也可以输入旋转角度值）。
③剖分为一半，以便于标注尺寸。
④轮廓图形不能与轴线相交。

图 9-9. 1　单槽带轮三维模型

a) 绘制截面轮廓形状及轴线

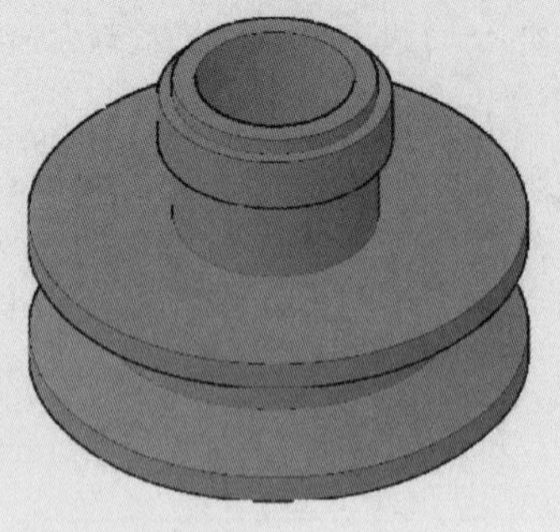

b) 旋转360°成形

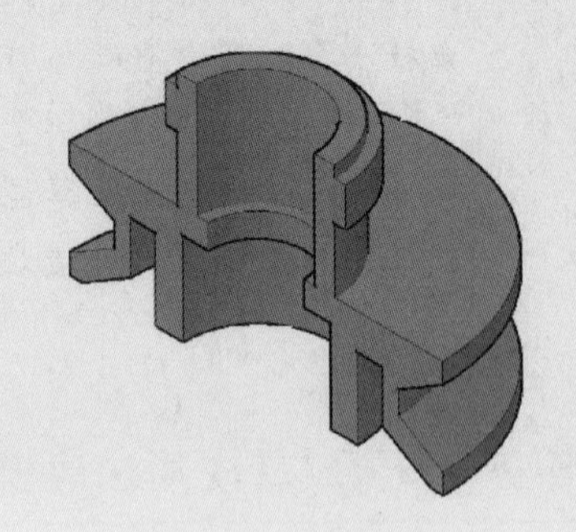

c) 对半剖切

图 9-9. 2　单槽带轮建模步骤图解

9.5　复杂组合体综合建模

任务 9-10　拉伸、扫掠组合建模

（1）训练目的　练习利用拉伸与扫掠组合建模。

（2）训练要求　利用［拉伸］及［扫掠］命令按 1∶1 的比例建模如图 9-10.1 所示弯管三维模型。

（3）形体分析　如图 9-10.1 所示弯管由一段弯管与两个法兰组合而成，可用拉伸成形法建模法兰盘，用扫掠成形法建模弯管部分，最后用布尔差集运算使之结合为一体。

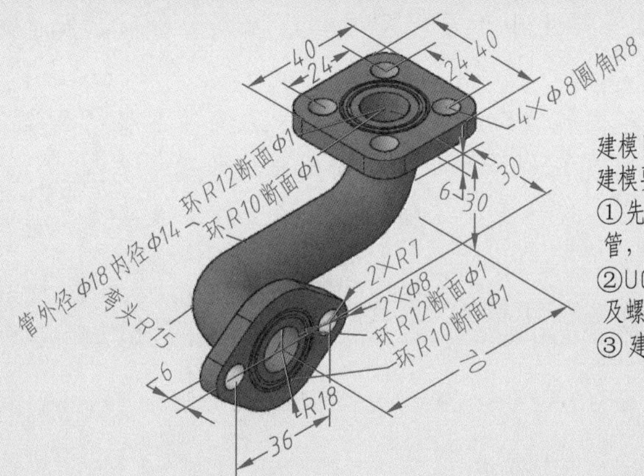

建模目的：利用扫掠与拉伸组合建模。

建模要点：

①先绘制弯管截面轮廓及扫掠路径，扫掠成形弯管，但暂时不用差集形成管孔。

②UCS移动到弯管孔口中心点，拉伸成形两个法兰盘及螺孔后，用布尔差集运算形成管内孔及法兰螺孔。

③ 建模四个圆环体，差集形成四个密封环槽。

图 9-10.1　弯管三维模型

（4）做法步骤　参考图 9-10.2 所示做法步骤图解进行。

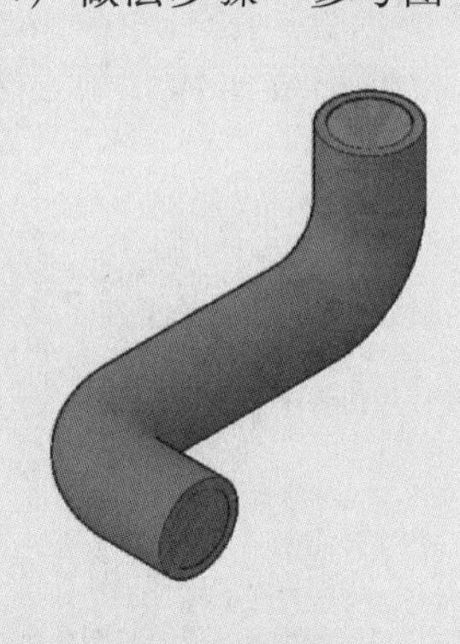

a) 扫掠成形管外形及孔（管孔暂时不必差集求出）

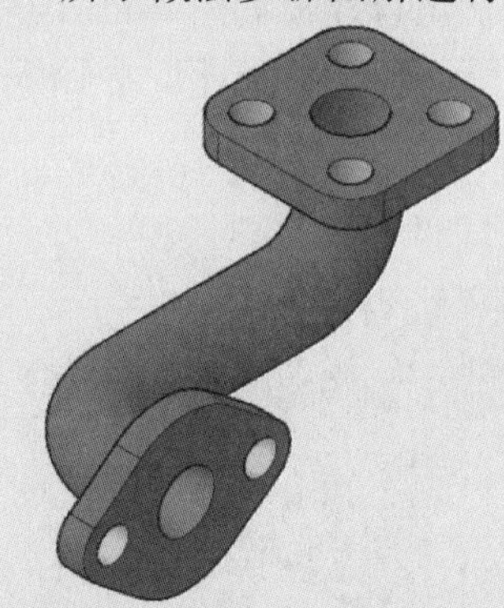

b) 拉伸两个法兰盘及螺孔后，用布尔差集形成管内孔与法兰螺孔

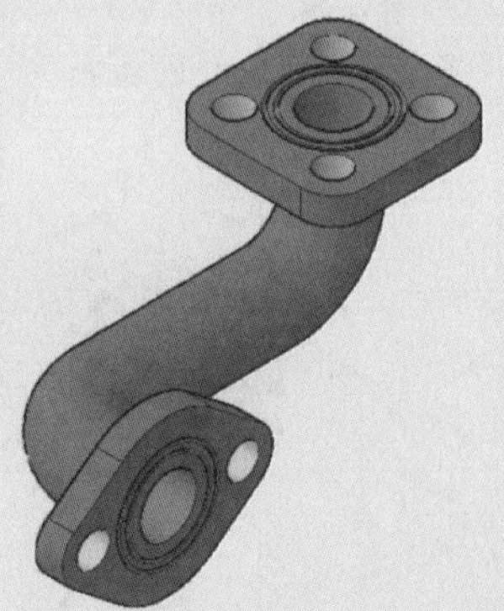

c) 建模四个环后，用布尔差集运算形成四个密封环槽

图 9-10.2　弯管建模步骤图解

步骤 1：扫掠成形弯管外形与内孔，如图 9-10.2a 所示。

做法：［模型视图］↙［东南等轴测］↙［多段线］↙绘制弯管中心线草图作为扫掠路径↙捕捉中心线端点为圆心绘制 ϕ14、ϕ18 同心圆↙［扫掠］↙选 ϕ14、ϕ18 圆为对象↙选路径草图↙。暂时不要用布尔差集运算形成管孔。

步骤 2：拉伸两个法兰盘后布尔差集形成管孔及法兰孔，如图 9-10.2b 所示。

做法：①移动 UCS 至弯管中心线端点↙绘制方形法兰盘外形、四个螺孔草图↙拉伸厚度-6↙设置孔特性色为黄色↙。②同样方法拉伸菱形法兰盘。③［布尔差集］↙选弯管外管、两个法兰盘↙管孔、六个法兰螺孔↙。

步骤 3：建模四个密封环槽，如图 9-10.2c 所示。

做法：①先建模四个环。②布尔差集形成四个环槽。

★技巧 1：［抽壳］命令（SOLIDEDIT）是三维实体编辑命令之一，是指将三维实体挖去一部分材料后变成指定厚度的开口空心壳体，其开口面就是基面。

★技巧 2：抽壳操作过程是：［SOLIDEDIT］↙先选择实体对象↙选择基面（删除材料的起始面）↙输入壁厚↙。当实体具有厚度小于等于壁厚的凸缘或台阶时，抽壳时将忽略该部分。

☆经验 1：基面是指要删除材料的那个起始面。基面选择时一定要注意观察所选中的面，因实体选择后整个实体会发亮显示，再次选择其中一个面则比较难选中。

☆经验 2：抽壳运算比较复杂，有时会操作失效。抽壳操作前立体一般要备份，以免出错后破坏模型。

☆经验 3：底面与侧面的内外面上都存在圆角时，应该先圆角再抽壳。

任务 9-11　拉伸、抽壳组合建模

（1）训练目的　练习利用拉伸、抽壳组合建模。

（2）训练要求　按 1∶1 的比例组合建模如图 9-11.1 所示盒体模型。

（3）形体分析　如图 9-11.1 所示盒体属于开口空心体，先拉伸形成实体，后抽壳形成内腔。

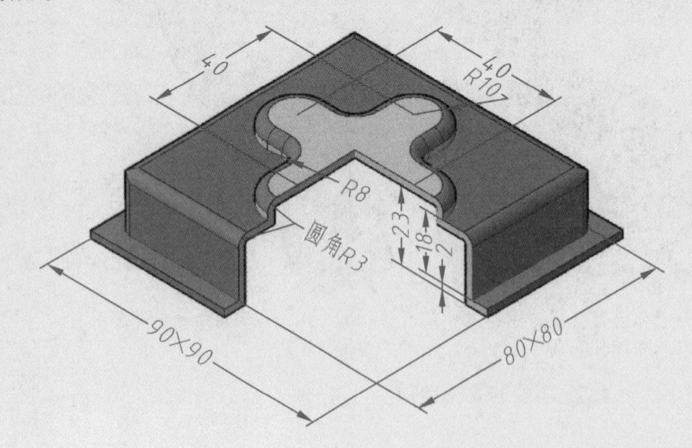

建模目的：拉伸与抽壳综合。
建模要点：
① 拉伸盒体实体，并集后圆角 R3。
② 三维旋转180°后抽壳，方便选中基面。
③ 截掉四分之一方便标注尺寸。
④ 截掉部分可用拉伸方法，也可以用实体剖切方法。

图 9-11.1　盒体三维模型

（4）做法步骤　参考图 9-11.2 所示做法步骤图解进行。

步骤 1：拉伸形成实心立体盒体模型并倒圆角，如图 9-11.2a 所示。

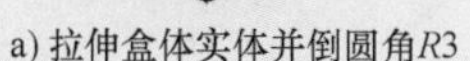
a) 拉伸盒体实体并倒圆角$R3$

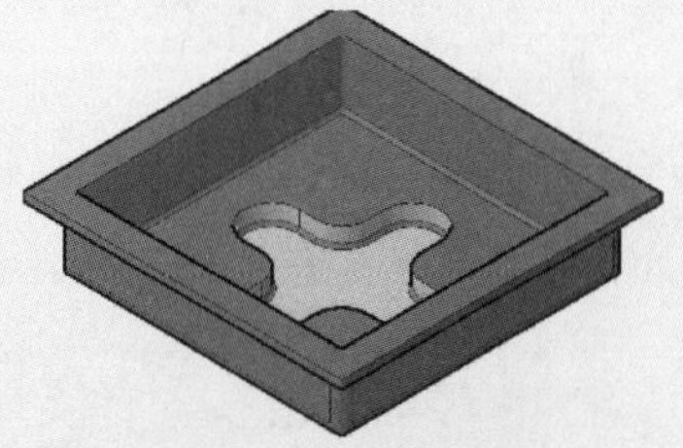
b) 三维旋转180°后抽壳至壁厚2

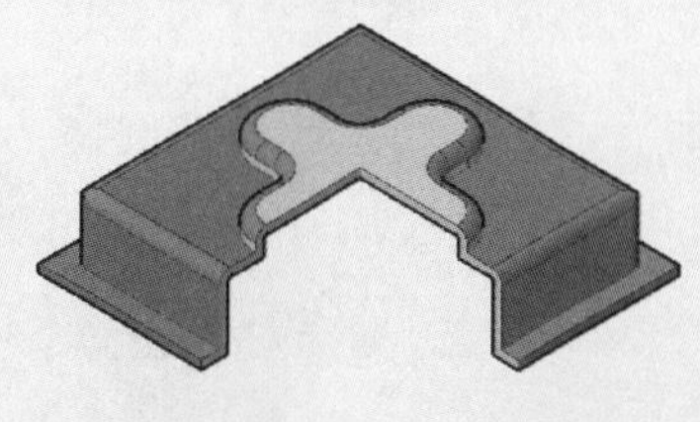
c) 切除四分之一并标注尺寸

图 9-11.2 盒体建模步骤图解

做法：[模型视图]↙[东南等轴测]↙绘制草图并拉伸成矩形、十字形凸台（特性色为黄色）、凸缘（特性色为红色）↙布尔并集将各立体并为一体（注意选择对象顺序）↙，实体圆角 *R*3。

步骤 2：三维旋转 180°后抽壳形成内腔，如图 9-11.2b 所示。

做法：[ROTALE3D]↙绕前口边缘翻转 180°↙[SOLIDEDIT]↙抽壳↙选择立体并选取上表面为基面↙壁厚 2↙。

步骤 3：再次翻转 180°后截切透视口，方便标注尺寸。完成后如图 9-11.2c 所示。

★技巧 1：[放样]命令（LOFT）可通过若干截面图形创建三维实体或三维曲面。

★技巧 2：截面图形越多，则放样形成的模型精度越高，截面图形不要求是相似图形，可以是圆、椭圆、多边形等单一线框图形。

★技巧 3：截面图形放置方向可以不平行，可按照三维曲线路径放置若干截面图形。

★技巧 4：截面图形必须是一个独立对象，如果用直线绘制则必须合并为一个对象。因此复杂截面图形用多段线绘制比较便捷。

★技巧 5：放样时按照截面图形选择的顺序逐渐生成模型，因此选择截面图形必须按照顺序单选，不能使用多选方式。

任务 9-12　旋转、放样、抽壳组合建模

（1）训练目的　练习旋转、放样、抽壳组合建模三维立体。

（2）训练要求　利用[旋转][放样][抽壳]命令按 1∶1 的比例建模如图 9-12.1 所示花瓶模型。

（3）形体分析　如图 9-12.1 所示十棱圆口花瓶由底座、花瓶体组成。先旋转创建底座，后放样创建实心花瓶体，最后抽壳创建空心花瓶体。

（4）做法步骤　参考图 9-12.2 所示做法步骤图解进行。

步骤 1：旋转法建模实心底座模型，如图 9-12.2a 所示。

做法：[模型视图]↙[东南等轴测]↙[旋转]，建模直径 ϕ120，高 15 的圆柱底座↙

倒圆角 $R3$ ↙特性色为湖蓝色。

步骤 2：绘制花瓶放样截面草图。

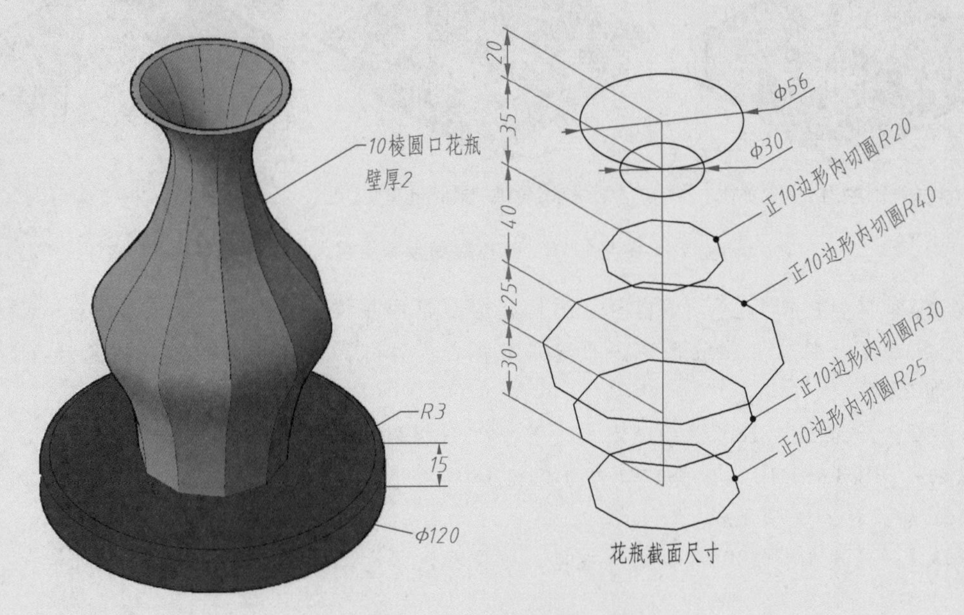

图 9-12.1　十棱圆口花瓶模型

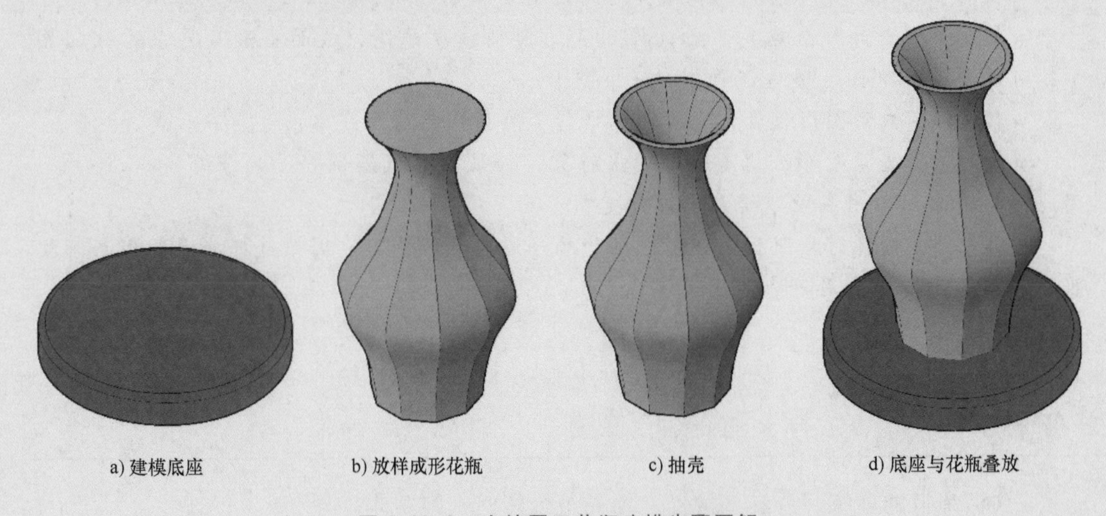

图 9-12.2　十棱圆口花瓶建模步骤图解

做法：按图 9-12.1 所示花瓶截面尺寸绘制六处截面草图↙。

步骤 3：放样创建实心花瓶，如图 9-12.2b 所示。

做法：[放样]（LOFT）↙从下向上依次选择六处截面图形↙，特性色设置为绿色。

步骤 4：抽壳，如图 9-12.2c 所示。

做法：[抽壳]↙选花瓶实体↙选要删除的上表面↙输入花瓶壁厚“2”↙。

步骤 5：三维移动花瓶并放置到底座上表面中心位置，如图 9-12.2d 所示。

任务 9-13　拉伸、抽壳、旋转组合建模

（1）训练目的　练习多种成形法组合创建三维立体。

（2）训练要求　利用多种成形法按 1∶1 的比例建模如图 9-13.1 所示端盖三维模型。

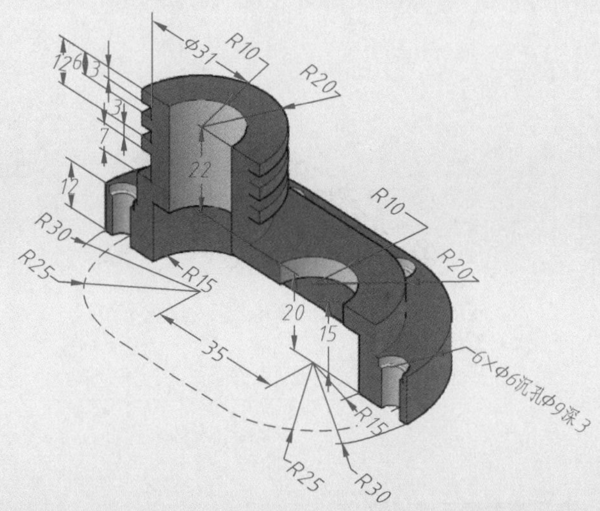

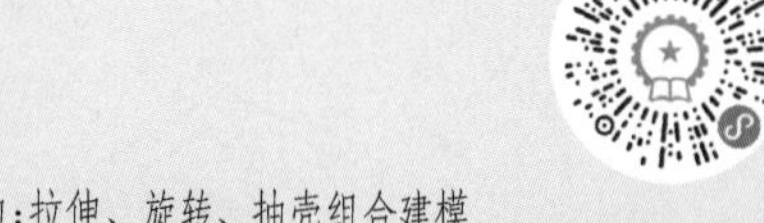

图 9-13.1　端盖三维模型

（3）形体分析　如图 9-13.1 所示端盖由一段带环槽的圆柱体、圆头阶梯底板、螺栓孔、轴孔组合而成。用拉伸成形法及抽壳方法组合建模底板及其孔，用旋转法建模环槽凸台部分，最后用布尔并集运算使之结合为一体。

（4）做法步骤　参考图 9-13.2 所示做法图解步骤进行。

步骤 1：拉伸并抽壳成形圆头阶梯底板，如图 9-13.2a 所示。

做法：①先拉伸出立体然后抽壳形成内腔。②拉伸环台后并集。③也可以一次拉伸出凸台与环台后抽壳，如果抽壳前并集为整体则选择基面困难。也可全部拉伸后差集形成，不必用抽壳方法。

步骤 2：旋转法成形圆柱体，如图 9-13.2b 所示。

做法：圆柱体可单独旋转成形后移至位置，也可以在目标位置从草图开始旋转形成。

步骤 3：旋转形成六个沉头孔后布尔运算形成一体模型，如图 9-13.2c 所示。

做法：可以单独旋转形成一处沉头孔对应的实体后复制六处，然后进行布尔差集运算。注意：如果将草图复制六份后再旋转则比较烦琐。

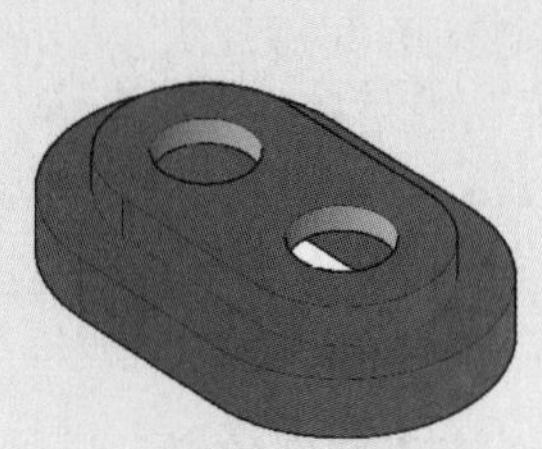

a) 拉伸、抽壳后并集形成基体

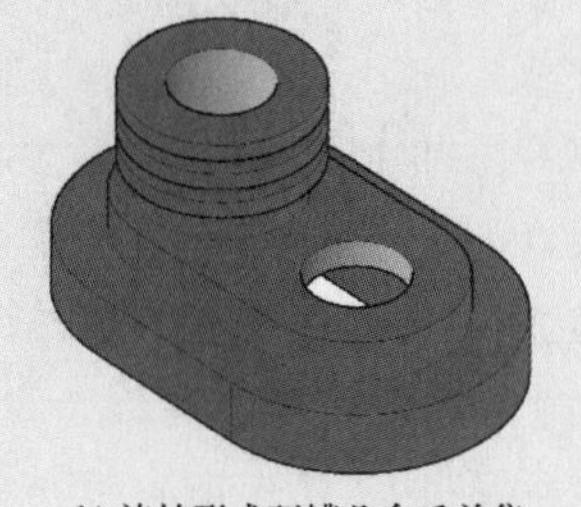

b) 旋转形成环槽凸台后并集

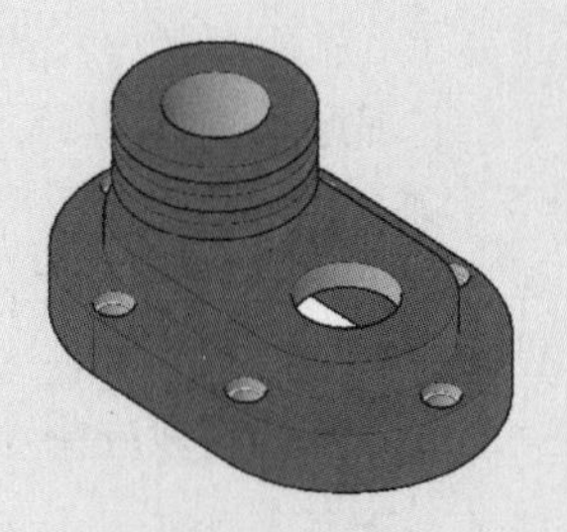

c) 旋转形成沉孔并复制六处

图 9-13.2　端盖建模步骤图解

任务 9-14　旋转、拉伸组合建模

（1）训练目的　练习旋转与拉伸组合创建三维立体模型。

（2）训练要求　利用［旋转］与［拉伸］命令按 1∶1 的比例组合建模如图 9-14.1 所示交叉法兰盘。

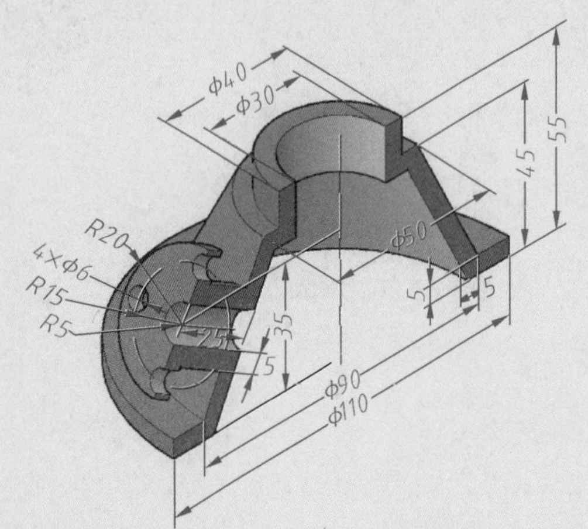

建模目的：旋转与拉伸组合建模。
建模要点：
①主体锥套的外形与内孔分别旋转成形，不能直接旋转形成中空锥套。
②拉伸成形斜法兰盘及圆柱筒后，再利用差集形成锥体内孔。
③布尔运算次序不当会产生多余的材料。

图 9-14.1　交叉法兰盘三维模型

（3）形体分析　如图 9-14.1 所示交叉法兰盘由锥套与斜法兰盘组合而成。锥套用旋转法成形，斜法兰盘用拉伸成形法建模或旋转成形法均可，但斜法兰盘的草图绘制时必须将 UCS 移动到法兰盘端面，最后用布尔运算使之组合为一体。

（4）做法步骤　参考图 9-14.2 所示做法图解步骤进行。

a) 旋转成形锥套内外形体

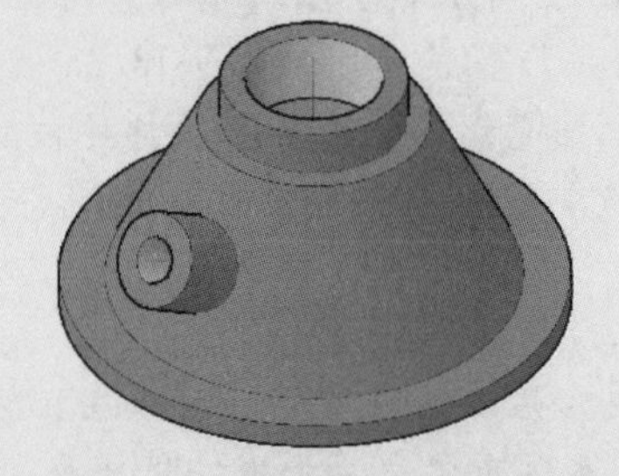

b) 拉伸出倾斜侧管后布尔差集运算

c) 拉伸出法兰盘后布尔差集运算

图 9-14.2　交叉法兰盘建模步骤图解

步骤 1：旋转成形锥套的外形锥体和内腔锥体，如图 9-14.2a 所示。

做法：锥套先建模为两个独立实心锥体的组合体，方便后续建模操作。

步骤 2：分别拉伸倾斜侧管外形、内孔，如图 9-14.2b 所示。

做法：①移动 UCS 与锥体表面对齐，外圆柱与内孔圆柱体分别拉伸成形。②再统一布尔差集成形内孔。［布尔差集］↙外形锥体、倾斜侧管外圆柱↙内腔锥体、倾斜侧管内圆柱↙。

步骤 3：斜法兰盘拉伸成形，如图 9-14.2c 所示。

做法：主体锥套不能一次旋转形成中空形状，否则与倾斜侧管并集后会在内孔产生多余材料。锥套的外形和内腔必须单独旋转成形，待与倾斜侧管并集后再布尔差集形成锥套孔。

★技巧 1：AutoCAD 不能直接将三维立体投影在曲面上，但可以将曲线投影在曲面上。利用投影曲线作为三维扫掠路径从而“扫掠”形成复杂的三维实体模型。

★技巧 2：几何图形投影在曲面上有三种操作方式：①投影到 UCS 是指利用 UCS 的 z 轴确定投射方向。②投影到视图是指基于当前视图方向投影。③投影到两个点是指利用两点连线确定投射方向。

★技巧 3：投影到两点法，用捕捉点的方法确定投射方向较方便。

☆经验：投影法在三维曲面建模中具有广泛用途，应学会使用。

任务 9-15　由曲面投影创建三维曲面立体

（1）训练目的　练习曲线在曲面上投影，创建三维曲面立体。

（2）训练要求　利用曲线在曲面上的投影创建如图 9-15. 1 所示曲面立体三维模型。

（3）形体分析　如图 9-15. 1 所示四棱台上表面有一处内凹圆弧面，圆弧面上有两个三维环槽，三维环槽的中心线是三维曲线，创建三维环槽是本任务的难点，有利条件是三维环槽的水平投影是圆。利用此特点创建三维环槽的方法：首先在水平面上绘制圆形，再将圆投影到立体圆弧面上形成三维环槽扫掠路径，然后沿三维环槽扫掠路径扫掠形成弯曲的三维圆环体，再用布尔差集运算形成环槽面。

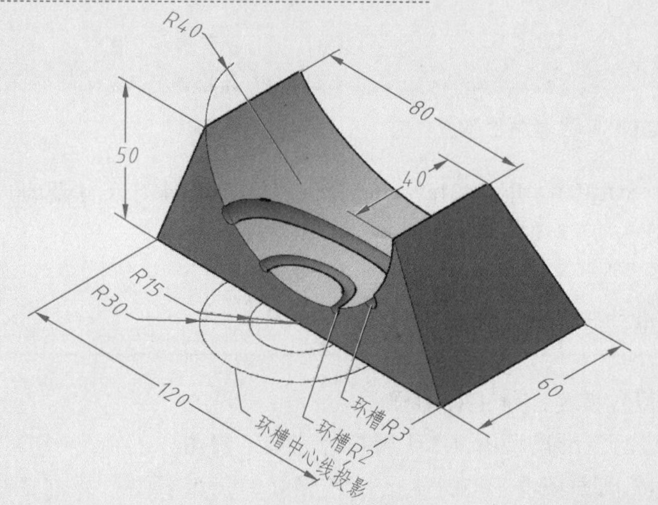

建模目的：拉伸、曲线投影、扫掠组合建模。
建模要点：
①先建模四棱台。
②拉伸圆柱体差集运算形成凹圆弧面。
③用曲线投影法绘制环槽扫掠路径。
④扫掠形成两个空间环，差集形成环槽。
⑤剖分一半方便标注尺寸。

图 9-15. 1　曲面立体三维模型

（4）做法步骤　参考图 9-15. 2 所示做法图解步骤进行。

步骤 1：建模四棱台，如图 9-15. 2a 所示。

步骤 2：拉伸圆柱体并差集形成上圆弧表面，如图 9-15. 2b 所示。

步骤 3：在圆弧面中投影圆形成圆环扫掠路径，如图 9-15. 2c 所示。

做法：在棱台上表面绘制两个圆环中心圆，将两个圆投影到圆弧面形成扫掠路径。

步骤 4：扫掠形成两个弯曲的圆环体，运用布尔差集运算形成两个三维弯曲的环槽，如

图 9-15.2d 所示。

步骤 5：将模型沿左右对称面剖切，留下右半部分，完成建模如图 9-15.2d 所示。

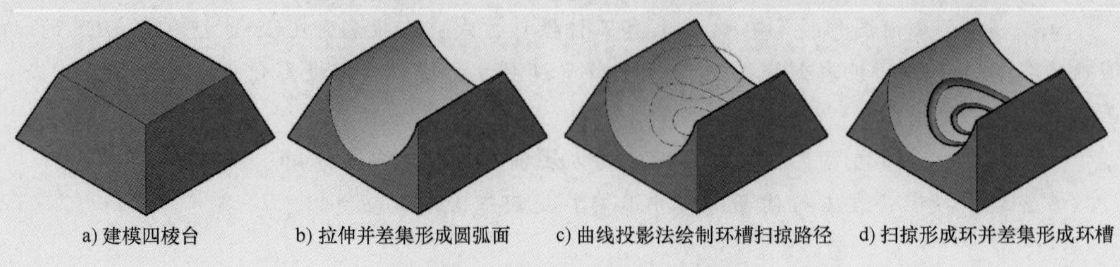

a) 建模四棱台　b) 拉伸并差集形成圆弧面　c) 曲线投影法绘制环槽扫掠路径　d) 扫掠形成环并差集形成环槽

图 9-15.2　曲面立体建模步骤图解

9.6　三维模型转换为二维工程图

三维建模完成后，需要将三维模型转换为二维工程图输出。工程图是组合立体的二维平面表达方案，且必须符合立体表达的标准和规范。

AutoCAD 中利用三维转换为二维的工具可以将三维模型转换为二维图样，但转换后还需要对图形进行大量的修改和编辑、标注尺寸等工作，以使转换的视图符合工程制图国家标准和规范，这部分工作量比较大，也比较烦琐。转换流程如图 9.5 所示。

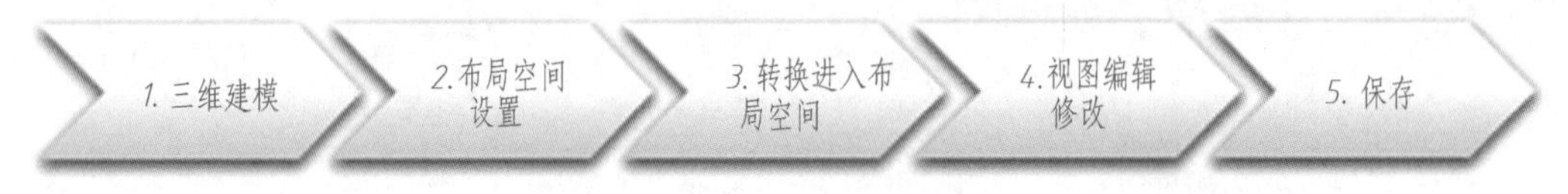

图 9.5　三维转二维流程图

许多专业三维设计软件如 NX、SOLIDWORKS、Inventor 等，三维建模具有尺寸驱动功能，三维模型转换为二维工程图样比较便捷和完整。

任务 9-16　三维模型转换为二维工程图样

（1）训练目的　练习将三维模型转换为二维工程图样。

（2）训练要求　将任务 9-7 创建的三维模型图 9-7.1 转换为二维工程图样。

（3）形体分析　图 9-16.1 所示是前面图 9-7.1 所示已经创建好的三维模型，该立体用三个基本视图就可以充分表达了。本任务中将其转换为三个基本视图和一个轴测图。

（4）做法步骤

步骤 1：三维建模，如图 9-16.1 所示。

做法：打开图 9-7.1 所示三维模型。

步骤 2：布局空间设置（如用［布局 1］来打印图样时，［布局 1］中已经默认开有视口）。

做法：打开［布局 1］↙<Ctrl+P>↙页面设置与打印设置（设置的参数有图纸幅面、

打印机型号、打印机特性参数、打印范围、打印样式、打印质量等）↙。本任务选择打印为 PDF 格式，参数选择如图 9-16.2 所示。

步骤 3：三维转换为二维。

做法：在当前滑块的模型空间中，［View-base］↙［m］↙根据制图规范在适当位置放置主视图、左视图、俯视图、轴测图↙，然后可适当修改视图的比例大小和位置。

步骤 4：编辑修改视图并标注尺寸。

做法：选中视图↙编辑选项↙［可见线］（隐藏非重影的轮廓线）↙标注尺寸。

步骤 5：打印输出或保存。

做法：选中［布局 1］↙组合键<Ctrl+P>↙页面设置与打印设置（应设置的参数有图纸幅面、打印机型号、打印机特性参数、打印范围、打印样式、打印质量等选项）↙。打印结果如图 9-16.3 所示。

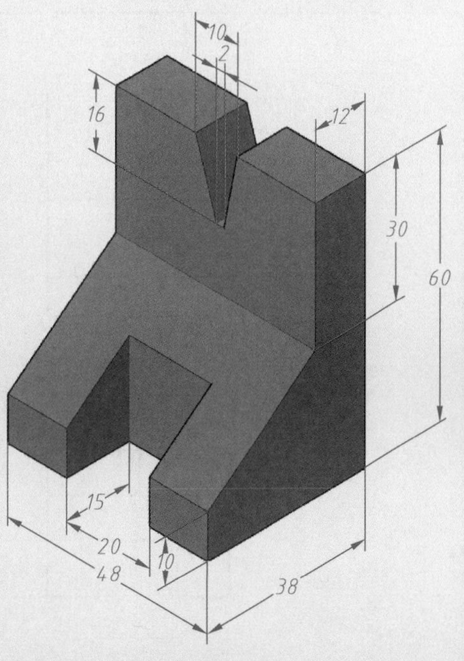

图 9-16.1　立体三维模型（原图为图 9-7.1）

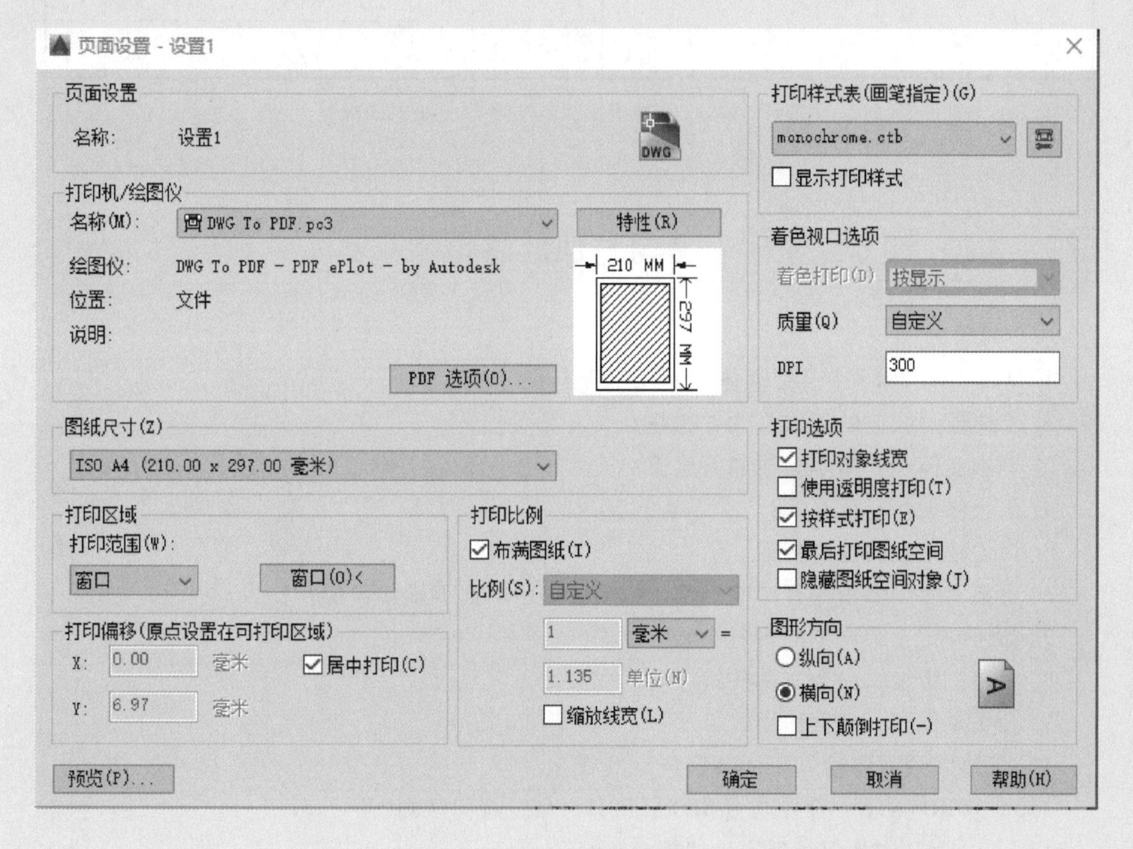

图 9-16.2　页面参数设置

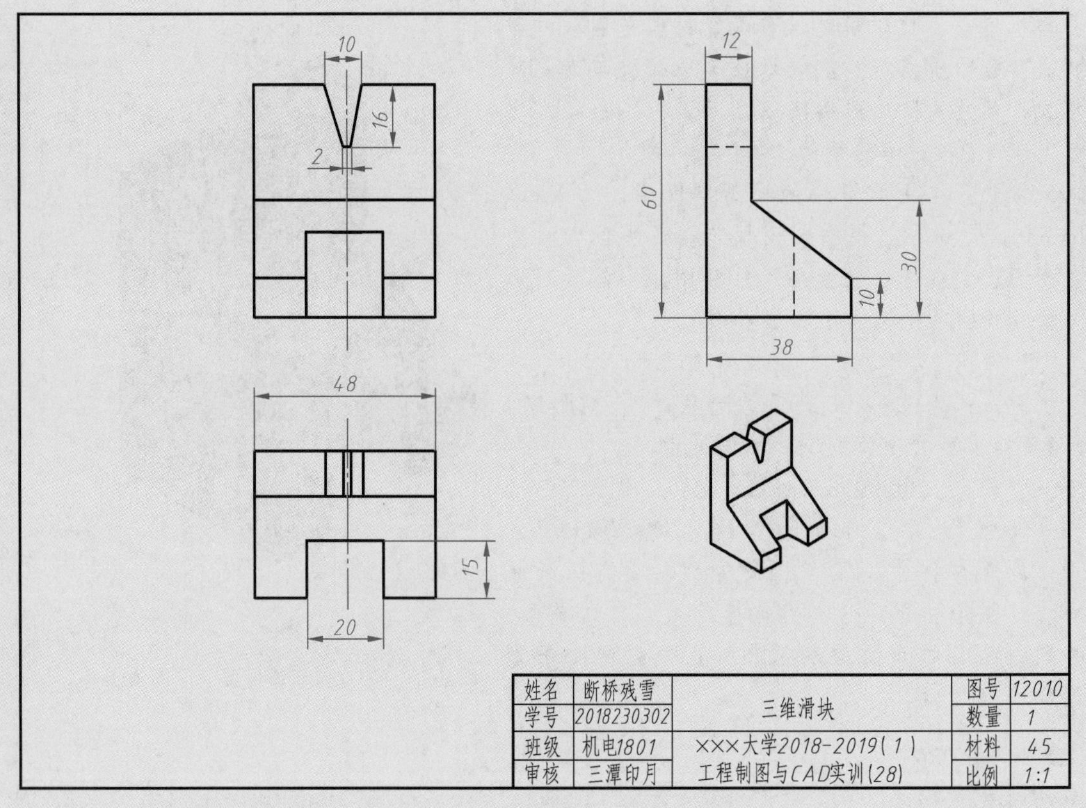

图 9-16.3　三维模型转换成的 PDF 格式图样

复习与课后练习

一、思考题

1. AutoCAD 2016 中三维立体有哪几种结构形式的模型？
2. 实体模型颜色的形成方式有哪些？
3. 基本立体和非基本立体如何建模？
4. 组合体如何建模？
5. 简述棱锥台的建模步骤。
6. 三维实体编辑命令有哪些？实体编辑命令中的面编辑如何操作？
7. 如何确定三维立体的颜色？
8. 常用三维编辑命令有哪些？
9. 什么是压印？有何作用？
10. 三维阵列需要输入几个参数？
11. ［3DROTATE］命令与［ROTALE3D］命令有何区别？
12. AutoCAD 中如何实现实体切槽或孔？
13. ［EXTRUDE］命令与［PRESSPULL］命令拉伸有何不同？

14. 旋转建模有何技巧？

15. 能否一次扫掠成形多个立体？

16. 简述抽壳的操作过程。

17. 放样操作的技巧有哪些？

18. 简述三维模型转换为二维工程图的流程。

二、练习题（典型题型，多练必然熟能生巧）

请重复绘制任务 9-1～9-16，其中教程中有提示第二种绘制方法的则请按第二种方法绘制。

打印输出篇

模型布局两空间，打印输出各不同。

内容要点

1. 模型空间、布局空间与视口
2. 模型空间打印输出实例
3. 布局空间打印输出实例

第 10 章

AutoCAD 图样打印输出

目标任务

- 了解 AutoCAD 文件输出的种类和方法
- 掌握模型空间打印设置和打印方法
- 掌握布局空间打印设置和打印方法

图样打印输出口诀

打印方式分两种，模型布局两空间，模型空间好建模，布局空间好排版。
布局空间可新增，专为输出与打印，就像一张描图纸，透过视口映模型。
视口可以开多个，方便排版与布局，比例位置与图幅，页面布局可设置。
建模最好一比一，打印比例按幅调，打印页面设样式，多份图样批量出。

10.1 模型空间、视口、布局空间

AutoCAD 状态栏下方有三个空间选项，即［模型］［布局 1］［布局 2］，打开 AutoCAD 后默认进入［模型］空间。单击［布局 1］或［布局 2］选项就可以进入对应布局空间 1 或布局空间 2。模型空间用于建模，而布局空间用于对图样进行布局排版、打印输出。布局空间可以删除、添加和修改名称，而模型空间是默认的绘图空间，不能删除与更名。

布局空间是二维平面，相当于覆盖在模型空间之上的一张描图纸，用于将模型空间中模型映射其上，从而方便在布局空间进行布局排版。只有通过视口才能实现映射模型，模型空间、视口、布局空间三者的关系如图 10.1 所示。

模型空间：模型空间是二维图样绘制或三维建模的空间。模型空间分［草图与注释］［三维建模］［三维基础］三种工作模式。模型空间也可以打印输出工程图样，但不是很方便和专业，尤其不能适应批量打印及大型并行工程图样输出的需要。

布局空间：是二维平面空间，相当于覆盖在模型空间之上的一层平面图纸，所以也称为图纸空间。透过视口可以将模型空间的模型或图样的部分或全部映射在这张描图纸上。一个布局空间可设置多个映射比例不同的视口，以便于以不同的比例映射模型的不同部分。

视口（Viewport）：即开设在模型空间与布局空间之间的透视窗口，通过视口可将模型空间的模型映射在布局空间（平面）。新建视口命令是［MV］，视口形状和大小均可调整以

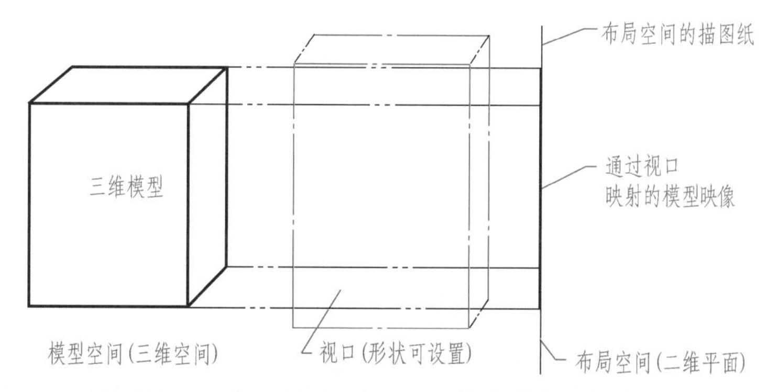

图 10.1 模型空间、视口、布局空间三者的关系

便于以不同的比例映射不同区域的模型图样，满足布局排版的需要。

布局排版：一个布局平面上可以建立若干不同形状的视口，默认各个视口中映射相同的模型映像，通过视口操作可以对这些映像进行比例缩放（ZOOM）、位置平移（PAN）、旋转（UCS 工具组下的各旋转工具），其结果使得各视口以需要的比例映射需要部位的模型，这些操作统称为视口操作，此调整过程就是布局排版过程。当排版确定好后就要锁定视口，定版后布局空间中的图样就固定了下来，打印布局选项就可以输出定版的工程图样。

10.2 AutoCAD 图样打印输出方式

AutoCAD 图样打印输出分为模型空间打印输出和布局空间打印输出两大类。

模型空间打印输出：是指直接从模型空间将设计好的图样打印输出为纸质图样或其他格式的电子文档。在模型空间打印输出、布局排版不方便，仅适用于小幅少量图样的输出，模型空间打印输出步骤如图 10.2 所示。

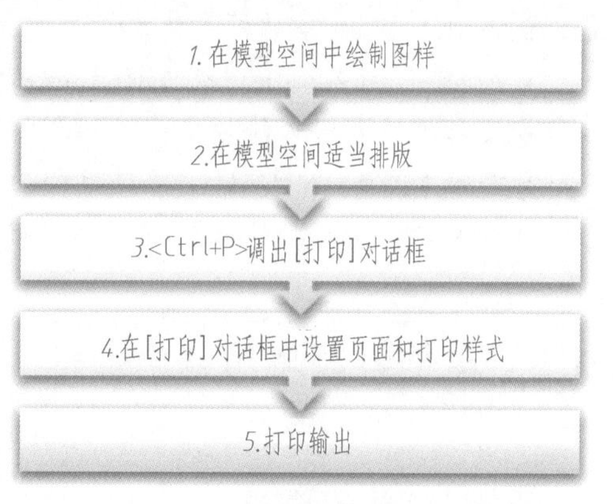

图 10.2 模型空间打印输出流程

布局空间打印输出：若在布局空间打印输出，首先要在布局空间新建视口（[布局 1] 及 [布局 2] 中默认已经建有视口），通过视口将模型或部分模型映射到布局空间，然后在布局空间进行布局排版，最后将排好版的图样打印输出为纸质工程图样或其他格式的电子文档。布局空间打印输出比较方便和专业，也适宜批量打印输出。

输出其他格式文档：AutoCAD 无论在模型空间或布局空间都可将当前 DWG 格式图样转换为多种格式的电子文档输出，如 [以前版本的 DWG 文档] [PDF 格式文档] [DWF 格式文档] [DNG 格式] [WMF 图元] [BMP 位图] 等。

PDF 格式打印输出：AutoCAD 图样打印输出为 PDF 格式的电子文档的方法：单击 [打印] 命令，弹出 [打印] 对话框，在 [打印] 对话框中将打印机选为 AutoCAD PDF 或 Dwg To PDF. pc3，设置打印页面参数，打印并确定存储地址后就可输出为 PDF 格式的电子文档，PDF 格式的打印质量可选择 [普通] [高清] 或 [自定义]。

Adobe PDF 格式打印输出流程：AutoCAD 图样打印输出为 Adobe PDF 格式的电子文档的流程如图 10.3 所示。如果系统安装了 Adobe Acrobat 程序，则 AutoCAD［打印］对话框中会自动添加 Adobe PDF 打印选项。

图 10.3　打印为 Adobe PDF 电子文档的步骤

☆经验 1：AutoCAD 中绘制的图样为矢量图，图样无论缩小或放大清晰度不变。

☆经验 2：在 Word 或其他文档中会经常插入 CAD 图样。用 Word 中插入［对象］命令插入 CAD 图样时，不能加载绘图样板设置的参数，难以绘制规范的图样。

☆经验 3：将 AutoCAD 中图样输出为“WMF 图元”是矢量图片，会丢失部分图形信息，使得插入 Word 中的图片线型及尺寸注释文字会变模糊。

☆经验 4：用其他截图软件将 AutoCAD 中图样截取为位图图片，则插入 Word 文档中的清晰度取决于截图软件与显示分辨率，清晰度不如矢量图。

☆经验 5：将 AutoCAD 中图样打印为 Adobe PDF 文档后，利用 Adobe PDF 编辑器将 PDF 文档转换为 JPG 格式或 PNG 格式的位图图片清晰度会高一些。

10.3　模型空间打印输出训练

任务 10-1　从模型空间输出 PDF 文档

（1）训练目的　将模型空间的图形打印为 PDF 格式文档。

（2）训练要求　将第 6 章绘制的图 6-5.1 打印为 PDF 格式文档。

（3）要点分析　AutoCAD［打印］对话框中有多种 PDF 格式文档选项，打印为 PDF 格式的文档主要是为了将 DWG 格式的图形文档转换为 PDF 格式文档，以便于在没有安装 AutoCAD 的打印机上打印输出。

（4）做法步骤　参照图 10.3 所示的流程进行。

步骤 1：先在模型空间打开图 6-5.1（在第 6 章绘制的图 6-5.1）。

步骤 2：打印参数设置。

做法：[打印]（<Ctrl+P>键）↙弹出［打印］对话框（图 10-1.1），在［打印］对话框中设置打印样式，其中打印机设置为“AutoCAD PDF（High Quality Print）”，图样尺寸按需要选，打印偏移选居中，打印质量选“300” DPI。打印区域选“窗口”↙窗选图形范围↙预览↙打印↙。需要的参数全部设置完成后单击［确定］按钮即可打印输出 PDF 电子文档。

本任务中打印输出 PDF 文档如图 10-1.2 所示。

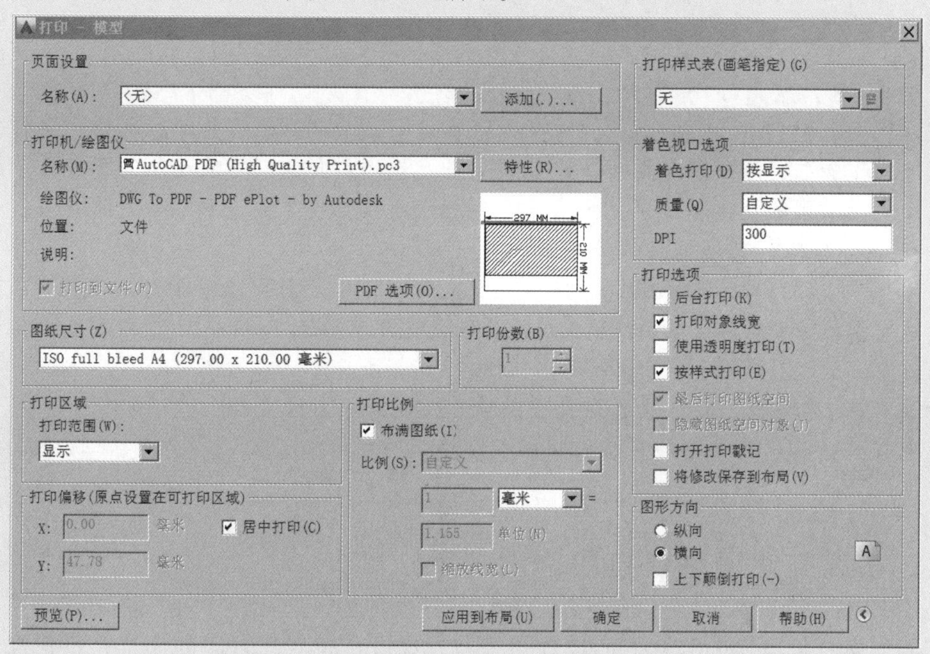

图 10-1.1　打印 PDF 文档［打印］对话框参数选择示例

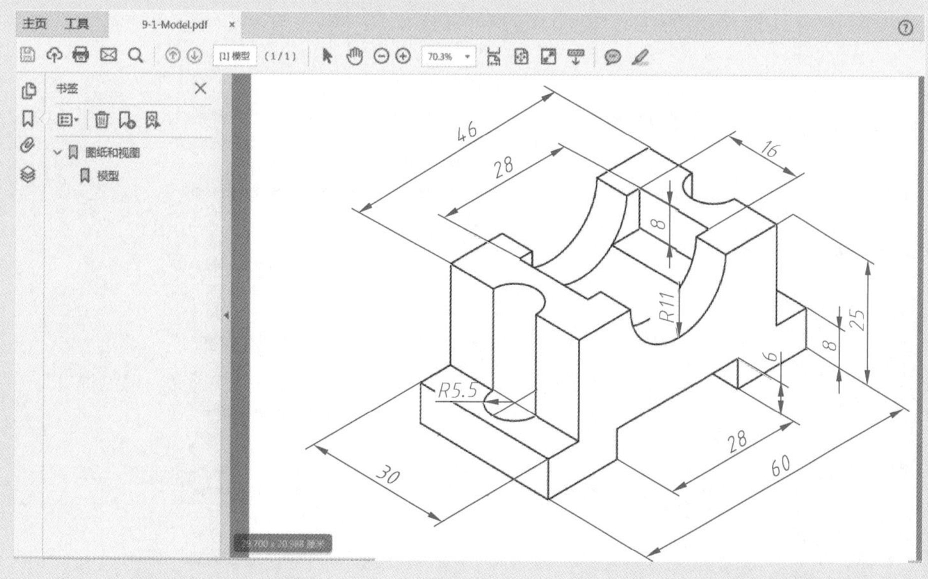

图 10-1.2　打印输出的 PDF 格式文档

任务 10-2　从模型空间直接打印输出图样

（1）训练目的　练习将模型空间的图形直接打印输出为工程图样。

（2）训练要求　将第 4 章标注尺寸的图 4-3.1 加上标题栏打印输出为工程图样。

（3）要点分析　AutoCAD［打印］对话框可以直接打印模型空间的图形，但打印前必须连接打印机，并在打印前测试好打印机。

（4）做法步骤　参照图 10.3 所示的流程打印输出：

步骤 1：先在模型空间打开图 4-3.1（第 4 章所绘制的图 4-3.1）。

步骤 2：插入或复制 A4 图框，并进行布局排版。

做法：插入块方法：［插入］（XA 插入外部块）↙ A4 图框块并填写标题栏属性值↙调整图形大小比例并将图形移入图框中↙因调整图形比例后标注尺寸也会同比例变化，因此调整测量比例为图形的反比例后尺寸才会变回实际值↙填写技术要求和相关注释项目↙。

步骤 3：［打印］对话框参数设置。

做法：［打印］（<Ctrl+P>键）↙弹出［打印］对话框↙打印机设置为已安装的某个打印机，图纸尺寸按需要幅面选择，打印偏移选居中，打印质量选“默认”，打印区域选“窗口”，选横幅打印↙框选图框整个范围↙预览↙打印↙。［打印］对话框如图 10-1.1 所示。

步骤 4：打印输出，输入文件名及存储地址，以保存图样文档。

直接打印输出前必须连接并调试好打印机。

10.4　布局空间设置及打印输出训练

布局空间打印是 AutoCAD 专门设置的打印方式。布局空间打印的流程：新建视口将模型空间的模型或部分模型映射到布局空间，在布局空间进行布局排版，然后将图样打印输出为纸质工程图样或其他格式的电子文档。打印流程如图 10.4 所示。

图 10.4　布局空间打印输出流程

任务 10-3 从布局空间打印输出零件图

(1) 训练目的　练习从布局空间打印输出一幅 A4 零件图。

(2) 训练要求　从布局空间打印输出第 7 章绘制的带轮零件图（图 7-3.2）。要求打印在 A4 图幅标准图纸上。

(3) 要点分析　布局空间打印是 AutoCAD 默认和标准的打印方式，不仅可以打印单幅图样，也可批量打印大型工程图样，也方便进行排版和打印。

(4) 做法步骤　布局空间打印输出一份工程图样的过程步骤参照图 10.4 所示流程。

步骤 1：在模型空间建模或打开绘制好的图样，本任务中打开图 7-3.2。

步骤 2：新建布局空间，本任务新建一个［A4 打印］的布局。

做法：单击［布局 2］右边的“+”符号↙出现了一个默认的布局［布局 3］（默认的新建布局大小为 A4，如果要打印其他幅面，需要设置布局的幅面大小），将［布局 3］重命名为［A4 打印］↙，此时［A4 打印］布局中默认已经开了视口，可以看到图 7-3.2 已经映射在［A4 打印］布局中了，但此时模型映像大小及位置都不合理，如图 10-3.1 所示，因此需要做进一步排版处理。

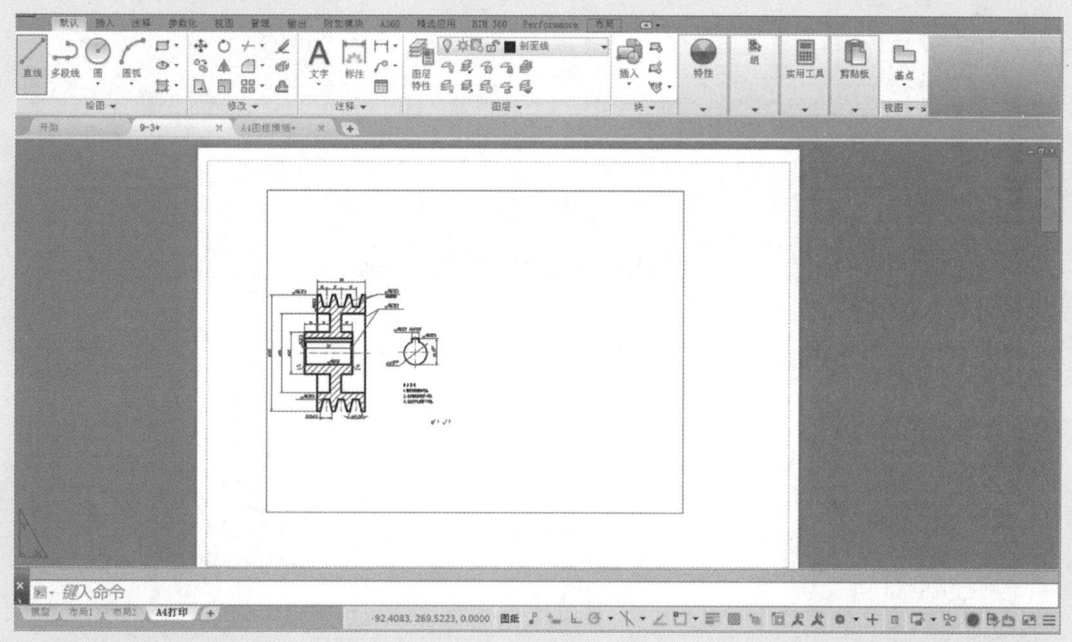

图 10-3.1 ［A4 打印］布局中未经排版的模型图样

步骤 3：插入自制 A4 图框并设置页面（假设已经定义了一个 A4 图框的外部块）。

做法：

1) 插入（XA）A4 图框块↙插入基点坐标位置（0，0）；插入比例 1∶1，不旋转↙。如果没有定义 A4 图框块，也可以在模型空间绘制一幅 A4 标准图框，将该图框复制放入布局空间中，复制基点仍然是坐标位置（0，0）。这时的图框与打印区域（白色区域）并不重合，如图 10-3.2 所示。为了打印完整图样边框，需要进行页面设置。

2）页面设置。单击快速浏览器中［打印］选项后的［页面设置］，打开页面设置对话框，在页面设置对话框中修改当前的［A4 打印］布局中项目：打印机改为“AutoCAD PDF”；图纸尺寸改为“ISO Full bleed A4（297＊210）”；打印质量改为“自选 DPI300”；打印方向选“横向”。然后单击［确定］按钮关闭页面设置对话框。返回到［A4 打印］布局空间，会看到图框与可打印区域完全一致，如图 10-3.3 所示。

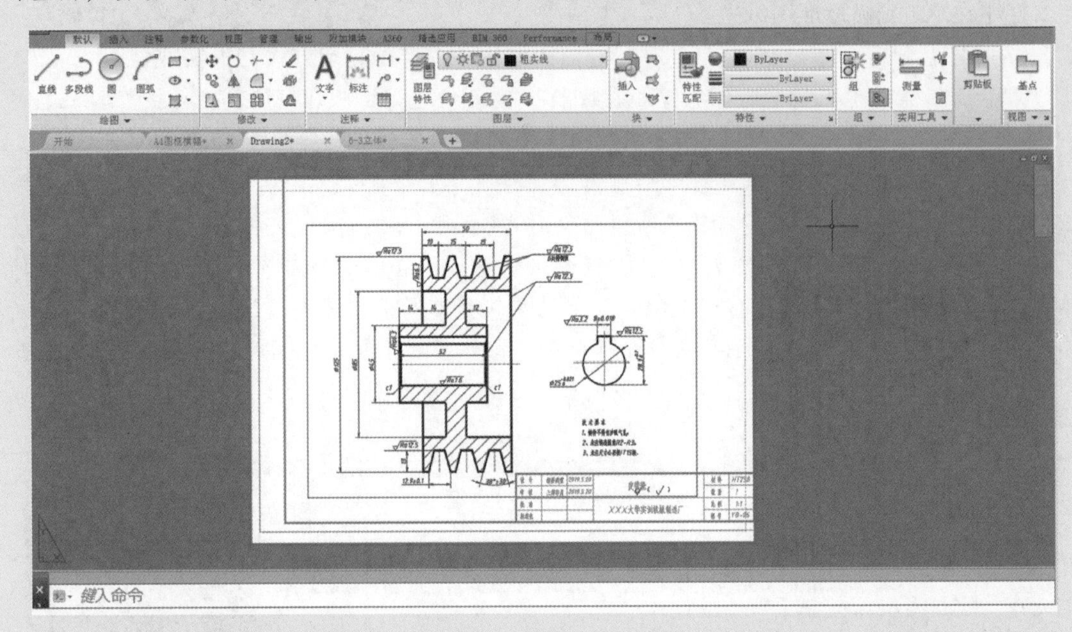

图 10-3.2　插入 A4 图框与白色打印区域不重合

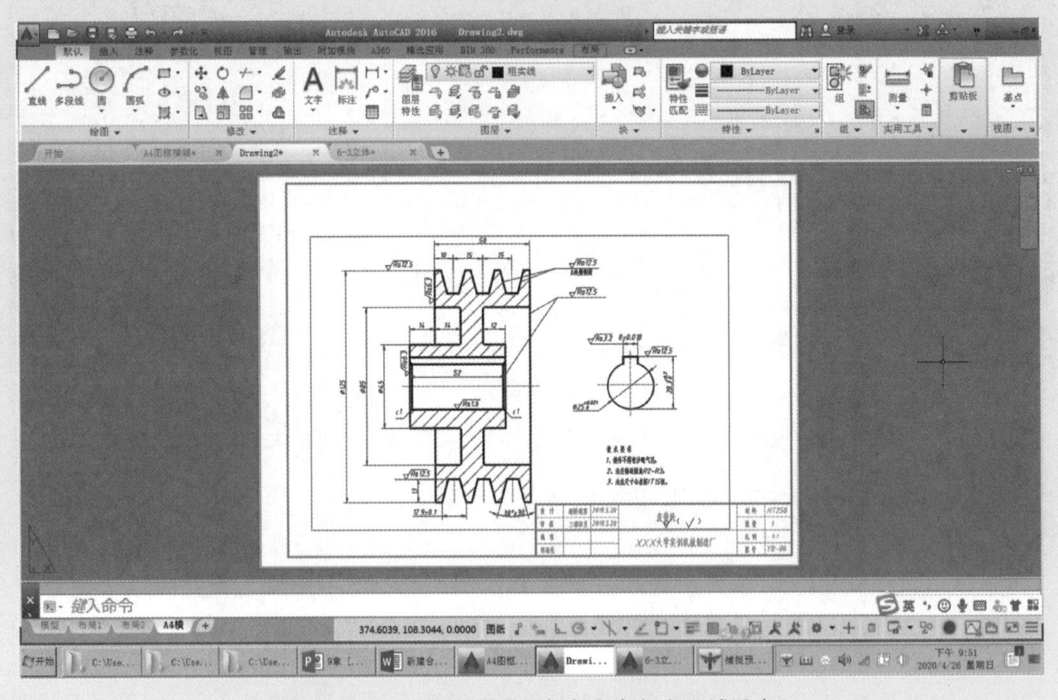

图 10-3.3　页面设置后图框与白色打印区域重合

步骤4：新建视口。

做法：删除原视口↙新建视口图层（如青色细点画线）↙关闭该层打印属性↙［新建视口］（MV）↙视口线型更改为视口图层（为了避免打印时将视口框也打印出来）↙。

步骤5：在布局中对视图进行布局排版。

做法：

1）图形编辑和修改：选中图形↙出现编辑选项↙按线型、显示性编辑修订↙。

2）改变图样比例为标准比例值。经过布局排版后的布局空间的图样的绘图比例已经发生改变，因零件图绘图比例不能随意选定，因此要改变布局空间的比例为标准比例。方法：观察当前比例，选中视口↙单击鼠标右键或按<Ctrl+L>键调出视口特性管理器，可以看到视口比例，直接在特性管理器中修改自定义比例为标准比例值即可。

3）改变打印比例的第二种方法：如要将图形打印比例调整为1∶2，输入命令方式：［ZOOM］↙［S］↙0.5xp↙。注意此时必须将标题栏中的注释比例也同时改为1∶2才正确。

4）再次微调整布局但不改变比例：因改了比例，再次微调整版面是必要的。方法与前面的布局排版方法相同，只是对视口进行平移操作以改变各图形位置即可。

如果有多个视口，依上述方法分别操作各视口，使得各视口内图形比例与打印输出比例符合制图规范的标注比例值。

5）锁定视口。排版确定后锁定视口，版式就不会因误操作而改变。方法：选视口↙选中状态栏中的［视口锁］选项↙。

步骤6：打印设置并打印布局。

做法：打印设置↙选单张打印或批量打印↙弹出［打印］对话框，设置打印参数，其中打印比例选“0.99mm∶1”绘图单位↙选［打印布局］↙［确定］。

步骤7：布局打印完成后如图10-3.4所示（本任务中打印输出为PDF格式）。

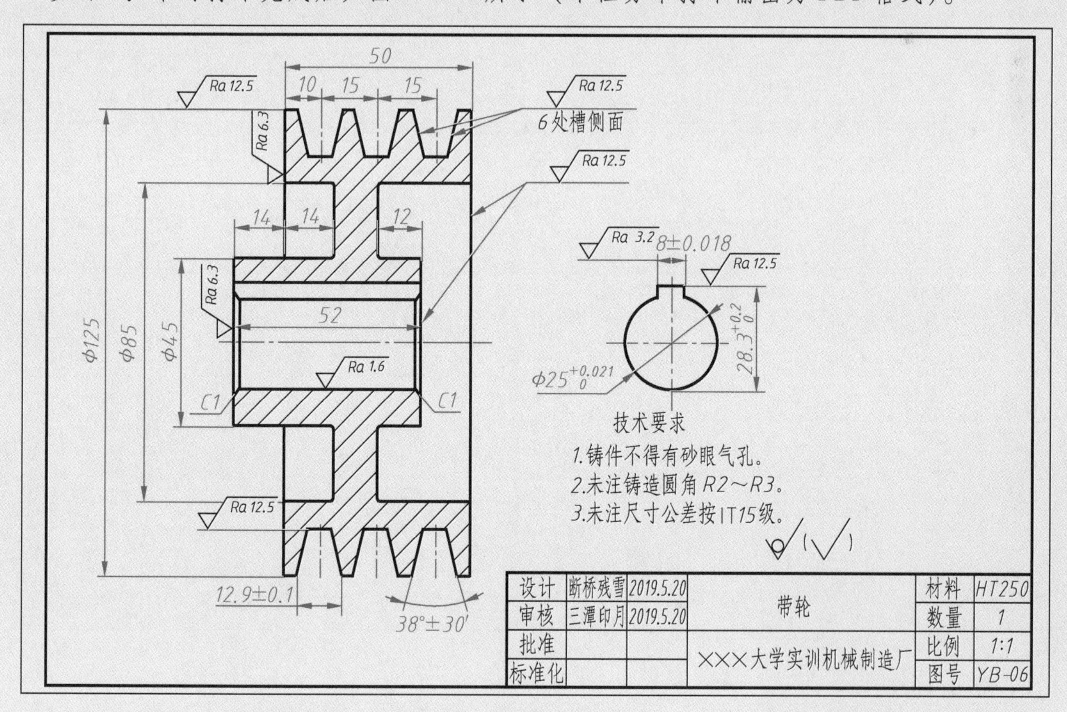

图10-3.4　布局空间输出的PDF格式图样（图框插入基点为（0，0），比例1∶1）

关于打印比例特别说明：

1）按标准尺寸绘制的图框，如果按照1∶1的比例插入且按照1∶1的比例打印，则按照［打印布局］打印输出的图形边框不完整。

2）为了使打印出的图样具有完整的边框线，一般将标准图框插入布局空间时比例设为1∶1，如插入基点坐标选为（0，0），插入比例选为1∶1，但打印时选“0.99mm∶1”绘图单位时，也能打印出完整的图框边线。

复习与课后练习

一、思考题

1. 什么是布局空间？模型空间、视口、布局空间之间的关系如何？
2. 什么是布局排版？
3. 简述模型空间和布局空间的打印输出流程。
4. 如何在布局空间进行布局排版？

二、练习题（典型题型，多练必然熟能生巧）

请重复练习任务10-1~10-3。

附 录

附录 A 复习与课后练习解答

第 1 章思考题与练习题答案

一、思考题

1. 如何合理选用 AutoCAD 的软件版本?

答: AutoCAD 版本较多,但不同版本可向下兼容。因此优先选用较高的版本,也要适合自己的计算机配置以及选用与教程同步的版本。

2. AutoCAD 2016 用户工作界面由哪些栏目组成?

答:默认用户工作界面从上到下依次为主题栏、选项卡栏、工具面板、绘图区、命令提示栏、模型与布局栏、状态栏七个水平放置的栏目。

3. 什么是工具面板? 常用命令放在什么选项卡中?

答:工具面板是一种命令图标的展示板,也称为命令面板。用于展示当前选项卡下的命令图标,以方便用户选用。

"默认" 选项卡下的命令都是 AutoCAD 2016 中的最常用的命令。

4. 命令提示栏的作用是什么?

答:命令提示栏是软件与用户的交流互动区,在这里可以输入命令及数值。当输入命令后,软件自动在此处实时提示当前命令的二级选项及操作步骤信息。AutoCAD 所有命令都具有人机交互功能,即输入命令后的操作步骤及二级选项都以文字形式显示在命令提示栏中,用户只要按照该命令提示进行选择和操作,一般都能正确完成命令的操作过程。因此建议养成观察命令提示栏并按提示信息操作的良好习惯,这是学好 AutoCAD 的捷径之一。

5. 状态栏的作用是什么?

答:状态栏是与绘图相关的 [状态] 选项面板。左端显示当前光标点的坐标值,右端依次排列选中的状态选项,如 [正交模式] [线宽显示] [捕捉与追踪] [工作空间选择] 等,用于打开或关闭需要的绘图状态选项,或用于设置状态选项的参数。

6. 简述绘制工程图样的流程。

答:绘制流程分二维绘图与三维建模两种,分别如图 A. 1 所示。

7. AutoCAD 2016 的坐标系的作用是什么? 有哪些坐标系? 如何重定位 UCS?

答: 1) AutoCAD 中的坐标系用于确定绘图区中点的唯一位置,从而确定所绘图形的确定形状与位置。

2) AutoCAD 绘图区设有两个坐标系,一个是固定的世界坐标系 WCS, WCS 原点固定

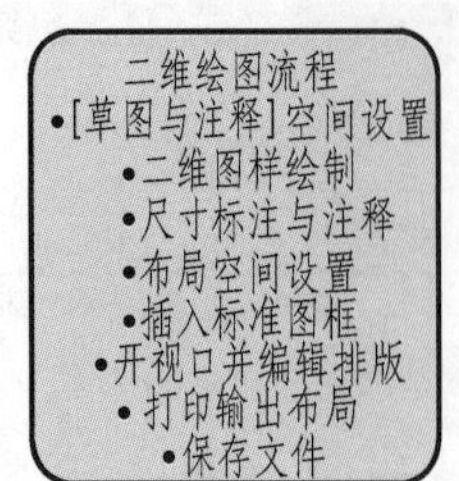

三维建模流程
•[三维建模]空间设置
•三维建模
•保存模型
•转换为二维工程图
•编辑图形与尺寸标注
•排版布局
•打印输出
•保存文件

图 A.1 绘制流程

在（0，0，0）位置（图纸左下角角点），x 轴水平向右，y 轴竖直向上，z 轴垂直向外。另一个是可由用户设定（建立、定位、移动或旋转）的用户坐标系 UCS。默认情况下 WCS 与 UCS 重合于（0，0，0）位置。

3）定位并显示 UCS 的方式有多种，完整的定位方法是用三点法定位，操作方法：①输入［UCS］命令（或单击 UCS 图标），进入用户坐标系 UCS 设置。②分别指定 UCS 的原点及坐标轴方向，屏幕指定的第一、二、三点分别定位原点、x 轴、y 轴。

8. 如何设置绘图单位？

答：利用［图形单位］对话框设置绘图单位。方法：输入［UNITS］命令（或选［格式］菜单下“单位”），打开［图形单位］对话框。在此可设置长度、角度、方向三组单位选项。其中长度类型一般选“小数”，角度类型一般选“度分秒”，角度的正方向一般选逆时针方向，其他选项选用默认值即可。［角度］选项组中也可以设置角度测量的起点位置，若选择［顺时针］复选框，则将以顺时针方向计算正向角度值。

9. AutoCAD 2016 使用的“双键+滚轮”鼠标键值是如何定义的？

答：系统默认的“双键+滚轮”鼠标各键的定义：

1）鼠标左键：拾取键。用于选择菜单、工具和目标对象，在绘图过程中指定点的位置等。

2）鼠标右键：在 AutoCAD 2016 界面大部分区域单击鼠标右键，都会弹出快捷菜单；在执行编辑命令时，如果系统提示选择对象，则此时单击鼠标左键可选择对象，单击鼠标右键可结束对象选择。

3）鼠标滚轮（中键）：前后滚动滚轮可放大显示或缩小显示图形；如果按住滚轮并拖动鼠标，则可平移图形；双击鼠标滚轮可以将所有图形最大化显示在屏幕上。

10. 对象如何选择？

答：对象选择的七种方法如下：

1）单选一个对象：将光标移到要选择的对象上单击鼠标左键，对象变色显示表示选中。

2）单选多个对象：依次单击要选择的多个对象可以同时选中这些对象。

3）窗选对象：按下鼠标左键从左上到右下拖出一个矩形框，完全包围在框内的对象均被选中，称为窗选。

4）窗交对象：按下鼠标左键从右下到左上拖出一个矩形框，凡与矩形框相交或被矩形框完全包围的对象均被选中，称为窗交。其中窗选框的颜色为蓝色，窗交框的颜色为绿色。

5）栏选［F］对象：当命令提示栏中出现多种选择提示时，如选择［F］选项，然后用鼠标左键画出一条栏选曲线后按<Enter>键，则与这条栏选线相交的对象均会被选中。

6）套索选择多个对象：套索选择是一种混合选择。按住鼠标左键拖出一个不规则的选择框，此时可按空格键在窗口、栏选和窗交这几种选择方式之间循环切换，释放鼠标左键，可按照选定的套索方式选择所需的多个图形对象。

7）快速选择法：选择具有某些共同属性的对象时，可以使用快速选择方式，根据对象的颜色、图层、线型和线宽等属性创建选择集。操作方法：在［实用工具］面板中单击［快速选择］图标打开［快速选择］对话框，在该对话框中进行所需要的设置，单击［确定］按钮，符合条件的对象将被选中。

11. 简述 AutoCAD 2016 中对平面图形编辑的方式及操作方法。

答：平面图形编辑分直接命令编辑和通过夹点编辑两种方式，分述如下：

1）直接用编辑命令进行图形编辑：图形的移动、分解与合并、线打断、圆角与倒角、延伸与剪裁、复制、旋转、镜像和阵列等操作统称为图形编辑或图形修改，对应命令也称为修改命令。编辑方法：①选中图形，②输入编辑命令并按命令提示操作；图形编辑也可先输入命令后选择图形。

2）通过夹点编辑图形：夹点除了可以控制对象的形状外，还可以用于编辑对象。例如，单击圆的象限夹点并拖动鼠标可调整圆的半径，单击直线端点夹点并拖动鼠标可延长直线。此外，选中某夹点后单击鼠标右键，利用弹出的快捷菜单还可以对图线进行其他复杂的编辑操作。

12. 什么是对象捕捉、捕捉追踪、极轴追踪？

答：对象捕捉：当输入某个绘图命令后，移动光标到可捕捉点附近时，该点的标签会以绿色发亮显示，表明已经捕捉到该夹点对象了。要捕捉必先打开捕捉状态。

捕捉追踪：是指将一点与捕捉点沿直线对齐的方法。当捕捉到一个点后沿坐标轴方向移动光标就会出现一条追踪线（也称为推理线或橡皮筋线，虚线显示），此时只要输入距离或用鼠标输入点，则该点就确定在这条追踪线上，称为捕捉追踪。

极轴追踪：沿极轴方向的追踪称为极轴追踪。

13. 如何输入命令及坐标数据？如何查看命令提示和帮助文本？

答：

1）AutoCAD 2016 命令的输入方式及查看提示的方法如下：

键盘输入命令：AutoCAD 所有操作命令都可以键盘输入，输入的命令及其使用步骤都会在命令行显示，初学者一定要注意观察命令行的人机交互提示。

图标选取命令：AutoCAD 绝大部分命令都图标化并分类放入工具面板中。图标化的工具面板命令比较直观好记，用鼠标单击图标即可执行该命令。

重复输入命令：命令执行结束出现“命令：”提示时，按<Enter>键或空格键，可重复执行上一次所执行过的命令，称为重复输入命令（注意重复命令不会重复命令的二级选项）。

终止当前命令：按<Esc>键终止或退出当前命令，连续按两次则进入待命状态。

取消上步操作：输入“U”后，可取消正执行命令的上一步操作。

命令提示：AutoCAD 所有操作命令都具有人机交互提示，初学者一定要按照命令提示栏的提示进行操作，这样就能正确完成命令的完整操作过程。

命令帮助：如果不知道图标命令的用法，可将光标移到命令图标上停留一会儿，就会自动弹出该命令的使用方法说明文本框。如果要看详细的命令用法，可按<F1>键调出联机帮助文件，联机帮助文件中有该命令的详细使用方法图解。遇到不熟悉的命令时，利用命令帮助可快速学习命令的用法。

2）坐标数据的输入方式如下：

AutoCAD 命令执行过程中常常要输入点的坐标，当命令提示栏出现“指定点:”提示时需要用户输入该点的位置坐标数据，坐标数据输入方式有四种：

光标指定输入：移动光标到绘图区中任一点，单击鼠标左键就输入了当前光标的坐标值。

绝对坐标值输入：“x，y，z”表示相对 UCS 的绝对坐标值。也可以按圆柱坐标或球坐标输入。

相对坐标输入：“@ x，y，z”表示相对前一点的坐标值，“@ d<α”表示相对前一点的极坐标值。

角度输入：当提示输入角度时，输入的数值±α 表示与 x 轴的夹角，逆时针方向为正值。

14. 什么是用户样板文件？简述创建用户样板文件的步骤。

答：用户样板文件：用户可以自建一份符合自己制图规范和标准的样板文件。当绘制工程图样时用［新建］命令进入并打开该模板文档，模型空间中就加载了样板文件中设置的规范参数，可以绘制标准规范及风格与样板文件一致的工程文件。自建的样板文件可以存放在模板文件夹中，也可以选择其他存放地址。

创建用户样板文件的流程如图 A. 2 所示。

图 A. 2　创建用户样板文件的流程

二、练习题（典型题型，多练必然熟能生巧）

1. 练习创建一份名称为“教学样板”的用户样板文件，并保存。

方法及答案详见教程训练任务说明。

2. 用捕捉追踪法直接绘制任务 1-2（不用移动方式）。

答案参考任务 1-2 结果。

第 2 章思考题与练习题答案

一、思考题

1. 平面图形是什么类型的图形，绘制平面图形的实质是什么？

答：投影得到的平面图形是一种线框图形。线框图形只包含点与线段两种对象，线段表示实体的实际轮廓棱线，而一个封闭的线框代表一个实体侧面。

绘制平面图形的实质就是绘制一系列有序连接的线段。

2. 简述复杂平面图形的绘制步骤。

答：复杂图形绘制步骤如图 A. 3 所示。

3. 图层有何作用？

图 A.3　复杂平面图形的绘制步骤

答：AutoCAD 用图层来设置和存放不同类型的图线及其属性，属性包含线型、线宽、颜色、是否显示、是否打印等。不同线型应该建立在不同的图层中。AutoCAD 绘制的图形是矢量图，按图层存储不仅可以缩减文件大小，而且方便了对不同类型线型的分类操作，如整体关闭某层线型的显示或打印属性等。

4. 看不见在已有线条上绘制的点该怎么办？

答：如果在已有线段上绘制点（如粗实线上的分割点）一般显示不出来，因为系统默认的点是一个小实心点。要显示出点就需要使用［点样式］工具命令改变点形状和大小，［点样式］工具命令放置于［实用工具］面板中。

5. 直线有哪几种画法？如何选择合适的画法？

答：直线有四种画法：相对坐标法、极坐标法、捕捉两端点法、捕捉追踪法，绘制直线时应按照标注形式选用最为精确和方便的一种画法。例如，标注一段斜线的长度和角度时，应用极坐标法绘制或极轴追踪法绘制，而不能用相对坐标法绘制，而当斜线标注 x、y 方向的长度时，应用相对坐标法绘制，不能用极坐标法绘制。

6. 什么是"快速一笔"画法？该画法的要点是什么？

答："快速一笔"画法是指使用一种绘图命令连续快速绘制完成整个图形的一种方法。

要点：快速一笔"画法的关键是选择起点，即遵循"起点选择无标注点"。

7. 图样中有多处重复图元，如何快速绘制？

答：机械制图中存在大量的对称图形和排列规律的图形，常用镜像（MIRROR）、阵列（ARRAY）、复制（COPY）等修改编辑工具实现快速绘图。中心对称的图形用［环形阵列］命令（ARRAYPOLOR），矩形排列的用［矩形阵列］命令（ARRAYRECT），排列在一条曲线上的用［路径阵列］命令（ARRAYPATH），上下或左右对称或关于一条线对称的图形用［镜像］命令（MIRROR）。

排列不规律的重复图形一般用［复制］命令实现快速绘制。

8. 若要编辑阵列对象中的某个图元如何操作？

答：阵列后的所有图形为一个组合对象，如果要单独编辑阵列对象中的一个图元，则必须先用［分解］命令（EXPLODE）分解阵列对象。AutoCAD 2010 版阵列后的对象仍然是单独对象，因此不用分解。

9. 用［直线］命令及用［矩形］命令绘制的矩形的偏移有什么不同？

答：圆、矩形、椭圆、多边形、多段线绘制的图形为单一对象，使用［偏移］命令时会整体偏移形成相似图形。

用［直线］命令绘制的封闭或不封闭的图框不能整体偏移，只能按边偏移。

10. 多段线有何用途？［多段线］命令绘制的线段宽度如何确定？

答：多段线在三维建模中用途广泛，功能强大。用［多段线］命令（PLINE）可以连续绘制不同宽度的直线与圆弧，所绘制的图形是一个组合对象！可用于绘制剖切位置符号、特殊形状的箭头、特殊符号等。

多段线绘制中输入的宽度值是在当前线型宽度基础上增加的宽度。

11. 填充剖面线如何操作？

答：剖面线用［填充］命令完成，但剖面线的种类需要根据零件的材质选择，剖面线的间距和方向在填充时可以输入，也可以在填充后重新选择剖面线后修改。填充时经常出现填充失效的问题，往往是由于填充区域不封闭而引起的，需要用［延伸］命令修改使其封闭后再次填充。

12. 覆盖式捕捉如何操作？

答：大部分捕捉对象不用在捕捉管理器中选中，需要用时选用覆盖式捕捉追踪功能即可，覆盖式捕捉的操作方法是用<Shift>+鼠标右键调出［捕捉］快捷菜单后直接选择覆盖式捕捉。

13. 绘制两圆的公切圆时切点如何捕捉？

答：画两个圆的公切圆时应注意使切点捕捉位置尽量接近实际切点位置，否则作出的公切圆不符合要求，因两圆的公切圆有多个。

14. 先画或后画中心线各有什么优缺点？

答：绘制完图形轮廓后再画中心线可以提高绘图速度。先画中心线后画轮廓线的缺点是总要重新延长或缩短中心线因而不够简洁。

二、练习题（典型题型，多练必然熟能生巧）

请用不同方法（部分任务按教程中提示的不同方法）再次绘制任务 2-1~2-16。

方法及答案详见教程训练任务说明。

第 3 章思考题与练习题答案

一、思考题

1. 什么是立体的平面表达方案？

答：立体具有三维尺度，要完整清晰地将立体的结构与形状表达在二维图样上，必须借助一组投影视图或其剖视图，并按照三等投影规律和相应的制图规范将这些视图组合放置在一起，构成立体的二维视图表达方案。

2. 视图种类有哪些？

答：视图包括六个基本视图、辅助视图、剖视图三类。六个基本视图是主视图、俯视图、左视图、右视图、后视图和仰视图。辅助视图有向视图、斜视图、局部视图。剖视图有全剖视图、半剖视图、局部剖视图、旋转剖视图、阶梯剖视图、断面图等。

3. 选择立体表达方案的要求是什么？

答：立体表达方案的选择要求是正确、完整、清晰、优选。

4. 简述组合立体的表达步骤。

答：组合体的表达步骤：

1）首先要要对机件或零件进行深入地形体分析，要分析清楚机件的结构特征与功用，分析清楚机件的组合形式和构成。

2）然后确定主视图的投射方向和表达方式（剖切与否），主视图常选最能反映机件结构特征的那个视图。

3）根据表达的完整性要求确定其余视图及其表达方式。

4）比较其他的可能表达方案，择优选择其中一种。

5）按照标准规范绘制完成表达方案。

5. 截交线的画法有哪些？

答：截交线的绘制方法大体分为两种：

1）棱线法：求取平面立体各棱线与截平面的交点，用直线段顺序连接各交点就得到截交线，这种方法称为棱线法。

2）棱面法：直接求取各侧面与截平面的交线，各交线连接起来就是完整的截交线。这种方法称为棱面法。

6. 如何绘制相贯线？

答：相贯线的绘制方法：组成相贯线的每一线段的实质就是截交线，按照截交线的画法绘制。直线段按照棱线法或棱面法绘制。曲线段的绘制用描点法：先直接求出曲线上的几个特殊点，利用辅助线或辅助平面求出若干中间补充点，最后用样条曲线顺序光滑连接起来。

7. 什么是形体构思？

答：由部分视图推断其他视图的推理过程称为形体构思。形体构思能力是工程制图课程的一项重要能力，是教学大纲中素质培养的重要内容。形体构思过程是根据部分视图或不完整视图推理出三维立体结构形状，然后又利用立体结构形状指导绘制其余视图。

8. 曲面立体的截交线形状有何特点？

答：曲面立体的截交线是由曲线段或直线段围成的封闭平面图形，曲线段的形状与截平面截切立体的位置及立体的形状两个因素相关。

9. 如何选取截交线上的特殊点？

答：截交线曲线段的特殊点一般取截交线的最高点、最低点、最左点、最右点、最前点和最后点，因为这些点的投影比较容易作出。

10. 如何绘制简单立体经过切割形成的复杂立体三视图？

答：切割形成的复杂立体三视图画法：先画出未切割立体的三视图，然后逐个切除部分实体并绘制切除后的三视图，修改编辑图线（主要是重合线与过渡线）后形成符合投影规律的立体三视图。

11. 如何绘制叠加与相交形成的组合体的三视图？

答：叠加或相交形成的组合立体绘图前的形体分析必不可少，但形体分析是假想地将立体分解为几个部分，然后将各部分分别进行投影，实际的立体仍是一个整体，各组成部分之间不存在缝隙与结合面。按照假想分解的各部分分别绘图后必然存在多余的过渡线及重合线，必须检查、修改叠加表面过渡线、切线、相贯线，按一个完整实体的投影规律修改线型。

12. 如何选取最佳表达方案？

答：最佳表达方案首先必须符合正确与完整两个条件，其次要表达合理与清晰，另外也要考虑读图的方便性及整体布局的合理性。如果某个视图中虚线数量太多必然造成某些尺寸标注在虚线上，表达就不够清晰；某个视图的方向与机件实际工作方向相反放置时表达就不够合理；图幅布局的上下或左右空间太大时说明布局排版不够合理。

13. 三视图的投影规律是什么？

答：长对正，宽相等，高平齐。

二、练习题（典型题型，多练必然熟能生巧）

请尽量用不同的表达方案绘制任务 3-1~3-10。

方法及答案详见教程训练任务说明。

第 4 章思考题与练习题答案

一、思考题

1. 完整尺寸标注包括哪些内容？

答：完整的标注包括尺寸及公差、几何公差、表面结构三项内容。

2. 什么是几何公差？几何公差包括哪些内容？

答：几何公差是指机件实际几何要素（表面、对称面或中心线）对其理想几何要素的允许变动范围，默认单位为毫米。

几何公差包括形状公差和位置公差两类，形状公差如直线度、平面度、圆度、圆柱度等，位置公差如平行度、垂直度、圆跳动、全跳动等。

3. 什么是表面结构？

答：表面结构是表面粗糙度、波纹度、表面缺陷、纹理和表面微观几何形状的总称。

4. 尺寸标注的四要求有哪些？尺寸三要素有哪些？

答：尺寸标注的四要求是正确、完整、合理、清晰。

尺寸三要素是尺寸线、尺寸界线、尺寸数值。

5. 尺寸标注与视图的关系如何？

答：图形用于表达机件的形状与结构特征，而机件的形状大小必须以尺寸标注为准。当图形与尺寸标注有明显矛盾时，以尺寸标注为第一判断依据。所以在生产实践中，尺寸标注要更加严肃、认真对待。

6. 如何添加尺寸公差？

答：尺寸公差的添加方法：

1）先标注基本尺寸。

2）双击基本尺寸调出尺寸编辑器对尺寸添加偏差。

3）上、下极限偏差之间用符号“^”间隔（“^”是堆叠间隔符），如 $8^{+0.2}_{0}$，先编辑为 8+0. 2^0，然后选中偏差部分+0. 2^0 单击［堆叠］图标，就完成了 $8^{+0.2}_{0}$ 尺寸的标注。

7. 已经标注的图形比例改变后，标注数据如何变回实际输入值？

答：已标注的图形比例改变后测量值会随图形比例缩放，这时只要更改［标注式样］中的测量比例为缩放的反比例，标注数值就恢复到原输入的实际值。用文字替代后的尺寸值不会随图形比例的缩放而改变。

8. 如何修改尺寸或添加注释文字符号？

答：需要修改尺寸或添加注释文字符号时，双击该尺寸会弹出尺寸编辑器，通过编辑器修改尺寸或编辑注释文字、符号、公差数值等项目。

9. 尺寸标注应注意的事项有哪些？

答：线性尺寸及角度尺寸切忌标注成尺寸封闭链。重要尺寸应直接标注。角度数字应居中水平放置，AutoCAD 中应单独建立角度标注式样。尺寸尽量不要标注在虚线上，要标注在可见轮廓线上。相贯线上不要标注尺寸。定位尺寸必须有尺寸基准，基准尽量做到设计、加工、测量基准统一。复杂图形标注顺序是定形尺寸→定位尺寸→总体尺寸。

10. 简述坐标法标注尺寸的方法。

答：坐标法标注尺寸时先将 UCS 原点移动到零件的标注基点，则基点的坐标就是 0 坐标点。做法：移动 UCS 到基点↙选择［坐标标注］↙依次单击线段端点↙。

11. 如何选择综合标注尺寸的顺序？

答：一般综合标注的顺序是：尺寸及公差、表面结构符号、几何公差。先标注尺寸及公差是因为部分几何公差或表面结构符号需要标注在基本尺寸线上。

12. 如何标注几何公差？

答：几何公差符号分为公差框、引线、基准符号三部分，先标识基准符号，再标注公差框中的内容及数值（用命令［TOLERANCE］），最后标注引线部分（用命令［LE］）。

二、练习题（典型题型，多练必然熟能生巧）

请重复标注任务 4-1～4-4。

方法及答案详见教程训练任务说明。

第 5 章思考题与练习题答案

一、思考题

1. 说明螺纹代号 M27×1.5-7H-L 的含义。

答：普通细牙螺纹。公称直径 ϕ20mm；中径、小径公差带为 7H；长旋合长度，右旋。

2. 说明螺纹代号 G1/2A 用于标注外螺纹时的含义。

答：55°非密封管螺纹，圆柱外螺纹。尺寸代号 1/2；公差等级为 A 级；右旋。

3. 说明螺纹代号 Rc3/4 用于标注内螺纹时的含义。

答：与圆锥外螺纹旋合的 55°密封管螺纹，圆锥内螺纹。尺寸代号 3/4；右旋。

4. 说明螺纹代号 Tr40×14（P7）LH-7H 的含义。

答：梯形螺纹。公称直径 ϕ40mm；导程 14mm，螺距 7mm；中径公差等级为 7H；左旋。

5. 常用紧固销有哪些？

答：有圆柱销、圆锥销、螺纹圆锥销、开口销等。

6. 常用连接键有哪些？

答：有平键、半圆键、钩头楔键、花键等。

7. 常用轴承有哪些种类？

答：径向球轴承、推力球轴承、径向推力球轴承、圆锥滚子轴承等。

8. 规定的螺纹标记是怎样的？

答：标记如图 A.4 所示。

9. 规定的焊接符号是怎样的？

答：焊接符号如图 A.5 所示。

二、练习题（典型题型，多练必然熟能生巧）

请重复绘制任务 5-1～5-5。

方法及答案详见教程训练任务说明。

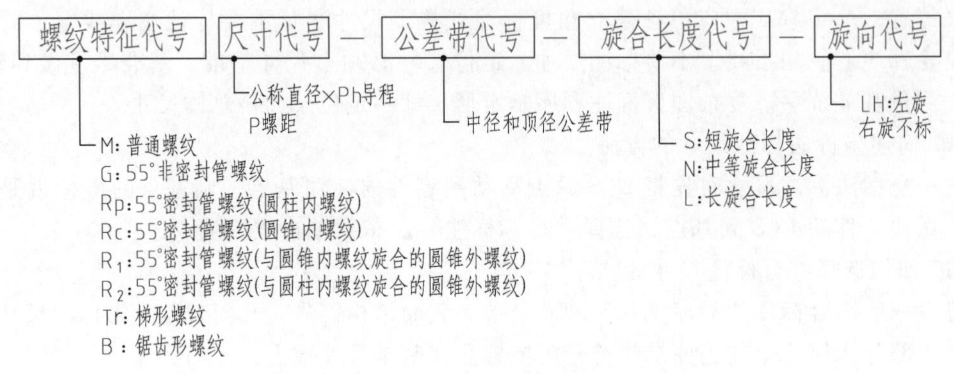

图 A.4　规定的螺纹标记

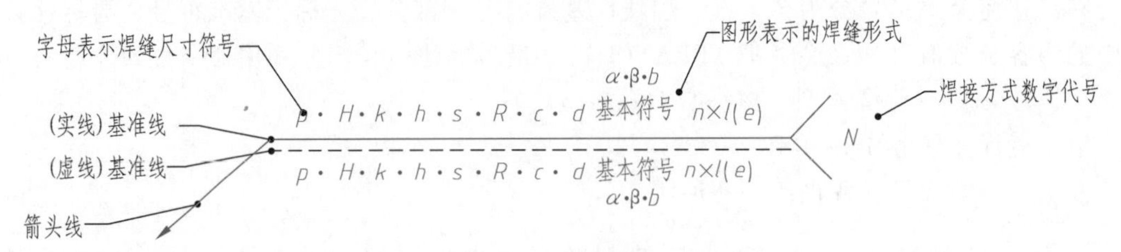

注:焊缝形式、尺寸、焊接方式字母的含义按国家标准《焊接及其相关工艺代号方法》(GB/T 5185—2005)的规定。

图 A.5　规定的焊接符号

第 6 章思考题与练习题答案

一、思考题

1. 轴测图绘制及标注的要点有哪些?

答:轴测图绘制要点:

1) 绘制正等轴测图必须打开[等轴测草图]状态(状态栏中图标),此时光标所在平面是 $x'y'$ 平面,可按<F5>键在 $x'y'$、$y'z'$、$x'z'$ 平面间切换。

2) 圆及圆弧在正等轴测图中用[椭圆]命令(EL)的[轴测圆]方式[I]选项绘制。

3) 对称结构在[等轴测草图]状态下不再对称。

4) 标注:轴测图中的角度不是实际角度,斜二等轴测图中 y' 轴向尺寸要乘 2,线性尺寸要用[对齐]方式标注后再对齐,所以尺寸按测量值标注后要用[DIMED]命令再次修改编辑。

5) 斜二等轴测图要用 45°增量角度极轴追踪方法绘制。

图 A.6　轴测图的绘制流程

2. 简述轴测图的绘制流程。

答：轴测图的绘制流程如图 A.6 所示。

3. 轴测图的轴测尺寸如何标注？

答：轴测图的尺寸用［对齐方式］标注，标注后一定要再次修订尺寸值为实际值。尺寸数字在标注样式中选用［水平］方式，经多次编辑修订后字体不会颠倒方向。

4. 简述三维模型转换生成轴测图的步骤。

答：步骤如图 A.7 所示。

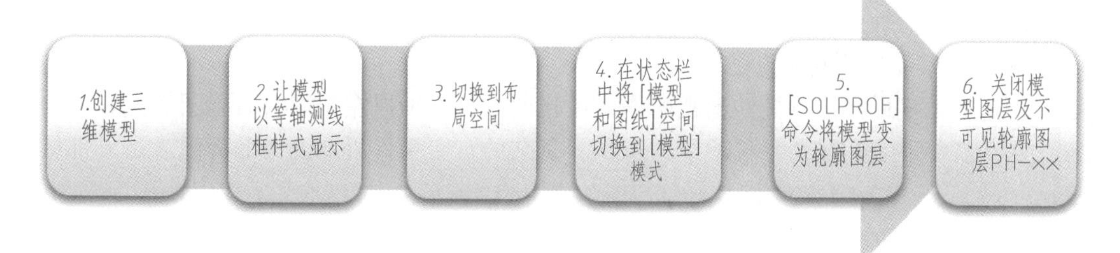

图 A.7　三维模型转换生成轴测图的步骤

二、练习题（典型题型，多练必然熟能生巧）

请重复绘制任务 6-1~6-6。

方法及答案详见教程训练任务说明。

第 7 章思考题与练习题答案

一、思考题

1. 一份完整的零件图包含哪几项内容？

答：零件图包含四项内容：

1）一组完整清晰的表达零件结构特征的视图。

2）表达零件形位尺寸与表面结构的完整尺寸标注。

3）其他必要的技术要求与说明。

4）标注设计单位、制造数量、材料、图号和比例等内容的标题栏。

2. 常见的机械零件分哪几类？

答：机械零件按照结构形状一般分为轴类、盘套类、支架类、箱体类、钣金类和标准件六大类。

3. 零件图的绘制要点是什么？如何快速学会绘制零件图？

答：零件图绘制中首先要根据零件的功用和要求确定零件结构形式与材料，然后核定零件的强度、刚度等性能指标，同时要考虑加工制造工艺、材料热处理等技术环节，才能绘制出正确规范且实用的零件图。

对于初学者，零件图绘制从临摹规范零件图开始是条捷径，在临摹绘制的过程中要结合各类典型零件的技术特征，练习零件图中尺寸公差的标注、几何公差的标注和表面结构及技术要求的填写。

4. 轴类零件的绘制要点是什么？

答：正对键槽方向水平放置的视图作为主视图，既能表达总体形状又能表达键槽形状，用断面图表达键槽宽度、深度，用局部放大视图表达特殊沟槽形状。

轴两端中心孔结构不用绘制，用标准代号标注其大小规格即可。

键槽移出断面图与断面剖切位置上下对齐放置时，可省略断面图名称，其他位置放置的断面图则要标注视图名称。键槽宽度、深度、安装轴承的轴径及轴肩要按标准规范选用。

长度方向的尺寸基准一般选轴承定位侧面，径向定位基准选两端中心孔公共中心线，或两段轴承段的公共轴线。

直径尽量标注在断面图上，标注在主视图上要打断中心线标注。

传动力矩大的轴或高速轴都要热处理强化，热处理要求在技术要求中注解。

5. 盘套类零件的绘制要点是什么？

答：盘套类零件一般将旋转剖视图作为主视图，再辅助以左视图或右视图表达其上的孔位置，基本就能够表达清楚零件的结构形状。复杂的盘套零件再加上局部视图表达局部结构细节。

6. 支架类零件的绘制要点是什么？

答：支架类零件的结构比较复杂，六个面都需要表达清楚。一般要用多个基本视图及其剖视图来表达，还要辅助以多种局部视图和局部剖视图才能表达清楚所有结构细节。

另外支架类零件的综合尺寸也比较多，几何公差要求比较高，基准面一般应选择一个重要安装面。

7. 箱体类零件的绘制要点是什么？

答：箱体类零件的结构比较复杂，六个方向的内、外面都需要表达清楚。一般要用多个基本视图及阶梯剖视图来表达。还要辅助以多种局部视图和局部剖视图才能表达清楚所有结构细节。

另外箱体类零件的综合尺寸也比较多，几何公差要求比较高，基准面一般应选择一个重要安装底面。

二、练习题（典型题型，多练必然熟能生巧）

请重复绘制任务 7-1~7-10，尽量采用与教程不同的表达方案绘制。

第一种方法及答案详见教程训练任务说明，第二种表达方案绘制好后与第一种方案进行比较。

第 8 章思考题与练习题答案

一、思考题

1. 完整的装配图包含哪几项内容？

答：完整的装配图包含：

1）一组表达装配体结构原理与配合关系的视图。

2）表达装配体总体尺寸与零件间配合关系的尺寸标注。

3）记录零件编号、图号、名称、数量和材料等内容的零件明细表。

4）说明装配体的总体技术参数及加工实验要求的技术要求。

5）标明设计单位、制造数量、质量、图号和比例等内容的装配图标题栏。

2. 请说明零件图与装配图的关系。

答：装配图与零件图相辅相成，由装配图可以拆画零件图，而若零件图不确定则装配图又不能按比例规范绘制完成。工程经验表明按照先绘制装配简图（或原理结构图），再画零件图，最后完善装配图的过程比较合理。一般零件绘制过程必须考虑零件的强度、刚度、硬度、耐蚀性和安全性等性能指标，而这些指标决定了零件的形状、尺寸大小、材料选用。所以，先绘制一个装配简图（或原理结构图），提出总体技术参数要求，然后再根据装配简图（或原理结构图）进行零件设计并绘制详细零件图，最后根据零件图绘制装配图。这样的顺序还有一个优点是可以将零件图形复制到装配简图中，快速完成装配图绘制。

3. 简述从装配简图或原理图到装配图的绘制流程。

答：流程如图 A.8 所示。

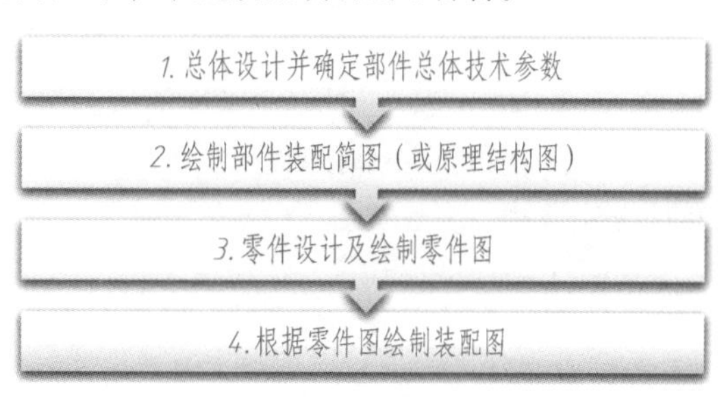

图 A.8　从装配简图或原理图到装配图的绘制流程

4. 装配图中的简化画法规定有哪些？

答：两零件的接触面只画一条线，非接触面即使间隙很小也要画两条线。标准件按规定画法及尺寸绘制，实心轴及标准件纵剖按不剖画，相邻零件的剖面线必须方向不同或间距不相等。零件的极限位置用假想画法绘制，薄皮零件、细丝弹簧、微小间隙可用夸大画法表达，实心零件、零件工艺槽孔、倒角、圆角等可以采用简化画法。

5. 焊接装配图有何功能？

答：在建筑、石油化工、汽车、航空航天、水电等领域内有大量的部件或组合件使用钢板焊接制造，这类焊接形成的部件或组合件的总体图样称为焊接装配图。焊接装配图中除了要表达整体结构形状外，还要标注焊接部位、焊接顺序、焊缝的尺寸及焊接工艺要求。

6. 什么是展开图？展开图如何绘制？

答：将立体表面按实际形状摊平在同一平面上的过程，称为立体表面展开，展开所得的平面图称为展开图。凡是平面立体都是可以展开的，若曲面立体中相邻母线平行或相交于一点则可以展开，如圆柱面和圆锥面；否则不可展开，如球面和螺旋面。展开图的尺寸求解方法有解析法和图解法两种。

7. 在三维设计软件中如何绘制装配图？

答：随着三维设计软件的推广应用，机械产品的设计逐渐采用三维建模方式。三维建模的突出优点之一是零件结构立体直观，另一优点是可以由零件模型组装装配体模型，进而快速生成装配图或爆炸图。大部分三维设计软件的辅助设计一般都从零件建模开始，由零件模型组装装配体并进行零件间的配合与干涉检查，然后修改零件模型，最后由装配体直接生成二维装配图或爆炸图。

二、练习题（典型题型，多练必然熟能生巧）

请重复绘制任务 8-1～8-3。

方法及答案详见教程训练任务说明。

第 9 章思考题与练习题答案

一、思考题

1. AutoCAD 2016 中三维立体有哪几种结构形式的模型？

答：在 AutoCAD 中，用户可以创建并使用三种类型的三维模型：①线框模型；②表面模型；③实体模型。这三种模型在计算机中以线面结构形式显示，用户可对后两种模型进行着色与渲染，使表面模型及实体模型具有丰富多彩的表现力。

2. 实体模型颜色的形成方式有哪些？

答：模型颜色：实体模型的颜色由建模图层颜色确定的称为图层色，由模型特性管理器参数修改确定的颜色称为特性色。模型表面颜色也可用［面着色］命令染色。

3. 基本立体和非基本立体如何建模？

答：AutoCAD 中可以快速建模七种基本立体（也称为三维图元），即长方体、圆柱体、圆锥体、棱锥体、楔体、球体和圆环体，直接用相应命令建模。

除基本立体的其他单体称为非基本立体，可通过拉伸、旋转、扫掠、放样及编辑基本立体五种方法建模。

4. 组合体如何建模？

答：组合体建模过程类似“搭积木”过程，即用若干单体在三维空间依次搭建出一个复杂的组合立体。这些单体可以单独建模后通过移动叠加在一起，也可以直接在一个立体的表面建模另一立体。搭建在一起的立体若要浑然一体，则必须经过实体布尔运算：布尔并集用于形成实体叠加和相交体，布尔差集用于形成实体切割体，布尔交集用于求取相交实体间的公共部分。

5. 简述棱锥台的建模步骤。

答：棱锥台建模方法是：［棱锥体］命令↙输入侧面数 n↙ xOy 面上绘制底面↙选项［T］↙顶面外接圆（或内切圆）半径↙台体高度↙。建模后还可以调出特性管理器修改模型参数。

6. 三维实体编辑命令有哪些？实体编辑命令中的面编辑如何操作？

答：［SOLIDEDIT］命令是一大类三维实体编辑命令，二级选项面操作［FACE］的三级选项（［E］/［C］/［R］/［T］/［L］）可分别实现面的删除、复制、旋转、倾斜、面着色操作。三维实体编辑命令图标集中放在［实体］及［常用］选项卡中。

7. 如何确定三维立体的颜色？

答：多个特性色立体经过布尔运算后形成的组合体的表面颜色确定原则：①非平齐叠加的面仍保持原单体的颜色；②布尔差集运算后的孔槽表面保留减去的立体颜色；③平齐叠加形成的面颜色与布尔并集对象的选取顺序有关，面颜色与最先选择的立体的颜色相同。

多个图层色单体布尔并集运算后形成的组合体的表面颜色无论平齐与否，所有面的颜色均与布尔并集时先选择的立体颜色相同；布尔差集时减去的立体无论原色如何，切割面都与被减立体颜色相同。

所有模型表面颜色都可以通过［面着色］命令改变颜色。

8. 常用三维编辑命令有哪些？

答：三维阵列（3DARRAY）、三维旋转（3DROTATE）、三维镜像（3DMIRROR）命令操作对象是实体，属于三维实体编辑命令。

9. 什么是压印？有何作用？

答：［压印］命令（IMPRINT）可将二维图形压印在三维实体上以创建更多的可见边。

利用［压印］命令可将面与立体的截交线印在该面上，增加视觉效果，也可以对压印实现拉伸和缩进建模。在模型表面绘制的草图如果不经过压印操作，则当模型处于表面模型或实体模型时，表面草图会被覆盖而不能显示，压印却能显示。

10. 三维阵列需要输入几个参数？

答：三维阵列中需要输入行数、列数、层数、行距、列距和层距共六个参数。行距、列距、层距为正值时沿 x、y、z 轴正方向，负值沿反方向。

11. [3DROTATE] 命令与 [ROTALE3D] 命令有何区别？

答：[3DROTATE] 命令可绕基点旋转立体，[ROTALE3D] 命令则绕坐标轴或指定线旋转立体，注意区别应用。

12. AutoCAD 中如何实现实体切槽或孔？

答：AutoCAD 没有拉伸切除命令，必须先拉伸出被切割槽或孔的实体后用 [布尔差集] 命令切除。

13. [EXTRUDE] 命令与 [PRESSPULL] 命令拉伸有何不同？

答：[拉伸] 命令（EXTRUDE）的默认拉伸高度方向沿 UCS 的 z 轴方向，当用 [P] 选项拉伸时则可以实现沿路径拉伸，但拉伸路径必须是一个单一组合线条对象。

[拖拉] 命令（PRESSPULL）可拖动一个曲线或有边界的区域沿移动方向创建三维曲面或三维立体。当选择一段曲线或线段时则创建曲面或平面，当选择对象是有边界的区域内一点（封闭图框）时则创建一个三维立体。

14. 旋转建模有何技巧？

答：旋转对象不能与轴线相交，但可以将对象的一条边选为旋转轴。

无论空心体或是实心回转体，回转体类零件一般适宜采用 [旋转] 命令建模。

旋转对象草图用多段线绘制比较快捷方便。

如果用 [直线] 命令绘制草图，则只能旋转生成三维曲面而不能生成实体。

15. 能否一次扫掠成形多个立体？

答：若同时选择多个扫掠对象，扫掠后会生成多个独立实体模型。

[扫掠] 命令执行时会使扫掠对象与扫掠路径自动对齐，自动对齐的结果使得对象的几何中心与扫掠路径重合（若有多个独立对象时，则所有对象的总体几何中心与路径重合）。

16. 简述抽壳的操作过程。

答：抽壳操作过程是：[SOLIDEDIT] ↙先选择实体对象↙选择基面（删除材料的起始面）↙输入壁厚↙。当实体具有厚度小于等于壁厚的凸缘或台阶时，抽壳将忽略该部分。

17. 放样操作的技巧有哪些？

答：[放样] 命令（LOFT）是指在若干横截面图形之间创建三维实体或三维曲面。

技巧 1：横截面图形越多，则放样形成的模型精度越高，横截面图形不要求是相似图形，可以是圆、椭圆、多边形等图形。

技巧 2：横截面图形放置方向可以不平行，可按照三维曲线路径放置若干横截面图形。

技巧 3：截面图形必须是一个独立对象，如果用直线绘制则必须合并为一个对象。因此复杂截面图形用多段线绘制比较便捷。

技巧 4：放样时按照截面图形选择的顺序逐渐生成模型，因此选择横截面图形必须按照顺序单选，不能使用多选方式。

18. 简述三维模型转换为二维工程图的流程。

答：流程如图 A. 9 所示。

图 A. 9　三维模型转换为二维工程图的流程

二、练习题（典型题型，多练必然熟能生巧）

请重复绘制任务 9-1 ~ 9-16，其中教程中有提示第二种绘制方法的则请按第二种方法绘制。

做法步骤及答案见教程训练任务说明。

第 10 章思考题与练习题答案

一、思考题

1. 什么是布局空间？模型空间、视口、布局空间之间的关系如何？

答：布局空间是二维平面，相当于覆盖在模型空间之上的一张描图纸，用于将模型空间中模型映射其上，从而方便在布局空间进行布局排版。

只有通过视口才能实现映射模型，模型空间、视口、布局空间三者的关系如图 A. 10 所示。

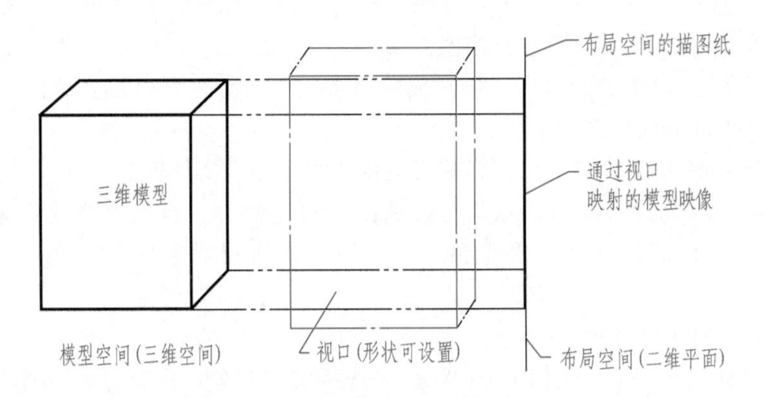

图 A. 10　模型空间、视口、布局空间三者的关系

2. 什么是布局排版？

答：布局排版：一个布局平面上可以建立若干不同形状的视口，默认各个视口中映射相同的模型映像，但通过视口操作可以对这些映像进行比例缩放（ZOOM）、位置平移（PAN）、旋转（UCS 工具组下的各旋转工具），其结果使得各视口以需要的比例映射需要部位的模型图形，这些操作统称为视口操作，这个过程就是布局排版过程。当排版确定好后就要锁定视口，锁定视口也称为定版，定版后布局空间中的图样就固定了下来，打印布局选项就可以输出定版的工程图样。

3. 简述模型空间和布局空间的打印输出流程。

答：模型空间打印输出流程如图 A. 11 所示。

布局空间打印输出流程如图 A. 12 所示。

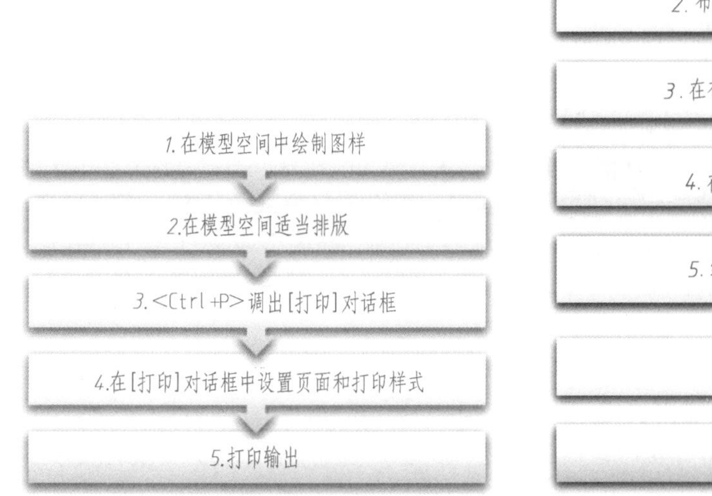

图 A. 11 模型空间打印输出流程

图 A. 12 布局空间打印输出流程

4. 如何在布局空间进行布局排版？

答：

1）图形编辑和修改：选中图形↙出现编辑选项↙按线型、显示性等进行编辑修订↙。

2）改变图样比例为标准比例值：经过布局排版后的布局空间的图样的绘图比例已经发生改变，因零件图必须按标准比例绘图，因此应改变布局空间的比例为标准比例。方法：观察当前比例，选中视口↙单击鼠标右键或按<Ctrl+L>键调出视口特性对话框，可以看到视口比例栏目中的比例，直接在特性对话框中修改自定义比例为标准比例值即可。

3）改变打印比例的第二种方法：如要将图形打印比例调整为 1∶2。输入命令方式为：[ZOOM] ↙ [S] ↙ 0. 5xp ↙。注意此时必须将标题栏中的注释比例也同时改为 1∶2 才正确。

4）再次微调整布局但不改变比例：因改了比例，再次微调整版面是必要的。方法与前面的布局排版方法相同，只是对视口进行平移操作以改变各图形位置即可。如果有多个视口，依上述方法分别操作各视口，使得各视口内图形比例与打印输出比例符合制图规范的标注比例值。

5）锁定视口。排版确定后锁定视口，版式就不会因误操作而改变。方法：选视口↙选中状态栏中的“视口锁”选项↙。

二、练习题（典型题型，多练必然熟能生巧）

请重复练习任务 10-1～10-3。

做法步骤详见教程训练任务说明。

附录B　AutoCAD 操作中常见问题的解答汇总

【鼠标键的功能定义是怎样的?】

三键式鼠标定义:

左键: 拾取选择键（选屏幕点、选对象、选工具）。

右键: 绘图区快捷菜单或<Enter>功能。当 SHORTCUTMENU=0 时为<Enter>功能，否则为快捷菜单功能；<Shift>+右键为对象捕捉快捷菜单。

中间键: 当 Mbuttonpan=1，压着并拖拽实现平移；双击则视图缩放成满屏显示；<Shift>+中间键并拖拽作垂直或水平的实时平移；<Ctrl>+中间键压着不放并拖拽为随意式实时平移；Mbuttonpan=0 时单击为对象捕捉快捷菜单。

两键+滚轮鼠标定义:

左键: 选择功能键（选屏幕点、选对象、选工具）。

右键: 绘图区快捷菜单或<Enter>功能。当 SHORTCUTMENU=0 时<Enter>功能，否则快捷菜单功能；<Shift>+右键为对象捕捉快捷菜单。

滚轮: ①旋转滚轮向前或向后，实时缩放、拉近、拉远。②压滚轮不放并拖拽为实时平移。③双击则视图缩放至满屏显示；<Shift>+滚轮压住不放并拖拽为作垂直或水平的实时平移；<Ctrl>+滚轮压住不放并拖拽为随意式实时平移；当 Mbuttonpan=0 时，按一下滚轮为对象捕捉快捷菜单。

【绘图区输入坐标画线不显示怎么办?】

绝对坐标画直线后只能看到一个端点或整个线条都看不到。

方法: 这是因为输入的坐标已经不在绘图区域了！在绘图区双击滚轮↙所有图线均会全屏显示出来。

【因频繁缩放或移动图形而在屏幕看不到图形了】

方法: 这是因为图形已经移出屏幕范围了！在绘图区双击滚轮↙所有图线均会全屏显示出来。

【虚线显示为连续线怎么办?】

如果你绘制了虚线且放大图形后会显示虚线，但缩小又显示连续线。

方法: 修改线型比例，单击右键弹出快捷菜单选［特性管理器］，改小虚线比例。

【线条显示锯齿形】

有时图形在正常显示比例时线条会显示为锯齿形。

方法: 执行一次图样［重生成］命令一般都会解决。输入［REGEN］命令（重生成）↙。

【工作界面乱了怎么办】

初学者易遇到的问题之一，因操作不慎导致界面凌乱。

方法: 选用［重置］命令系统一般都能解决问题，输入［OP］命令（选项）↙重置系统↙。

【双击文字不能编辑】

文字对象一般双击就能调出文字编辑器进行编辑。

方法: 输入［PICKFIRST］命令↙［1］↙，再输入［DBLCLKEDIT］命令↙［ON］↙。

【移动图形时不显示移动的图形】

一般移动时图形会显示移动中，以方便确定移动的目标位置。

方法：输入［DRAGMODE］命令↙［A］↙。

【新安装的系统有时会不显示十字光标】

方法：［OP］↙［颜色］↙选［全部默认］↙。

【执行完命令总会跳出［确定］菜单】影响效率。

方法：［OP］↙用户系统配置↙自定义鼠标右键↙命令模式↙。

【鼠标滚轮无作用】

方法：输入系统变量［MBUTTONPAN］↙1↙。

【<Ctrl>键无效】

遇到如<Ctrl+C>（［复制］命令），<Ctrl+A>（［全选］命令）等组合命令时失效。

方法：［OP］（选项）↙用户系统配置↙选中［WINDOWS标准加速键］。

【<Ctrl+N>无效】

有时候<Ctrl+N>不能进入新建默认［样板选项］对话框。

方法：［OP］（选项）↙系统↙选中［启动对话框］。

【填充无效】

填充时无效。

方法：［OP］（选项）↙显示↙选中［应用实体填充］。另外当填充区域不封闭时也会填充无效，但有提示。

【系统参数重置】

如果系统变量被人无意更改或一些参数被人有意调整了，开机不能进入默认环境。

方法：［OP］选项↙配置↙重置↙，即可恢复。但有些选项，如十字光标的大小等还需微调。

【按下鼠标中键出菜单】

有时当按住滚轮时不是平移而是出下一个菜单，很烦人。

方法：只需调下系统变量［MBUTTONPAN］初始值为1即可。［MBUTTONPAN］↙1↙。

【命令行中的模型、布局按钮看不到了】

看不到命令行左边［模型］［布局1］［布局2］的图标按钮了。

方法：［OP］↙［显示］↙选中［显示布局和模型］选项卡↙。

【单击选多个对象无效】

单击选择多个对象时失效，只能选择最后一次所选中的对象。

方法1：［OP］↙选择↙<Shift>键添加到选择集（√去掉）↙。

方法2：［PICKADD］↙1↙。

【文件路径不全】

当前文档的存储路径在标题栏中显示不全。

方法：［OP］↙打开和保存↙选中［在标题栏中显示完整路径］。

【剖面线或尺寸标注线不是连续线型】

绘制的剖面线、尺寸标注线不是连续线型。

方法：先切换图层为连续线型图层后再标注或填充，因剖面线和尺寸标注都受图层控制。或者是由于选择填充的图案为不连续线型的图案。

【如何缩减文件大小?】

AutoCAD 图形文件中一般包含有无用的块、没有实体的图层、未用的线型、字体、尺寸样式等内容，使得图形比较大。

方法 1：文档完成后，[PURGE] ↙，一般彻底清理需要执行 [PURGE] 命令 2~3 次。

方法 2：用 [WBLOCK] 命令将文档转换为外部块。

【如何将自动保存的图形复原】

丢失文档后如何将自动保存的文档恢复回来。

方法：AutoCAD 将自动保存的图形存放到 AUTO. SV $ 或 AUTO？. SV $ 文件中，找到该文件将其改名为图形文件即可在 AutoCAD 中打开。该文件存放在 WINDOWS 的临时目录下，如 C：\WINDOWS \TEMP。

【不能显示汉字或输入的汉字变成了?】

方法：①对应的字形没有使用汉字字体，如 hztxt. shx 等；②当前系统中没有汉字字体文件，应将所用到的字库文件复制到 AutoCAD 的字体目录中（一般为 ...... \ FONTS \ ）；③对于某些符号，如希腊字母等，同样必须使用对应的字库文件，否则会显示成问号。

【输入的文字高度无法改变】

输入的文字高度都一样。

方法 1：当使用的文字样式中设定了字体高度，则输入的字体高度就是一定的。

方法 2：用 [DTEXT] 命令书写的文字选中后用右键调出文字特性表，改变文字高度到需要的高度值。

【部分图形能显示却打印不出来】

图形显示正常，打印时部分图形或全部不能打印出来。

方法：如果用图层（DEFPOINTS、ASHADE 等）绘制的图形就不能打印，其他图层绘制的图形不能打印的原因是图层的打印属性没有打开。

【修改块操作】

常规的方法是将其炸开，修改后再合并重定义成块。比较烦琐。

方法：[REFEDIT] ↙按提示修改好，然后 [REFCLOSE] ↙保存↙。

【字体上下镜像后保持字头方向】

镜像默认方式为旋转镜像，镜像完全对称，所以文字镜像后方向会变化。

方法：[MIRRTEXT] ↙ 0 ↙（为 1 时完全旋转镜像）。

【平方怎么打出来】

现象：平方、立方等数字怎样填写。

方法：使用文字编辑器中的上下标工具。

【特殊符号的输入】

"ϕ" "±" "°" 用控制码%%C、%%P、%%D 来输入，其他符号怎样输入？

方法 1：高版本在文本编辑器中找符号表，然后插入。

方法 2：低版本在 [文字] 文本框中单击鼠标右键调出快捷菜单，选 [字符表]，然后插入。

【文字是实心体，变成了空心体】

输入的文字变成了空心体。

方法：[TEXTFILL] 命令↙ 1 ↙。

【文本编辑得到的文字是竖直排列的】

输入的文字变成了竖直排列是因为文字样式中选择了带@ 符号字体。

方法：重新设置文字样式，选不带@ 符号的字体则是水平排列的。

【关掉图层后还能看到该图层的某些线条】

原因：可能这些线条是从别处复制的块，而且块是分层建立的，所以不能将其整体关闭。

方法：将图中块复制放在绘图区某一空白处，假定称其为［新样］，然后将［新样］中所有实体全部改为某一图层，再把这个［新样］作为块另外命名，再对［新样］图块作一次全局替换。这样就可保证图中没有了旧的图块，这时才可以用［PURGE］命令。

【三维建模中 UCS 恢复到原位】

三维建模中要频繁移动并选中 UCS，如何使 UCS 恢复到默认位置。

方法：UCS ↙↙，按<Enter>键 2 次。

【抓图时如何隐藏坐标系图标?】

抓图软件捕捉 CAD 的图形界面或打印操作中不希望出现坐标系 WCS 图标。

方法：［UCSICON］↙ OFF ↙。记住，关闭后要重新打开。

【如何将 CAD 图插入 Word?】

方法 1：可以用 AutoCAD 提供的 EXPORT 功能将 AutocAD 图形以 BMP 或 WMF 等格式输出，然后插入 Word。

方法 2：先将 AutoCAD 图形复制到剪贴板，再在 Word 文档中粘贴。应将 AutoCAD 图形背景颜色改成白色。

方法 3：将 AutoCAD 图形打印为 PDF 文档，然后用 PDF 编辑器导出图像后插入 Word。

方法 4：在 Word 中选［插入对象］再选［来自文件］，选择保存的 DWG 文件插入，调整大小和位置。

【格式刷不能刷线型颜色】

用格式刷操作对象时不能刷出对象的线型或颜色等。

方法：［MA］↙选中源对象↙［S］设置↙选中线型颜色等要素即可。

【AutoCAD 打开外来图时汉字乱码】

读取其他单位的 CAD 图样时因汉字设置不同而显示乱码。

方法：给软件添加汉字库索引，把需要的汉字库名添加到 CAD 目录下的 acad. fmp 文件中。

常用汉字库如：hztxtb；hztxt. shx；hztxto；hztxt. shx；hzdx；hztxt. shx；hztxt1；hztxt. shx；hzfso；hztxt. shx；hzxy；hztxt. shx；fs64f；hztxt. shx 等。

【如何关闭 . BAK 文件】

自动保存文档时，一般系统总会同时保存一份备份文档 . bak，使得存储量增大。

方法 1：工具↙选项↙选［打开和保存］选项↙［每次保存均创建备份］，即“CREAT BACKUP COPY WITH EACH SAVES”前的√去掉。

方法 2：［ISAVEBAK］↙ 0，将 ISAVEBAK 的系统变量修改为 0。

【鼠标移动显示坐标值没有变化】

当鼠标在绘图区移动时显示坐标没有变化。

方法：首先按<Ctrl+I>键打开坐标值显示，输入命令［COORDS］↙1，系统变量为1时，是指不断更新坐标显示；系统变量为2时，是指不断更新坐标显示，且当需要距离和角度时，显示到上一点的距离和角度。

【当绘图时没有虚线框显示】

如画一个矩形，取一点后，拖动鼠标时没有矩形虚框跟着变化。

方法：［DRAGMODE］↙修改系统变量为AUTO。系统变量为ON时，再选定要拖动的对象后，仅当在命令行中输入［DRAG］后，才在拖动时显示对象的轮廓。系统变量为OFF时，在拖动时不显示对象的轮廓。系统变量为AUTO时，在拖动时总是显示对象的轮廓。

【选取对象时的虚线框变为实线框且选取后留下两个交叉的点】

当选取对象时，拖动鼠标产生的虚线框变为实线框且选取后留下两个交叉的点。

方法：［BLIPMODE］↙系统变量修改为OFF即可。

【图层1的内容被图层2的内容给遮住】

方法：工具↙显示↙前置被遮挡的图层即可。

【工具栏不见了】在AutoCAD中的工具栏不见了。

方法1：在工具栏处单击右键，在快捷菜单中选择［重置］。或工具↙选项↙配置↙重置↙。

方法2：［TOOLBAR］↙。

附录C　常用机械制图国家标准索引表

表C.1　机械制图标准汇总

标准号	标准中文名称	标准英文名称
GB/T 4457.4—2002	机械制图　图样画法　图线	Mechanical drawings—General principles of presentation—Lines
GB/T 4457.5—2013	机械制图　剖面符号	Mechanical drawings—Symbols for sections
GB/T 4458.1—2002	机械制图　图样画法　视图	Mechanical drawings—General principles of presentation—Views
GB/T 4458.2—2003	机械制图　装配图中零、部件序号及其编排方法	Mechanical drawings—Item references and its arrangement for assembling drawings
GB/T 4458.3—2013	机械制图　轴测图	Mechanical drawings—Axonometric drawings
GB/T 4458.4—2003	机械制图　尺寸注法	Mechanical drawings—Dimensioning
GB/T 4458.5—2003	机械制图　尺寸公差与配合注法	Mechanical drawings—Indication of tolerances for size and of fits
GB/T 4458.6—2002	机械制图　图样画法　剖视图和断面图	Mechanical drawings—General principles of presentation—Sections
GB/T 4459.1—1995	机械制图　螺纹及螺纹紧固件表示法	Mechanical drawings—Representation of screw threads and threaded parts
GB/T 4459.2—2003	机械制图　齿轮表示法	Mechanical drawings—Conventional representation of gears

（续）

标准号	标准中文名称	标准英文名称
GB/T 4459.3—2000	机械制图　花键表示法	Mechanical drawings—Representation of splines
GB/T 4459.4—2003	机械制图　弹簧表示法	Mechanical drawings—Conventional reprensentation of springs
GB/T 4459.5—1999	机械制图　中心孔表示法	Mechanical drawings—Representation of centre holes
GB/T 4459.7—2017	机械制图　滚动轴承表示法	Mechanical drawings—Representation of rolling bearings
GB/T 4459.8—2009	机械制图　动密封圈 第 1 部分：通用简化表示法	Mechanical drawings—Seals for dynamic application—Part 1：General simplified representation
GB/T 4459.9—2009	机械制图　动密封圈 第 2 部分：特征简化表示法	Mechanical drawings—Seals for dynamic application—Part 2：Detailed simplified representation
GB/T 4460—2013	机械制图　机构运动简图符号	Mechanical drawings—Graphical symbols for kinematic diagrams

附录 D　AutoCAD 命令词典

A

ABOUT（命令）显示有关产品的信息。

ACISIN（命令）输入 ACIS（SAT）文件并创建三维实体或面域对象。

ACISOUT（命令）将三维实体、面域或实体对象输出到 ACIS 文件。

ACTBASEPOINT（命令）在动作宏中插入基点或基点提示。

ACTMANAGER（命令）管理动作宏文件。

ACTRECORD（命令）开始录制动作宏。

ACTSTOP（命令）停止动作宏录制器工作，并提供将已录制的动作保存至动作宏文件的选项。

ACTUSERINPUT（命令）在动作宏中暂停以等待用户输入。

ACTUSERMESSAGE（命令）将用户消息插入动作宏中。

ADCCLOSE（命令）关闭设计中心。

ADCENTER（命令）管理和插入诸如块、外部参照和填充图案等内容。

ADCNAVIGATE（命令）加载指定的设计中心图形文件、文件夹或网络路径。

ADDSELECTED（命令）创建新对象，该对象与选定对象具有相同的类型和常规特性，但具有不同的几何值。

ADJUST（命令）调整选定参考底图（DWF、DWFx、PDF 或 DGN）或图像的淡入度、对比度和单色设置。

ALIGN（命令）在二维和三维空间中将对象与其他对象对齐。

AMECONVERT（命令）将 AME 实体模型转换为 AutoCAD 实体对象。

ANALYSISCURVATURE（命令）在曲面上显示渐变色，以便评估曲面曲率的不同方面。

ANALYSISDRAFT（命令）在三维模型上显示渐变色，以便评估某部分与其模具之间是否具有足够的空间。

ANALYSISOPTIONS（命令）设置斑纹、曲率和起模分析的显示选项。

ANALYSISZEBRA（命令）将条纹投影到三维模型上，以便分析曲面连续性。

ANIPATH（命令）保存相机在三维模型中移动或平移的动画。

ANNORESET（命令）重置选定注释性对象的所有换算比例图示的位置。

ANNOUPDATE（命令）更新现有注释性对象，使之与其样式的当前特性相匹配。

APERTURE（命令）控制对象捕捉靶框大小。

APPAUTOLOADER（命令）列出或重新加载在应用程序插件文件夹中的所有插件。

APPLOAD（命令）加载和卸载应用程序，定义要在启动时加载的应用程序。

ARCHIVE（命令）将当前图样集文件打包存储。

ARC（命令）创建圆弧。

AREA（命令）计算对象或所定义区域的面积和周长。

ARRAYCLASSIC（命令）使用传统对话框创建阵列。

ARRAYCLOSE（命令）保存或放弃对阵列的源对象的更改，并退出阵列编辑状态。

ARRAYEDIT（命令）编辑关联阵列对象及其源对象。

ARRAYPATH（命令）沿路径或部分路径均匀分布对象副本。

ARRAYPOLAR（命令）围绕中心点或旋转轴在环形阵列中均匀分布对象副本。

ARRAYRECT（命令）将对象副本分布到行、列和标高的任意组合。

ARRAY（命令）创建按指定方式排列的对象副本。

ARX（命令）加载、卸载 ObjectARX 应用程序并提供相关信息。

ATTACHURL（命令）将超链接附着到图形中的对象或区域。

ATTACH（命令）将参照插入到外部文件，如其他图形、光栅图像和参考底图。

ATTDEF（命令）创建用于在块中存储数据的属性定义。

ATTDISP（命令）控制图形中所有块属性的可见性覆盖。

ATTEDIT（命令）更改块中的属性信息。

ATTEXT（命令）将与块关联的属性数据、文字信息提取到文件中。

ATTIPEDIT（命令）更改块中属性的文本内容。

ATTREDEF（命令）重定义块并更新关联属性。

ATTSYNC（命令）将块定义中的属性更改应用于所有块参照。

AUDIT（命令）检查图形的完整性并更正某些错误。

AUTOCONSTRAIN（命令）根据对象相对于彼此的方向将几何约束应用于对象的选择集。

AUTOPUBLISH（命令）将图形自动发布为 DWF、DWFX 或 PDF 文件，发布至指定位置。

B

BACTIONBAR（命令）为显示选定参数对象的动作栏。

BACTIONSET（命令）指定与动态块定义中的动作相关联的对象选择集。

BACTIONTOOL（命令）将移动操作添加到块定义。

BACTION（命令）如何向动态块定义中添加动作。

BASE（命令）为当前图形设置插入基点。

BASSOCIATE（命令）将动作与动态块定义中的参数相关联。

BATTMAN（命令）管理选定块定义的属性。

BATTORDER（命令）指定块属性的顺序。

BAUTHORPALETTECLOSE（命令）关闭块编辑器中的［块编写］选项板窗口。

BAUTHORPALETTE（命令）打开块编辑器中的［块编写］选项板窗口。

BCLOSE（命令）关闭块编辑器。

BCONSTRUCTION（命令）显示［块编辑器设置］对话框。

BCONSTRUCTION（命令）将块几何图形转换为可以隐藏或显示的构造几何图形。

BCPARAMETER（命令）将约束参数应用于选定的对象，或将标注约束转换为参数约束。

BCYCLEORDER（命令）更改动态块参照夹点的循环次序。

BEDIT（命令）在块编辑器中打开块定义。

BGRIPSET（命令）创建、删除或重置与参数相关联的夹点。

BLEND（命令）在两条选定直线或曲线之间的间隙中创建样条曲线。

BLOCKICON（命令）为 AutoCAD 设计中心中显示的块生成预览图像。

BLOCK（命令）从选定的对象中创建一个块定义。

BLOOKUPTABLE（命令）为动态块定义显示或创建查寻表。

BMPOUT（命令）将选定对象以与设备无关的位图格式保存到文件中。

BOUNDARY（命令）从封闭区域创建面域或多段线。

BOX（命令）创建三维实体长方体。

BPARAMETER（命令）向动态块定义中添加带有夹点的参数。

BREAK（命令）在两点之间打断选定对象。

BREP（命令）删除三维实体和复合实体的历史记录以及曲面的关联性。

BROWSER（命令）启动系统注册表中定义的默认网络浏览器。

BSAVEAS（命令）用新名称保存当前块定义的副本。

BSAVE（命令）保存当前块定义。

BTABLE（命令）将块的变量存储在块特性表中。

BTESTBLOCK（命令）在块编辑器内显示一个窗口，以测试动态块。

BVHIDE（命令）使对象在动态块定义中的当前可见性状态下不可见，或在所有可见性状态下均不可见。

BVSHOW（命令）使对象在动态块定义中的当前可见性状态下可见，或在所有可见性状态下均可见。

BVSTATE（命令）创建、设置或删除动态块中的可见性状态。

C

CAL（命令）计算数学和几何表达式。

CAMERA（命令）设置相机位置和目标位置，以创建并保存对象的三维透视图。

CHAMFEREDGE（命令）为三维实体边和曲面边建立倒角。

CHAMFER（命令）给对象加倒角。

CHANGE（命令）更改现有对象的特性。

CHECKSTANDARDS（命令）检查当前图形中是否存在标准冲突。

CHPROP（命令）更改对象的特性。

CHSPACE（命令）在布局上，在模型空间和图纸空间之间传输选定对象。

CIRCLE（命令）创建圆。

CLASSICGROUP（命令）打开传统［对象编组］对话框。

CLASSICIMAGE（命令）管理当前图形中的参照图像文件。

CLASSICLAYER（命令）打开传统图层特性管理器。

CLASSICXREF（命令）管理当前图形中的参照图形文件。

CLEANSCREENOFF（命令）恢复在使用［CLEANSCREENON］命令之前的显示状态。

CLEANSCREENON（命令）在屏幕上清除工具栏和可固定窗口（命令窗口除外）。

CLIP（命令）将选定对象（如块、外部参照、图像、视口和参考底图）修剪到指定的边界。

CLOSEALL（命令）关闭当前所有打开的图形。

CLOSE（命令）关闭当前图形。

COLOR（命令）设置新对象的颜色。

COMMANDLINEHIDE（命令）隐藏命令窗口。

COMMANDLINE（命令）显示命令窗口。

COMPILE（命令）将字形文件和 PostScript 字体文件编译成 SHX 文件。

CONE（命令）创建三维实体圆锥体。

CONSTRAINTBAR（命令）显示或隐藏对象上的几何约束。

CONSTRAINTSETTINGS（命令）控制约束栏上几何约束的显示。

CONTENTEXPLORERCLOSE（命令）关闭［Content Explorer］窗口。

CONTENTEXPLORER（命令）查找并插入内容（如图形文件、块和样式）。

CONVERTCTB（命令）将颜色相关的打印样式表（CTB）转换为命名打印样式表（STB）。

CONVERTOLDLIGHTS（命令）将以先前图形文件格式创建的光源转换为当前格式。

CONVERTOLDMATERIALS（命令）转换旧材质以使用当前材质样式。

CONVERTPSTYLES（命令）将当前图形转换为与命名或颜色相关打印样式。

CONVERT（命令）转换传统多段线和图案填充，以用于更高的软件版本。

CONVTOMESH（命令）将三维对象（如多边形网格、曲面和实体）转换为网格对象。

CONVTONURBS（命令）将三维实体和曲面转换为 NURBS 曲面。

CONVTOSOLID（命令）将具有一定厚度的三维网格、多段线和圆转换为三维实体。

CONVTOSURFACE（命令）将对象转换为三维曲面。

COPYBASE（命令）将选定的对象与指定的基点一起复制到剪贴板。

COPYCLIP（命令）将选定的对象复制到剪贴板。

COPYHIST（命令）将命令行历史记录文字复制到剪贴板。

COPYLINK（命令）将当前视图复制到剪贴板中以便链接到其他 OLE 应用程序。

COPYTOLAYER（命令）将一个或多个对象复制到其他图层。

COPY（命令）在指定方向上按指定距离复制对象。

CUIEXPORT（命令）将主 CUIx 文件中的自定义设置输出到企业或局部 CUIx 文件。

CUIIMPORT（命令）将企业或局部 CUIx 文件中的自定义设置输入到主 CUIx 文件。

CUILOAD（命令）加载自定义文件（CUIx）。

CUIUNLOAD（命令）卸载 CUIx 文件。

CUI（命令）管理产品中自定义的用户界面元素。

CUSTOMIZE（命令）自定义工具选项板和工具选项板组。

CUTCLIP（命令）将选定的对象复制到剪贴板，并将其从图形中删除。

CVADD（命令）将控制点添加到 NURBS 曲面和样条曲线。

CVHIDE（命令）关闭所有 NURBS 曲面和曲线的控制点的显示。

CVREBUILD（命令）重新生成 NURBS 曲面和曲线的形状。

CVREMOVE（命令）删除 NURBS 曲面和曲线上的控制点。

CVSHOW（命令）显示指定 NURBS 曲面或曲线的控制点。

CYLINDER（命令）创建三维实体圆柱体。

D

DATAEXTRACTION（命令）从外部源提取图形数据，并将数据合并至数据提取表或外部文件。

DATALINKUPDATE（命令）将数据更新至已建立的外部数据链接或从已建立的外部数据链接更新数据。

DATALINK（命令）显示［数据链接］对话框。

DBCONNECT（命令）提供至外部数据库表的接口。

DBLIST（命令）列出图形中每个对象的数据库信息。

DCALIGNED（命令）约束不同对象上两个点之间的距离。

DCANGULAR（命令）约束直线段或多段线段之间的角度、由圆弧或多段线圆弧扫掠得到的角度，或对象上三个点之间的角度。

DCCONVERT（命令）将关联标注转换为标注约束。

DCDIAMETER（命令）约束圆或圆弧的直径。

DCDISPLAY（命令）显示或隐藏与对象选择集关联的动态约束。

DCFORM（命令）指定要创建的标注约束是动态约束还是注释性约束。

DCHORIZONTAL（命令）约束对象上的点或不同对象上两个点之间的 x 距离。

DCLINEAR（命令）根据尺寸界线原点和尺寸线的位置创建水平、垂直或旋转约束。

DCRADIUS（命令）约束圆或圆弧的半径。

DCVERTICAL（命令）约束对象上的点或不同对象上两个点之间的 y 距离。

DDEDIT（命令）编辑单行文字、标注文字、属性定义和功能控制边框。

DDPTYPE（命令）指定点的显示样式及大小。

DDVPOINT（命令）设置三维观察方向。

DELAY（命令）在脚本中提供指定时间的暂停。

DELCONSTRAINT（命令）从对象的选择集中删除所有几何约束和标注约束。

DESIGNFEEDCLOSE（命令）关闭［设计提要］选项板。

DESIGNFEEDOPEN（命令）打开［设计提要］选项板。

DETACHURL（命令）删除图形中的超链接。

DGNADJUST（命令）调整 DGN 参考底图的淡入度、对比度和单色设置。

DGNATTACH（命令）将 DGN 文件作为参考底图插入当前图形中。

DGNCLIP（命令）根据指定边界修剪选定 DGN 参考底图的显示。

DGNEXPORT（命令）从当前图形创建一个或多个 DGN 文件。

DGNIMPORT（命令）根据 DGNIMPORTMODE 变量将数据从 DGN 文件输入到新 DWG 文件或当前 DWG 文件。

DGNLAYERS（命令）控制 DGN 参考底图中图层的显示。

DGNMAPPING（命令）允许用户创建和编辑用户定义的 DGN 映射设置。

DIMALIGNED（命令）创建对齐线性标注。

DIMANGULAR（命令）创建角度标注。

DIMARC（命令）创建圆弧长度标注。

DIMBASELINE（命令）从上一个标注或选定标注的基线处创建线性标注、角度标注或坐标标注。

DIMBREAK（命令）在标注和尺寸界线与其他对象的相交处打断或恢复标注和尺寸界线。

DIMCENTER（命令）创建圆和圆弧的圆心标记或中心线。

DIMCONSTRAINT（命令）对选定对象或对象上的点应用标注约束，或将关联标注转换为标注约束。

DIMCONTINUE（命令）创建从上一个标注或选定标注的尺寸界线开始的标注。

DIMDIAMETER（命令）为圆或圆弧创建直径标注。

DIMDISASSOCIATE（命令）删除选定标注的关联性。

DIMEDIT（命令）编辑标注文字和尺寸界线。

DIMINSPECT（命令）为选定的标注添加或删除检验信息。

DIMJOGGED（命令）为圆和圆弧创建折弯标注。

DIMJOGLINE（命令）在线性标注或对齐标注中添加或删除折弯线。

DIMLINEAR（命令）创建线性标注。

DIMORDINATE（命令）创建坐标标注。

DIMOVERRIDE（命令）控制选定标注中使用的系统变量的替代值。

DIMRADIUS（命令）为圆或圆弧创建半径标注。

DIMREASSOCIATE（命令）将选定的标注关联或重新关联至对象或对象上的点。

DIMREGEN（命令）更新所有关联标注的位置。

DIMROTATED（命令）创建旋转线性标注。

DIMSPACE（命令）调整线性标注或角度标注之间的间距。

DIMSTYLE（命令）创建和修改标注样式。

DIMTEDIT（命令）移动和旋转标注文字并重新定位尺寸线。

DISTANTLIGHT（命令）创建平行光。

DIST（命令）测量两点之间的距离和角度。

DIVIDE（命令）创建沿对象的长度或周长等间隔排列的点对象或块。

DONUT（命令）创建实心圆或较宽的环。

DOWNLOADMANAGER（命令）报告当前下载的状态。

DRAGMODE（命令）控制进行拖动的对象的显示方式。

DRAWINGRECOVERYHIDE（命令）关闭［图形修复管理器］。

DRAWINGRECOVERY（命令）显示可以在程序或系统故障后修复的图形文件的列表。

DRAWORDER（命令）更改图像和其他对象的绘制顺序。

DSETTINGS（命令）设置栅格和捕捉、极轴和对象捕捉追踪、对象捕捉模式、动态输入和快捷特性。

DVIEW（命令）使用相机和目标来定义平行投影或透视视图。

DWFADJUST（命令）调整 DWF 或 DWFx 参考底图的淡入度、对比度和单色设置。

DWFATTACH（命令）将 DWF 或 DWFx 文件作为参考底图插入到当前图形中。

DWFCLIP（命令）根据指定边界修剪选定 DWF 或 DWFx 参考底图的显示。

DWFFORMAT（命令）设置特定命令中的输出默认格式为 DWF 或 DWFx。

DWFLAYERS（命令）控制 DWF 或 DWFx 参考底图中图层的显示。

DWGCONVERT（命令）为选定的图形文件转换图形格式版本。

DWGPROPS（命令）设置和显示当前图形的文件特性。

DXBIN（命令）输入 AutoCAD DXB（二进制图形交换）文件。

E

EATTEDIT（命令）在块参照中编辑属性。

EATTEXT（命令）将块属性信息输出为表格或外部文件。

EDGESURF（命令）在四条相邻的边或曲线之间创建网格。

EDGE（命令）更改三维面的边的可见性。

EDITSHOT（命令）以运动或不运动方式编辑保存的命名视图。

ELEV（命令）设置新对象的标高和拉伸厚度。

ELLIPSE（命令）创建椭圆或椭圆弧。

ERASE（命令）从图形中删除对象。

ETRANSMIT（命令）将一组文件打包以进行互联网传递。

EXCHANGE（命令）打开 Autodesk Exchange Apps 网站。

EXPLODE（命令）将复合对象分解为其组件对象。

EXPORTDWFX（命令）创建 DWFx 文件，从中可逐页设置各个页面设置替代。

EXPORTDWF（命令）创建 DWF 文件，并使用户可于逐张图样上设置各个页面设置替代。

EXPORTLAYOUT（命令）创建新图形的模型空间中当前布局的视觉表示。

EXPORTPDF（命令）创建 PDF 文件，从中可逐页设置各个页面设置替代。

EXPORTSETTINGS（命令）输出到 DWF、DWFx 或 PDF 文件时调整页面设置和图形选择。

EXPORTTOAUTOCAD（命令）创建可以在软件（如 AutoCAD）中打开的 AEC 文件的版本。

EXPORT（命令）以其他文件格式保存图形中的对象。

EXTEND（命令）扩展对象以与其他对象的边相接。

EXTERNALREFERENCESCLOSE（命令）关闭［外部参照］选项板。

EXTERNALREFERENCES（命令）打开［外部参照］选项板。

EXTRUDE（命令）通过延伸二维或三维曲线创建三维实体或曲面。

F

FBXEXPORT（命令）创建包含当前图形中的选定对象的 Autodesk® FBX 文件。

FBXIMPORT（命令）输入 Autodesk® FBX 文件，其中可以包含对象、光源、相机和材质。

FIELD（命令）创建带字段的多行文字对象，该对象可以随着字段值的更改而自动更新。

FILETABCLOSE（命令）隐藏位于绘图区域顶部的文件选项卡。

FILETAB（命令）显示位于绘图区域顶部的文件选项卡。

FILLETEDGE（命令）为实体对象边建立圆角。

FILLET（命令）给对象加圆角。

FILL（命令）控制诸如图案填充、二维实体和宽多段线等填充对象的显示。

FILTER（命令）创建一个条件列表，对象必须符合这些条件才能包含在选择集中。

FIND（命令）查找指定的文字，然后可以选择性地将其替换为其他文字。

FLATSHOT（命令）基于当前视图创建所有三维对象的二维表示。

FREESPOT（命令）创建与未指定目标的聚光灯相似的自由聚光灯。

FREEWEB（命令）创建与未指定目标的光域灯光相似的自由光域灯光。

G

GCCOINCIDENT（命令）约束两个点使其重合，或者约束一个点使其位于曲线（或曲线的延长线）上。

GCCOLLINEAR（命令）使两条或多条直线段沿同一直线方向。

GCCONCENTRIC（命令）将两个圆弧、圆或椭圆约束到同一个中心点。

GCEQUAL（命令）将选定圆弧和圆的尺寸重新调整为半径相同，或将选定直线的尺寸重新调整为长度相同。

GCFIX（命令）将点和曲线锁定在位。

GCHORIZONTAL（命令）使直线或点对位于与当前坐标系的 x 轴平行的位置。

GCPARALLEL（命令）使选定的直线彼此平行。

GCPERPENDICULAR（命令）使选定的直线位于彼此垂直的位置。

GCSMOOTH（命令）将样条曲线约束为连续，并与其他样条曲线、直线、圆弧或多段线保持 G2 连续性。

GCSYMMETRIC（命令）使选定对象受对称约束，相对于选定直线对称。

GCTANGENT（命令）将两条曲线约束为保持彼此相切或其延长线保持彼此相切。

GCVERTICAL（命令）使直线或点对位于与当前坐标系的 y 轴平行的位置。

GEOGRAPHICLOCATION（命令）将地理位置信息指定给图形文件。

GEOLOCATEME（命令）显示或隐藏在模型空间中对应于用户当前位置的坐标处的指

示器。

GEOMAP（命令）在当前视口中通过联机地图服务显示地图。

GEOMARKLATLONG（命令）将位置标记放置在由纬度和经度定义的位置上。

GEOMARKME（命令）将位置标记放置在绘图区域与用户当前位置相对应的坐标上。

GEOMARKPOINT（命令）将位置标记放置在模型空间中的指定点处。

GEOMARKPOSITION（命令）将位置标记放置在指定的位置。

GEOMCONSTRAINT（命令）约束两点使其重合，或使一个点位于某对象或对象延长线上的任意位置。

GEOREMOVE（命令）从图形文件中删除所有地理位置信息。

GEOREORIENTMARKER（命令）更改模型空间中地理标记的北向和位置，而不更改其纬度和经度。

GOTOURL（命令）打开文件或与附加到对象的超链接关联的网页。

GRADIENT（命令）使用渐变填充填充封闭区域或选定对象。

GRAPHICSCONFIG（命令）设定三维显示性能的选项。

GRAPHSCR（命令）使文本窗口显示在应用程序窗口的后面。

GRID（命令）在当前视口中显示栅格图案。

GROUPEDIT（命令）将对象添加到选定的组以及从选定组中删除对象，或重命名选定的组。

GROUP（命令）创建和管理已保存的对象集（称为编组）。

H

HATCHEDIT（命令）修改现有的图案填充或进行填充。

HATCHGENERATEBOUNDARY（命令）围绕选定的图案填充创建非关联多段线。

HATCHSETBOUNDARY（命令）重新定义选定的图案填充或填充以符合不同的闭合边界。

HATCHSETORIGIN（命令）控制选定图案填充的图案生成的起始位置。

HATCHTOBACK（命令）将图形中所有图案填充的绘图次序设定为在所有其他对象之后。

HATCH（命令）使用填充图案、实体填充或渐变填充来填充封闭区域或选定对象。

HELIX（命令）创建二维螺旋或三维弹簧。

HELP（命令）显示帮助。观看视频以获取更多有关使用基于搜索的帮助的信息。

HIDEOBJECTS（命令）隐藏选定对象。

HIDEPALETTES（命令）隐藏当前显示的所有选项板（包括命令窗口）。

HIDE（命令）重生成不显示隐藏线的三维线框模型。

HLSETTINGS（命令）设置类似隐藏线的特性的显示。

HYPERLINKOPTIONS（命令）控制超链接光标、工具提示和快捷菜单的显示。

HYPERLINK（命令）将超链接附着到对象或修改现有超链接。

I

ID（命令）显示指定位置的 UCS 坐标值。

IGESEXPORT（命令）将当前图形中的选定对象保存为新的 IGES（*.igs 或 *.iges）

文件。

IGESIMPORT（命令）将数据从 IGES（*.igs 或 *.iges）文件输入到当前图形中。

IMAGEADJUST（命令）控制图像的亮度、对比度和淡入度值。

IMAGEATTACH（命令）将参照插入图像文件中。

IMAGECLIP（命令）根据指定边界修剪选定图像的显示。

IMAGEQUALITY（命令）控制图像的显示质量。

IMAGE（命令）显示［外部参照］选项板。

IMPORT（命令）将不同格式的文件输入当前图形中。

IMPRINT（命令）压印三维实体或曲面上的二维几何图形，从而在平面上创建其他边。

INPUTSEARCHOPTIONS（命令）打开控制命令、系统变量和命名对象的［命令行建议列表的显示设置］对话框。

INSERTOBJ（命令）插入链接或内嵌对象。

INSERT（命令）将块或图形插入当前图形中。

INTERFERE（命令）通过两组选定三维实体之间的干涉创建临时三维实体。

INTERSECT（命令）通过重叠实体、曲面或面域创建三维实体、曲面或二维面域。

ISOLATEOBJECTS（命令）暂时隐藏除选定对象之外的所有对象。

ISOPLANE（命令）指定当前的等轴测平面。

J

JOIN（命令）合并线性和弯曲对象的端点，以便创建单个对象。

JPGOUT（命令）将选定对象以 JPEG 文件格式保存到文件中。

JUSTIFYTEXT（命令）更改选定文字对象的对正点而不更改其位置。

L

LAYCUR（命令）将选定对象的图层特性更改为当前图层的特性。

LAYDEL（命令）删除图层上的所有对象并清理该图层。

LAYERCLOSE（命令）关闭图层特性管理器。

LAYERPALETTE（命令）打开无模式图层特性管理器。

LAYERPMODE（命令）打开和关闭追踪［LAYERP］命令对使用的图层设置所做的更改。

LAYERP（命令）放弃对图层设置的上一个或上一组更改。

LAYERSTATESAVE（命令）显示［要保存的新图层状态］对话框，从中可以提供新图层状态的名称和说明。

LAYERSTATE（命令）保存、恢复和管理图层设置（称为图层状态）的集合。

LAYER（命令）管理图层和图层特性。

LAYFRZ（命令）冻结选定对象所在的图层。

LAYISO（命令）隐藏或锁定除选定对象所在图层外的所有图层。

LAYLCK（命令）锁定选定对象所在的图层。

LAYMCH（命令）更改选定对象所在的图层，以使其匹配目标图层。

LAYMCUR（命令）将当前图层设定为选定对象所在的图层。

LAYMRG（命令）将选定图层合并为一个目标图层，并从图形中将它们删除。

LAYOFF（命令）关闭选定对象所在的图层。
LAYON（命令）打开图形中的所有图层。
LAYOUTWIZARD（命令）创建新的布局选项卡并指定页面和打印设置。
LAYOUT（命令）创建和修改图形布局。
LAYTHW（命令）解冻图形中的所有图层。
LAYTRANS（命令）将当前图形中的图层转换为指定的图层标准。
LAYULK（命令）解锁选定对象所在的图层。
LAYUNISO（命令）恢复使用［LAYISO］命令隐藏或锁定的所有图层
LAYVPI（命令）冻结除当前视口外的所有布局视口中的选定图层。
LAYWALK（命令）显示选定图层上的对象并隐藏所有其他图层上的对象。
LEADER（命令）创建连接注释与特征的线。
LENGTHEN（命令）更改对象的长度和圆弧的包含角。
LIGHTLISTCLOSE（命令）关闭［模型中的光源］选项板。
LIGHTLIST（命令）显示用于列出模型中所有光源的［模型中的光源］选项板。
LIGHT（命令）创建光源。
LIMITS（命令）在绘图区域中设置不可见的图形边界。
LINETYPE（命令）加载、设置和修改线型。
LINE（命令）创建直线段。
LIST（命令）为选定对象显示特性数据。
LIVESECTION（命令）打开选定截面对象的活动截面。
LOAD（命令）使编译的形（SHX）文件中的符号可供［SHAPE］命令使用。
LOFT（命令）在若干横截面之间的空间中创建三维实体或曲面。
LOGFILEOFF（命令）关闭通过［LOGFILEON］命令打开的命令历史记录日志文件。
LOGFILEON（命令）将命令历史记录的内容写入到文件中。
LTSCALE（命令）设定全局线型比例因子。
LWEIGHT（命令）设置当前线宽、线宽显示选项和线宽单位。

M

MANAGEUPLOADS（命令）管理存储在 AutoCAD WS 服务器上的文件的上传。
MARKUPCLOSE（命令）关闭标记集管理器。
MARKUP（命令）打开标记集管理器。
MASSPROP（命令）计算和显示选定面域或三维实体的质量特性。
MATBROWSERCLOSE（命令）关闭材质浏览器。
MATBROWSEROPEN（命令）打开材质浏览器。
MATCHCELL（命令）将选定表格单元的特性应用于其他表格单元。
MATCHPROP（命令）将选定对象的特性应用于其他对象。
MATEDITORCLOSE（命令）关闭材质编辑器。
MATEDITOROPEN（命令）打开材质编辑器。
MATERIALASSIGN（命令）将在［CMATERIAL］系统变量中定义的材质指定给所选择的对象。

MATERIALATTACH（命令）将材质与图层关联。

MATERIALMAP（命令）调整将纹理贴图到面或对象的方式。

MATERIALSCLOSE（命令）关闭材质浏览器。

MATERIALS（命令）调出材质浏览器。

MEASUREGEOM（命令）测量选定对象或点序列的距离、半径、角度、面积和体积。

MEASURE（命令）沿对象的长度或周长按测定间隔创建点对象或块。

MENU（命令）加载自定义文件。

MESHCAP（命令）创建用于连接开放边的网格面。

MESHCOLLAPSE（命令）合并选定网格面或边的顶点。

MESHCREASE（命令）锐化选定网格子对象的边。

MESHEXTRUDE（命令）将网格面延伸到三维空间。

MESHMERGE（命令）将相邻面合并为单个面。

MESHOPTIONS（命令）显示［网格镶嵌选项］对话框，用于控制将现有对象转换为网格对象时的默认设置。

MESHPRIMITIVEOPTIONS（命令）显示［网格图元选项］对话框，用于设置图元网格对象的镶嵌默认值。

MESHREFINE（命令）成倍增加选定网格对象或面中的面数。

MESHSMOOTHLESS（命令）将网格对象的平滑度降低一级。

MESHSMOOTHMORE（命令）将网格对象的平滑度提高一级。

MESHSMOOTH（命令）将三维对象（如多边形网格、曲面和实体）转换为网格对象。

MESHSPIN（命令）旋转两个三角形网格面的相邻边。

MESHSPLIT（命令）将一个网格面拆分为两个面。

MESHUNCREASE（命令）删除选定网格面、边或顶点的锐化。

MESH（命令）创建三维网格图元对象，如长方体、圆锥体、圆柱体、棱锥体、球体、楔体或圆环体。

MIGRATEMATERIALS（命令）在工具选项板中查找任意传统材质，并将这些材质转换为常规类型。

MINSERT（命令）在矩形阵列中插入一个块的多个实例。

MIRROR3D（命令）创建镜像平面上选定三维对象的镜像副本。

MIRROR（命令）创建选定对象的镜像副本。

MLEADERALIGN（命令）对齐并间隔排列选定的多重引线对象。

MLEADERCOLLECT（命令）将包含块的选定多重引线整理到行或列中，并通过单引线显示结果。

MLEADEREDIT（命令）将引线添加至多重引线对象，或从多重引线对象中删除引线。

MLEADERSTYLE（命令）创建和修改多重引线样式。

MLEADER（命令）创建多重引线对象。

MLEDIT（命令）编辑多线交点、打断点和顶点。

MLINE（命令）创建多条平行线。

MLSTYLE（命令）创建、修改和管理多线样式。

MODEL（命令）从命名的布局选项卡切换到［模型］选项卡。

MOVE（命令）在指定方向上按指定距离移动对象。

MREDO（命令）恢复之前几个用［UNDO］或［U］命令放弃的效果。

MSLIDE（命令）创建当前模型视口或当前布局的幻灯片文件。

MSPACE（命令）在布局中，从图纸空间切换到布局视口中的模型空间。

MTEDIT（命令）编辑多行文字。

MTEXT（命令）创建多行文字对象。

MULTIPLE（命令）重复指定下一条命令直至被取消。

MVIEW（命令）创建并控制布局视口。

MVSETUP（命令）设置图形规格。

N

NAVBAR（命令）提供对通用界面中的查看工具的访问。

NAVSMOTIONCLOSE（命令）关闭［ShowMotion］界面。

NAVSMOTION（命令）设计检查、演示以及书签样式导航目的而创建和回放电影式相机动画提供屏幕上显示。

NAVSWHEEL（命令）提供对可通过光标快速访问的增强导航工具的访问。

NAVVCUBE（命令）指示当前查看方向。拖动或单击 ViewCube 可旋转场景。

NCOPY（命令）复制包含在外部参照、块或 DGN 参考底图中的对象。

NETLOAD（命令）加载 .NET 应用程序。

NEWSHEETSET（命令）创建用于管理图形布局、文件路径和工程数据的新图样集数据文件。

NEWSHOT（命令）创建包含运动的命名视图，该视图将在使用［ShowMotion］查看时回放。

NEWVIEW（命令）创建不包含运动的命名视图。

NEW（命令）创建新图形。

O

OBJECTSCALE（命令）为注释性对象添加或删除支持的比例。

OFFSETEDGE（命令）创建闭合多段线或样条曲线对象，该对象在三维实体或曲面上从选定平整面的边指定距离偏移。

OFFSET（命令）创建同心圆、平行线和平行曲线。

OLELINKS（命令）更新、更改和取消现有的 OLE 链接。

OLESCALE（命令）控制选定的 OLE 对象的大小、比例和其他特性。

ONLINECOLNOW（命令）使用 AutoCAD WS 启动联机任务，可以邀请用户同时查看和编辑当前图形。

ONLINEDOCS（命令）在浏览器中打开 Autodesk 360 文档列表和文件夹。

ONLINEOPENFOLDER（命令）在 Windows 资源管理器中打开本地 Autodesk 360 文件夹。

ONLINEOPTIONS（命令）显示［选项］对话框中的［联机］选项卡。

ONLINESHARE（命令）指定哪些用户可以通过 Autodesk 360 访问当前图形。

ONLINESYNCSETTINGS（命令）显示［选择要同步的设置］对话框，用户可以在其中指定要同步的选定设置。

ONLINESYNC（命令）开始或停止将自定义设置与 Autodesk 360 同步。

OOPS（命令）恢复删除的对象。

OPENDWFMARKUP（命令）打开包含标记的 DWF 或 DWFx 文件。

OPENSHEETSET（命令）打开选定的图样集。

OPEN（命令）打开现有的图形文件。

OPTIONS（命令）自定义程序设置。

ORTHO（命令）约束光标在水平方向或垂直方向移动。

OSNAP（命令）设置执行对象捕捉模式。

OVERKILL（命令）删除重复或重叠的直线、圆弧和多段线。此外，合并局部重叠或连续的对象。

P

PAGESETUP（命令）控制每个新建布局的页面布局、打印设备、图纸尺寸和其他设置。

PAN（命令）改变视图而不更改查看方向或比例。

PARAMETERSCLOSE（命令）关闭［参数管理器］选项板。

PARAMETERS（命令）打开［参数管理器］选项板，包括当前图形的所有标注约束参数、参照参数和用户变量。

PARTIALOAD（命令）将附加几何图形加载到局部打开的图形中。

PARTIALOPEN（命令）将选定视图或图层中的几何图形和命名对象加载到图形中。

PASTEASHYPERLINK（命令）创建到文件的超链接，并将其与选定的对象关联。

PASTEBLOCK（命令）将剪贴板中的对象作为块粘贴到当前图形中。

PASTECLIP（命令）将剪贴板中的对象粘贴到当前图形中。

PASTEORIG（命令）使用原坐标将剪贴板中的对象粘贴到当前图形中。

PASTESPEC（命令）将剪贴板中的对象粘贴到当前图形中，并控制数据的格式。

PCINWIZARD（命令）显示向导，将 PCP 和 PC2 配置文件打印设置输入到模型空间或当前布局中。

PDFADJUST（命令）调整 PDF 参考底图的淡入度、对比度和单色设置。

PDFATTACH（命令）将 PDF 文件作为参考底图插入当前图形中。

PDFCLIP（命令）根据指定边界修剪选定 PDF 参考底图的显示。

PDFLAYERS（命令）控制 PDF 参考底图中图层的显示。

PEDIT（命令）编辑多段线命令。

PFACE（命令）逐个顶点创建三维多面网格。

PLANESURF（命令）创建平面曲面。

PLAN（命令）显示指定用户坐标系的 xOy 平面的正交视图。

PLINE（命令）创建二维多段线，它是由直线段和圆弧段组成的单个对象。

PLOTSTAMP（命令）将打印戳记和类似日期、时间和比例的信息一起放在每个图形的指定角，并将其记录到文件中。

PLOTSTYLE（命令）控制附着到当前布局、并可指定给对象的命名打印样式。

PLOTTERMANAGER（命令）显示绘图仪管理器，从中可以添加或编辑绘图仪配置。

PLOT（命令）将图形打印到绘图仪、打印机或文件。

PNGOUT（命令）将选定对象以便携式网络图形格式保存到文件中。

POINTCLOUDATTACH（命令）将带索引的点云文件插入当前图形。

POINTCLOUDCLIP（命令）创建和修改剪裁边界，这些边界定义了哪些点将显示在选定的点云中。

POINTCLOUDINDEX（命令）根据扫描文件创建带索引的点云（PCG 或 ISD）文件。

POINTCLOUDINTENSITYEDIT（命令）打开［点云强度颜色映射］对话框，从中可以控制设置，这些设置可帮助用户使用不同颜色设置分析点云。

POINTCLOUD（命令）提供用于创建和附着点云文件的选项。

POINTLIGHT（命令）创建可从所在位置向所有方向发射光线的点光源。

POINT（命令）创建点对象。

POLYGON（命令）创建等边闭合多段线。

POLYSOLID（命令）创建三维墙状实体。

PRESSPULL（命令）通过拉伸和偏移动态修改对象。

PREVIEW（命令）将要打印图形时显示该图形。

PROJECTGEOMETRY（命令）从不同方向将点、直线或曲线投影到三维实体或曲面上。

PROPERTIESCLOSE（命令）关闭［特性］选项板。

PROPERTIES（命令）控制现有对象的特性。

PSETUPIN（命令）将用户定义的页面设置输入到新的图形布局中。

PSPACE（命令）在布局中，从布局视口中的模型空间切换到图纸空间。

PUBLISHTOWEB（命令）创建包含选定图形的 HTML 页面。

PUBLISH（命令）将图形发布为 DWF、DWFx 和 PDF 文件，或发布到打印机或绘图仪。

PURGE（命令）删除图形中未使用的项目，如块定义和图层。

PYRAMID（命令）创建三维实体棱锥体。

Q

QCCLOSE（命令）关闭［快速计算器］计算器。

QDIM（命令）从选定对象快速创建一系列标注。

QLEADER（命令）创建引线和引线注释。

QNEW（命令）从选定的图形样板文件启动新图形。

QSAVE（命令）使用指定的默认文件格式保存当前图形。

QSELECT（命令）根据过滤条件创建选择集。

QTEXT（命令）控制文字和属性对象的显示和打印。

QUICKCALC（命令）打开［快速计算器］计算器。

QUICKCUI（命令）以收拢状态显示自定义用户界面编辑器。

QUICKPROPERTIES（命令）为选定的对象显示快捷特性数据。

QUIT（命令）退出程序。

QVDRAWINGCLOSE（命令）关闭打开的图形及其布局的预览图像。

QVDRAWING（命令）使用预览图像显示打开的图形和图形中的布局。

QVLAYOUTCLOSE（命令）关闭当前图形中模型空间和布局的预览图像

QVLAYOUT（命令）显示当前图形中模型空间和布局的预览图像。

R

RAY（命令）创建始于一点并无限延伸的线性对象。

RECOVERALL（命令）修复损坏的图形文件以及所有附着的外部参照。

RECOVER（命令）修复损坏的图形文件，然后重新打开。

RECTANG（命令）创建矩形多段线。

REDEFINE（命令）恢复被［UNDEFINE］命令替代的 AutoCAD 内部命令。

REDO（命令）恢复上一个用［UNDO］或［U］命令放弃的操作。

REDRAWALL（命令）刷新所有视口中的显示。

REDRAW（命令）刷新当前视口中的显示。

REFCLOSE（命令）保存或放弃在位编辑参照（外部参照或块定义）时所做的更改。

REFEDIT（命令）直接在当前图形中编辑外部参照或块定义。

REFSET（命令）在位编辑参照（外部参照或块定义）时从工作集添加或删除对象。

REGENALL（命令）重生成图形并刷新所有视口。

REGENAUTO（命令）控制图形的自动重生成。

REGEN（命令）从当前视口重生成整个图形。

REGION（命令）将封闭区域的对象转换为二维面域对象。

REINIT（命令）重新初始化数字化仪、数字化仪的输入/输出端口和程序参数文件。

RENAME（命令）更改指定给项目（如图层和标注样式）的名称。

RENDERCROP（命令）渲染视口内指定的矩形区域（称为修剪窗口）。

RENDERENVIRONMENT（命令）控制对象外观距离的视觉提示。

RENDEREXPOSURE（命令）提供设置以便为最近渲染的输出调整全局光源。

RENDERONLINE（命令）在 Autodesk 360 中使用联机资源来创建三维实体或曲面模型的图像。

RENDERPRESETS（命令）指定渲染预设和可重复使用的渲染参数，以便渲染图像。

RENDERWIN（命令）显示［渲染］窗口而不启动渲染操作。

RENDER（命令）创建三维实体或曲面模型的真实照片级图像或真实着色图像。

RESETBLOCK（命令）将一个或多个动态块参照重置为块定义的默认值。

RESUME（命令）继续执行被中断的脚本文件。

REVCLOUD（命令）使用多段线创建修订云线。

REVERSE（命令）反转选定直线、多段线、样条曲线和螺旋的顶点，对于包含文字的线型或具有不同起点宽度和端点宽度的宽多段线，此操作非常有用。

REVOLVE（命令）通过绕轴扫掠对象创建三维实体或曲面。

REVSURF（命令）通过绕轴旋转轮廓来创建网格。

RIBBONCLOSE（命令）隐藏功能区。

RIBBON（命令）显示功能区。

ROTATE3D（命令）绕三维轴移动对象。

ROTATE（命令）绕基点旋转对象。

RPREFCLOSE（命令）关闭［渲染设置］选项板。

RPREF（命令）显示或隐藏用于访问高级渲染设置的［高级渲染设置］选项板。

RSCRIPT（命令）重复执行脚本文件。

RULESURF（命令）创建用于表示两条直线或曲线之间的曲面的网格。

S

SAVEAS（命令）用新文件名保存当前图形的副本。

SAVEIMG（命令）将渲染图像保存到文件中。

SAVE（命令）使用不同的文件名保存当前图形，而不更改当前文件。

SCALELISTEDIT（命令）控制可用于布局视口、页面布局和打印的缩放比例的列表。

SCALETEXT（命令）放大或缩小选定文字对象而不更改其位置。

SCALE（命令）放大或缩小选定对象，使缩放后对象的比例保持不变。

SCRIPT（命令）从脚本文件执行一系列命令。

SECTIONPLANEJOG（命令）将折弯线段添加至截面对象。

SECTIONPLANESETTINGS（命令）设置选定截面平面的显示选项。

SECTIONPLANETOBLOCK（命令）将选定截面平面保存为二维或三维块。

SECTIONPLANE（命令）以通过三维对象创建剪切平面的方式创建截面对象。

SECTION（命令）使用平面与三维实体、曲面或网格的交点创建二维面域对象。

SECURITYOPTIONS（命令）指定图形文件的密码或数字签名选项。

SEEK（命令）打开 Web 浏览器并显示 Autodesk Seek 主页。

SELECTSIMILAR（命令）查找当前图形中与选定对象特性匹配的所有对象，然后将它们添加到选择集中。

SELECT（命令）将选定对象置于［上一个］选择集中。

SETBYLAYER（命令）将选定对象的特性替代更改为 ByLayer。

SETIDROPHANDLER（命令）为当前 Autodesk 应用程序指定 i-drop 内容的默认类型。

SETVAR（命令）列出或更改系统变量的值。

SHADEMODE（命令）控制三维对象的显示。

SHADE（命令）显示当前视口中图形的平面着色图像。

SHAPE（命令）从使用［LOAD］命令加载的形文件（SHX 文件）中插入形。

SHARE（命令）与其他用户共享当前图形的 AutoCAD WS 联机副本。

SHEETSETHIDE（命令）关闭图样集管理器。

SHEETSET（命令）打开图样集管理器。

SHELL（命令）访问操作系统命令。

SHOWPALETTES（命令）恢复隐藏的选项板的显示。

SHOWRENDERGALLERY（命令）显示在 Autodesk 360 中渲染和存储的图像。

SIGVALIDATE（命令）显示有关附着到图形文件的数字签名的信息。

SKETCH（命令）创建一系列徒手绘制的线段。

SLICE（命令）通过剖切或分割现有对象，创建新的三维实体和曲面。

SNAP（命令）限制光标按指定的间距移动。

SOLDRAW（命令）在用［SOLVIEW］命令创建的布局视口中生成轮廓和截面。
SOLIDEDIT（命令）编辑三维实体对象的面和边。
SOLID（命令）创建实体填充的三角形和四边形。
SOLPROF（命令）创建三维实体的二维轮廓图，以显示在布局视口中。
SOLVIEW（命令）自动为三维实体创建正交视图、图层和布局视口。
SPACETRANS（命令）计算布局中等效的模型空间和图纸空间距离。
SPELL（命令）检查图形中的拼写。
SPHERE（命令）创建三维实体球体。
SPLINEDIT（命令）修改样条曲线的参数或将样条拟合多段线转换为样条曲线。
SPLINE（命令）创建经过或靠近一组拟合点或由控制框的顶点定义的平滑曲线。
SPOTLIGHT（命令）创建可发射定向圆锥形光柱的聚光灯。
STANDARDS（命令）管理标准文件与图形之间的关联性。
STATUS（命令）显示图形的统计信息、模式和范围。
STLOUT（命令）以可以用于立体平版印刷设备的格式存储三维实体和无间隙网格。
STRETCH（命令）拉伸与选择窗口或多边形交叉的对象。
STYLESMANAGER（命令）显示打印样式管理器，从中可以修改打印样式表。
STYLE（命令）创建、修改或指定文字样式。
SUBTRACT（命令）通过从另一个对象减去一个重叠面域或三维实体来创建新对象。
SUNPROPERTIESCLOSE（命令）关闭［阳光特性］选项板。
SUNPROPERTIES（命令）显示［日光特性］选项板。
SURFBLEND（命令）在两个现有曲面之间创建连续的过渡曲面。
SURFEXTEND（命令）按指定的距离拉长曲面。
SURFEXTRACTCURVE（命令）在曲面和三维实体上创建曲线。
SURFFILLET（命令）在两个曲面之间创建圆角曲面。
SURFNETWORK（命令）在 *U* 方向和 *V* 方向的几条曲线之间创建曲面。
SURFOFFSET（命令）创建与原始曲面相距指定距离的平行曲面。
SURFPATCH（命令）通过在形成闭环的曲面边上拟合一个封口来创建新曲面。
SURFSCULPT（命令）修剪并合并限制无间隙区域的边界以创建实体的曲面。
SURFTRIM（命令）修剪与其他曲面或其他类型的几何图形相交的曲面部分。
SURFUNTRIM（命令）替换由［SURFTRIM］命令删除的曲面区域。
SWEEP（命令）通过沿路径扫掠二维对象、三维对象或子对象来创建三维实体或曲面。
SYSWINDOWS（命令）应用程序窗口与外部应用程序共享时，排列窗口和图标。

T

TABLEDIT（命令）编辑表格单元中的文字。
TABLEEXPORT（命令）以 CSV 文件格式从表格对象中输出数据。
TABLESTYLE（命令）创建、修改或指定表格样式。
TABLET（命令）校准、配置、打开和关闭已连接的数字化仪。
TABLE（命令）创建空的表格对象。
TABSURF（命令）从沿直线路径扫掠的直线或曲线创建网格。

TARGETPOINT（命令）创建目标点光源。

TASKBAR（命令）控制多个打开的图形在 Windows 任务栏上是单独显示还是被编组。

TEXTEDIT（命令）编辑选定的多行文字或单行文字对象，或标注对象上的文字。

TEXTSCR（命令）打开一个文本窗口，该窗口将显示当前任务的提示和命令行条目的历史记录。

TEXTTOFRONT（命令）将文字、引线和标注置于图形中的其他所有对象之前。

TEXT（命令）创建单行文字对象。

THICKEN（命令）以指定的厚度将曲面转换为三维实体。

TIFOUT（命令）将选定对象以 TIFF 文件格式保存到文件中。

TIME（命令）显示图形的日期和时间统计信息。

TINSERT（命令）将块插入到表格单元中。

TOLERANCE（命令）创建包含在特征控制框中的几何公差。

TOOLBAR（命令）显示、隐藏和自定义工具栏。

TOOLPALETTESCLOSE（命令）关闭［工具选项板］窗口

TOOLPALETTES（命令）打开［工具选项板］窗口。

TORUS（命令）创建圆环形的三维实体。

TPNAVIGATE（命令）显示指定的工具选项板或选项板组。

TRANSPARENCY（命令）控制图像的背景像素是否透明。

TRAYSETTINGS（命令）控制状态栏托盘中图标和通知的显示。

TREESTAT（命令）显示有关图形当前空间索引的信息。

TRIM（命令）修剪对象以便与其他对象的边相接。

U

UCSICON（命令）控制 UCS 图标的可见性、位置、外观和可选性。

UCSMAN（命令）管理 UCS 定义。

UCS（命令）设置当前用户坐标系（UCS）的原点和方向。

ULAYERS（命令）控制 DWF、DWFx、PDF 或 DGN 参考底图中图层的显示。

UNDEFINE（命令）允许应用程序定义的命令替代内部命令。

UNDO（命令）撤销命令的效果。

UNGROUP（命令）解除组中对象的关联。

UNION（命令）将两个或多个三维实体、曲面或二维面域合并为一个复合三维实体、曲面或面域。

UNISOLATEOBJECTS（命令）显示之前通过［ISOLATEOBJECTS］或［HIDEOBJECTS］命令隐藏的对象。

UNITS（命令）控制坐标和角度的显示格式和精度。

UPDATEFIELD（命令）手动更新图形中选定对象的字段。

UPDATETHUMBSNOW（命令）手动更新命名视图、图形和布局的缩略图预览。

U（命令）撤销最近一次操作。

V

VBAIDE（命令）显示 Visual Basic 编辑器。

VBALOAD（命令）将全局 VBA 工程加载到当前工作任务中。

VBAMAN（命令）使用对话框管理 VBA 工程操作。

VBARUN（命令）运行 VBA 宏。

VBASTMT（命令）在 AutoCAD 命令提示下执行 VBA 语句。

VBAUNLOAD（命令）卸载全局 VBA 工程。

VIEWBASE（命令）从模型空间或 Autodesk Inventor 模型创建基础视图。

VIEWCOMPONENT（命令）从模型文档工程视图中选择部件进行编辑。

VIEWDETAILSTYLE（命令）创建和修改局部视图样式。

VIEWDETAIL（命令）创建模型文档工程视图部分的局部视图。

VIEWEDIT（命令）编辑现有的模型文档工程视图。

VIEWGO（命令）恢复命名视图。

VIEWPLAY（命令）播放与命名视图关联的动画。

VIEWPLOTDETAILS（命令）显示有关完成的打印和发布作业的信息。

VIEWPROJ（命令）从现有的模型文档工程视图创建一个或多个投影视图。

VIEWSECTIONSTYLE（命令）创建和修改截面图样式。

VIEWSECTION（命令）创建已在 AutoCAD 或 Autodesk Inventor 中创建的三维模型的截图视图。

VIEWSETPROJ（命令）从 Autodesk Inventor 模型中指定包含模型文档工程视图的活动项目文件。

VIEWSKETCHCLOSE（命令）退出符号草图模式。

VIEWSTD（命令）为模型文档工程视图定义默认设置。

VIEWSYMBOLSKETCH（命令）将剖切线和详图边界约束到工程视图几何图形。

VIEWUPDATE（命令）更新由于源模型已更改而变为过期的工程视图。

VIEW（命令）保存和恢复命名模型空间视图、布局视图和预设视图。

VISUALSTYLESCLOSE（命令）关闭视觉样式管理器。

VISUALSTYLES（命令）创建和修改视觉样式，并将视觉样式应用于视口。

VLISP（命令）显示 Visual LISP 交互式开发环境。

VPCLIP（命令）剪裁布局视口对象并调整视口边框的形状。

VPLAYER（命令）设置视口中图层的可见性。

VPMAX（命令）展开当前布局视口以进行编辑。

VPMIN（命令）恢复当前布局视口。

VPOINT（命令）设置图形的三维可视化观察方向。

VPORTS（命令）在模型空间或布局（图纸空间）中创建多个视口。

VIEWRES（命令）设置当前视口中对象的分辨率。

VSCURRENT（命令）设置当前视口的视觉样式。

VSLIDE（命令）在当前视口中显示图像幻灯片文件。

VSSAVE（命令）使用新名称保存当前视觉样式。

VTOPTIONS（命令）将视图中的更改显示为平滑过渡。

W

WALKFLYSETTINGS（命令）控制漫游和飞行导航设置。

WBLOCK（命令）将选定对象保存到指定的图形文件，或将块转换为指定的图形文件。

WEBLIGHT（命令）创建光源灯光强度分布的精确三维表示。

WEBLOAD（命令）从 URL 加载 JavaScript 文件，然后执行包含在该文件中的 JavaScript 代码。

WEDGE（命令）创建三维实体楔体。

WELCOMESCREEN（命令）启动程序时显示［欢迎］窗口。

WHOHAS（命令）显示打开的图形文件的所有权信息。

WIPEOUT（命令）创建区域覆盖对象，并控制是否将区域覆盖框架显示在图形中。

WMFIN（命令）输入 Windows 图元文件。

WMFOPTS（命令）设置 WMFIN 选项。

WMFOUT（命令）将对象保存为 Windows 图元文件。

WORKFLOW（命令）（仅限于 AutoCAD 套件）指定用于准备图形以输入到 Autodesk Showcase 或 Autodesk 3ds Max 的套件工作流。

WORKSPACE（命令）创建、修改和保存工作空间，并将其设定为当前工作空间。

WSSAVE（命令）保存工作空间。

WSSETTINGS（命令）设置工作空间选项。

X

XATTACH（命令）将选定的 DWG 文件附着为外部参照。

XBIND（命令）将外部参照中命名对象的一个或多个定义绑定到当前图形。

XCLIP（命令）根据指定边界修剪选定外部参照或块参照。

XEDGES（命令）从三维实体、曲面、网格、面域或子对象的边创建线框几何图形。

XLINE（命令）创建无限长的构造线。

XOPEN（命令）在新窗口中打开选定的图形参照（外部参照）。

XPLODE（命令）将组合对象分解为其部件对象，而且生成的对象具有指定的特性。

XREF（命令）启动［EXTERNALREFERENCES］命令。

Z

ZOOM（命令）增大或减小当前视口中视图的比例。

3D

3DALIGN（命令）在二维和三维空间中将对象与其他对象对齐。

3DARRAY（命令）保持传统行为用于创建非关联二维矩形或环形阵列。

3DCLIP（命令）打开［调整剪裁平面］窗口，可以在其中指定要显示三维模型的哪些部分。

3DCONFIG（命令）设置启用或禁用硬件加速，并提供一种方法用来检查驱动程序更新。

3DCORBIT（命令）在三维空间中连续旋转视图。

3DDISTANCE（命令）启动交互式三维视图并使对象显示得更近或更远。

3DDWF（命令）创建三维模型的三维 DWF 文件或三维 DWFx 文件，并将其显示在

DWF Viewer 中。

3DEDITBAR（命令）重塑样条曲线和 NURBS 曲面，包括其相切特性。

3DFACE（命令）在三维空间中创建三侧面或四侧面的曲面。

3DFLY（命令）交互式更改图形中的三维视图以创建在模型中飞行的外观。

3DFORBIT（命令）在三维空间中旋转视图而不约束回卷。

3DMESH（命令）创建自由形式的多边形网格。

3DMOVE（命令）在三维视图中显示三维移动小控件，以帮助在指定方向上按指定距离移动三维对象。

3DORBITCTR（命令）在三维动态观察视图中设置旋转的特定中心。

3DORBIT（命令）在三维空间中旋转视图，但仅限于水平动态观察和垂直动态观察。

3DOSNAP（命令）设定三维对象的对象捕捉模式。

3DPAN（命令）图形位于透视视图中时，启动交互式三维视图，并允许用户水平和垂直拖动视图。

3DPOLY（命令）创建三维多段线。

3DPRINT（命令）将三维模型发送到三维打印服务。

3DROTATE（命令）在三维视图中，显示三维旋转小控件以协助绕基点旋转三维对象。

3DSCALE（命令）在三维视图中，显示三维缩放小控件以协助调整三维对象的大小。

3DSIN（命令）输入 Autodesk 3ds Max（3DS）文件。

3DSWIVEL（命令）在拖动方向上更改视图的目标。

3DWALK（命令）交互式更改图形中的三维视图以创建在模型中漫游的外观。

3DZOOM（命令）在透视视图中放大和缩小。

参考文献

[1] 何铭新，钱可强，徐祖茂．机械制图［M］．7版．北京：高等教育出版社，2016.

[2] 王江．中文版AutoCAD 2016基础教程［M］．北京：北京大学出版社，2016.

[3] 崔晓利，王保丽，贾立红．中文版AutoCAD工程制图：2016版［M］．北京：清华大学出版社，2017.